T0281408

Perspektiven der Mathematikdidaktik

Reihe herausgegeben von

Gabriele Kaiser, Sektion 5, Universität Hamburg, Hamburg, Deutschland

In der Reihe werden Arbeiten zu aktuellen didaktischen Ansätzen zum Lehren und Lernen von Mathematik publiziert, die diese Felder empirisch untersuchen, qualitativ oder quantitativ orientiert. Die Publikationen sollen daher auch Antworten zu drängenden Fragen der Mathematikdidaktik und zu offenen Problemfeldern wie der Wirksamkeit der Lehrerausbildung oder der Implementierung von Innovationen im Mathematikunterricht anbieten. Damit leistet die Reihe einen Beitrag zur empirischen Fundierung der Mathematikdidaktik und zu sich daraus ergebenden Forschungsperspektiven.

Reihe herausgegeben von
Prof. Dr. Gabriele Kaiser
Universität Hamburg

Weitere Bände in der Reihe http://www.springer.com/series/12189

Paul Gudladt

Inhaltliche Zugänge zu Anteilsvergleichen im Kontext des Prozentbegriffs

Theoretische Grundlagen und eine Fallstudie

Paul Gudladt
Institut für Mathematik, AG Didaktik der
Mathematik
Carl von Ossietzky University of Oldenburg
Oldenburg, Deutschland

Dissertation an der Carl von Ossietzky Universität Oldenburg, Oldenburg, 2020
Disputation am: 12.06.2020
Erstprüfer: Prof. Dr. Ralph Schwarzkopf
Zweitprüferin: Prof. Dr. Astrid Fischer, Beisitz: Prof. Dr. Angelika May

ISSN 2522-0799   ISSN 2522-0802   (electronic)
Perspektiven der Mathematikdidaktik
ISBN 978-3-658-32446-9   ISBN 978-3-658-32447-6   (eBook)
https://doi.org/10.1007/978-3-658-32447-6

Die Deutsche Nationalbibliothek verzeichnet diese Publikation in der Deutschen Nationalbibliografie; detaillierte bibliografische Daten sind im Internet über http://dnb.d-nb.de abrufbar.

© Der/die Herausgeber bzw. der/die Autor(en), exklusiv lizenziert durch Springer Fachmedien Wiesbaden GmbH, ein Teil von Springer Nature 2021
Das Werk einschließlich aller seiner Teile ist urheberrechtlich geschützt. Jede Verwertung, die nicht ausdrücklich vom Urheberrechtsgesetz zugelassen ist, bedarf der vorherigen Zustimmung das Verlags. Das gilt insbesondere für Vervielfältigungen, Bearbeitungen, Übersetzungen, Mikroverfilmungen und die Einspeicherung und Verarbeitung in elektronischen Systemen.
Die Wiedergabe von allgemein beschreibenden Bezeichnungen, Marken, Unternehmensnamen etc. in diesem Werk bedeutet nicht, dass diese frei durch jedermann benutzt werden dürfen. Die Berechtigung zur Benutzung unterliegt, auch ohne gesonderten Hinweis hierzu, den Regeln des Markenrechts. Die Rechte des jeweiligen Zeicheninhabers sind zu beachten.
Der Verlag, die Autoren und die Herausgeber gehen davon aus, dass die Angaben und Informationen in diesem Werk zum Zeitpunkt der Veröffentlichung vollständig und korrekt sind. Weder der Verlag, noch die Autoren oder die Herausgeber übernehmen, ausdrücklich oder implizit, Gewähr für den Inhalt des Werkes, etwaige Fehler oder Äußerungen. Der Verlag bleibt im Hinblick auf geografische Zuordnungen und Gebietsbezeichnungen in veröffentlichten Karten und Institutionsadressen neutral.

Planung/Lektorat: Marija kojic
Springer Spektrum ist ein Imprint der eingetragenen Gesellschaft Springer Fachmedien Wiesbaden GmbH und ist ein Teil von Springer Nature.
Die Anschrift der Gesellschaft ist: Abraham-Lincoln-Str. 46, 65189 Wiesbaden, Germany

Geleitwort

Die Prozentrechnung – so möchte man als mathematischer Experte glauben – ist doch nur ein Rechnen mit Hundertsteln und damit ein kleiner und dazu noch besonders einfacher Teil der Bruchrechnung, der keiner tiefergehenden Beachtung bedarf. Allerdings gibt es wohl kaum ein schulmathematisches Themengebiet aus der frühen Sekundarstufe mit einer höheren Relevanz für den Alltag eines mündigen Erwachsenen. Man denke hier nur an Steuern, Sozialversicherungsbeiträge, Preisvergleiche, Tarifverhandlungen, Möglichkeiten der Energie- und Emissionseinsparung oder natürlich an die Wahlen politischer Gremien. Dabei wird in öffentlichen Diskussionen nicht selten versucht, durch manipulative Darstellungen oder ungenaue Formulierungen in der Prozentrechnung verzerrte Eindrücke zu erwecken. Es ist deswegen gleichermaßen erstaunlich wie besonders gravierend, dass zahlreiche empirische Untersuchungen große Schwierigkeiten vieler Jugendlicher mit diesem Themenbereich nachweisen.

Es ist also für den Mathematikunterricht der Sekundarstufe besonders wichtig, diese spezielle Art des Vergleichens angemessen zu thematisieren und mit einem tragfähigen Verständnis zu unterfüttern. Nur so werden die Schülerinnen und Schüler im Erwachsenenalter dazu in der Lage sein, die Chancen und Grenzen der Prozentrechnung zur mathematischen Verarbeitung und Interpretation von Aspekten der realen Welt in deskriptiven und normativen Modellen einzuschätzen – und zu diesem ausgesprochen zentralen Aspekt der gesellschaftlichen Mündigkeit wollen wir den Schülerinnen und Schülern insbesondere im Mathematikunterricht verhelfen.

In diese Aufgabe ordnet sich die vorliegende Arbeit aus mathematikdidaktischer Perspektive ein. Es geht vorrangig darum herauszuarbeiten, in welchen verschiedenen Facetten der Prozentbegriff von Jugendlichen in der frühen Sekundarstufe entwickelt werden kann und durch welche Art von Aufgabenstellungen diese Facetten zum Tragen kommen und ggf. weiterentwickelt werden können. Paul Gudladt verfolgt dabei einerseits einen rekonstruktiven Ansatz aus deskriptiver Perspektive, liefert aber andererseits zugleich neue Erkenntnisse für die Gestaltung effizienter Lernumgebungen zum Aufbau eines adäquaten Prozentbegriffs. Das Kerninteresse besteht dabei darin, dass die Jugendlichen nicht nur Rechenverfahren kennen lernen, sondern die hintergründigen mathematischen Strukturen inhaltlich verständig durchdringen können.

Damit reiht sich die Arbeit in die fachdidaktische Tradition der Entwicklungsforschung ein und bereichert gleichermaßen die konstruktive wie die rekonstruktive Perspektive in der Mathematikdidaktik auf hohem Niveau.

Ralph Schwarzkopf

Vorwort

Vorab möchte ich mich bei allen Menschen bedanken, die mich bei der Erstellung dieser Arbeit unterstützt haben.

Mein größter Dank gebührt meinem Doktorvater Prof. Dr. Ralph Schwarzkopf für die ausgezeichnete Betreuung während meiner Promotionszeit. Lieber Ralph, Deine gezielten Fragen und die gemeinsamen Analysen trugen dabei immer wieder dazu bei, den nächsten Schritt zur Fertigstellung gehen zu können. Die Diskussionen gepaart mit Deinen Ratschlägen und Anregungen habe ich immer als wertvoll empfunden. Gleiches gilt für das Lesen meines Manuskriptes und die darauf aufbauenden tiefgehenden Gespräche. Ganz besonders möchte ich mich dafür bedanken, dass Du immer ein offenes Ohr für mich hattest.

Prof. Dr. Astrid Fischer möchte ich für ihre Arbeit als Zweitgutachterin danken. In Gesprächen hast Du mir mit Deinen konkreten Fragen geholfen, Probleme genauer zu umreißen und diese anschließend lösen zu können.

Der gesamten AG möchte ich vor allem für die unzähligen gemeinsamen Kaffeetrinken danken, in denen es neben spannenden privaten Unterhaltungen auch viele Fachgespräche gab, die einen großen Mehrwert für meinen Blick auf die Mathematikdidaktik mit sich brachten. Jeder und jede Einzelne von Euch hat dabei ein Teil zum Gelingen dieser Arbeit beigetragen:

Diana Hunscheidt hat mir bei der Konzeption der Aufgaben und beim Finden der Probanden geholfen.

Dr. Birte Julia Spechts Tür stand immer für kurze oder längere Fragen offen und sie half mir ganz besonders bei meiner ersten GDM-Tagung.

Hartmut Köhne stand mir immer für Fragen besonders hinsichtlich der Literatursichtung zur Verfügung und beteiligte sich bei der Vorstellung von Zwischenergebnissen mit Nachfragen und Denkanstößen.

Dr. Anna-Lena Barkley hat mich damals so freundlich in die AG aufgenommen und mit mir das Büro geteilt.

Dr. Marike Roskam stellte stets interessierte Nachfragen, die immer geholfen haben, den aktuellen Prozess zu fokussieren.

André Köhler danke ich für die intensiven mathematikdidaktischen Gespräche, die stets eine interessante Perspektive mit sich gebracht haben.

Dr. Simeon Schwob danke ich vor allem dafür, dass er immer da war, wenn ich Hilfe gebraucht habe. Ganz besonders bedanken möchte ich mich für die Hilfe bei der Bekämpfung von Word-Problemen.

Carolin Lena Danzer und Anna Edamus danke ich dafür, dass ich immer in ihrem Büro vorbeikommen konnte, wenn ich gerade mal etwas anderes als mein Manuskript und die Wände meines Büros sehen musste.

Ein ganz großer Dank gebührt Frau Paulo und Herrn Barkley für den Zugang zu Probanden und die freundliche Aufnahme an der jeweilige Schule sowie den mitwirkenden Schülerinnen und Schülern, die mir Einblick in ihre mathematischen Vorstellungen gewährt haben.

Meiner Frau Jessica danke ich für die unermüdliche Unterstützung, das Rückenfreihalten, Deine liebevollen Worte, wenn es gerade einmal nicht so lief und den fortwährenden Antrieb.

Meiner Mutter Maria und meinem Bruder Maximilian danke ich für die Unterstützung auf meinem bisherigen Lebensweg, denn ohne Euch wäre das alles so gar nicht machbar gewesen!

Vielen Dank!

Oldenburg Paul Gudladt
im Sommersemester 2020

Inhaltsverzeichnis

Abbildungsverzeichnis

Einleitung 1

> Lehrer: „Hast du das Gefühl, dass du nun mehr über
> Prozente weißt und damit sicher umgehen kannst?"
>
> Schülerin: „Ich habe das sichere Gefühl, etwas gelernt
> zu haben und es auch verstanden zu haben, aber ich
> werde deswegen doch lieber nicht immer ein Prozent
> ausrechnen, wenn ich es sehe." (Heckmann 2014, S. 4)

Dieses Zitat entstammt einem Lehrerschülergespräch, das im Anschluss an eine Unterrichtseinheit zur Prozentrechnung stattfand. Untersucht man die stoffdidaktische und empirische Fachliteratur, beispielsweise Hafner (2011), dann fällt schnell auf, dass die Prozentrechnung vor allem auf die drei Grundaufgaben Ermittlung des Prozentwerts, Grundwerts bzw. Prozentsatzes reduziert wird.

In der vorliegenden Arbeit wird untersucht, welche Argumentationen Jugendlichen nutzen, um die Gleichheit zwischen verschiedenen Darstellungen von Anteilen zu begründen. Unter Darstellungen von Anteilen sind die Variationen desselben Anteils in verschiedenen symbolischen Darstellungsformen gemeint, beispielsweise das umwandeln von Brüchen in Prozente. Die Umwandlungen zwischen diesen Darstellungen (insbesondere zwischen Bruch- und Prozentdarstellung) ist eine der vier Oberkategorien von Aufgaben der Prozentrechnung (Parker und Leinhardt 1995). Diese Überlegungen münden in der ersten Forschungsfrage: A1) Welche Vorstellungen werden aktiviert, wenn Jugendliche verschiedene Darstellungsformen von Anteilen miteinander vergleichen?[1]

---

[1]Die Forschungsfragen der vorliegenden Arbeit werden in Abschnitt 4.3 jeweils noch in differenziertere Unterfragen aufgeschlüsselt.

© Der/die Autor(en), exklusiv lizenziert durch Springer Fachmedien Wiesbaden GmbH, ein Teil von Springer Nature 2021
P. Gudladt, *Inhaltliche Zugänge zu Anteilsvergleichen im Kontext des Prozentbegriffs*, Perspektiven der Mathematikdidaktik,
https://doi.org/10.1007/978-3-658-32447-6_1

Die Kultusministerkonferenz fasst in den Bildungsstandards die Anforderungen an Schüler[2] im Rahmen der Prozentrechnung unter der Leitidee Zahl wie folgt zusammen: „Schülerinnen und Schüler…verwenden Prozent- und Zinsrechnung sachgerecht"[3] (Kultusministerkonferenz 2003). Diese allgemein gehaltene Forderung soll im zweiten Kapitel dieser Arbeit präzisiert werden. In Unterkapitel 2.1 wird der theoretische Rahmen der Prozentrechnung dargestellt. In Unterkapitel 2.2 bietet das Modell der Grundvorstellungen den theoretischen Rahmen für die Bewertung der Tragfähigkeit der Aussagen der Interviewten. Dabei werden vor allem die normativen Grundvorstellungen der Prozentrechnung explizit dargestellt.

Neben der Analyse der genutzten Argumentationen der Interviewten im Rahmen der Prozentrechnung werden in der vorliegenden Arbeit Darstellungsformen der Prozentrechnung untersucht. Unter anderem Walkington et al. (2013) und Scherer (1996a) konnten eine positive Auswirkung des Einbindens von Darstellungen in Aufgaben auf die Lösungsquoten von Schülern zeigen. Bislang wurde in der Forschung aber nur der positive Einfluss dieser Darstellungen erforscht. In der vorliegenden Arbeit wird herausgearbeitet, welche Darstellungen Interviewte nutzen, um die Gleichheit zwischen einer Bruch- und einer Prozentangabe zu begründen. Im zweiten Schritt sollen die Einsatzmöglichkeiten der Arbeitsmittel Prozentstreifen und Hunderterfeld im Rahmen der Prozentrechnung erörtert werden. Zu diesem Zweck liefert das Abschnitt 2.3 eine theoretische Einordnung und eine Begründung, warum im Rahmen dieser Arbeit das Konzept der ikonischen Darstellung nach Bruner genutzt wird (Bruner 1974). Dieses Bestreben lässt sich in der zweiten Forschungsfrage zusammenfassen: A2) Welche Chancen und Schwierigkeiten zeigen ikonische Darstellungen zur verständigen Auseinandersetzung mit verschiedenen Darstellungsformen von Anteilen?

In Kapitel 3 wird der Forschungsstand der letzten zwanzig Jahre zum Thema Prozentrechnung strukturiert dargestellt. Dabei erfolgt die Strukturierung an Hand der folgenden Kategorien: Erfolgsquoten, typische Fehlermuster, Aufgabenformate, Vorwissen zur Prozentrechnung, Interventionsstudien. Die Auswertung der PISA-2000-Studie lässt sich in diese Struktur nicht einbetten, daher wird sie in Abschnitt 3.3 gesondert dargestellt. Eine wesentliche Motivation den thematischen Schwerpunkt auf die Prozentrechnung zu setzen, war die folgende Forderung von Jordan et al. zum Ende ihrer Arbeit: „Die Fachdidaktik ist gefordert, Methoden und Kenntnisse über Lehr- und Lernstrukturen für einen adäquaten Umgang [im Themengebiet Prozentrechnung] zu schaffen" (Jordan et al., 2004)

---

[2]Der Einfachheit halber wird hier und im Folgenden nur das generische Maskulin genutzt, damit sind jedoch alle Geschlechter adressiert.

Im abschließenden Unterkapitel 3.7 werden aus den Ergebnisse der theoretischen Ausarbeitung die Ableitungen für die Forschungsfragen der vorliegenden Arbeit zusammengefasst.

Kapitel 4 enthält die methodischen und methodologischen Grundfragen dieser Arbeit. Diese werden aufgeteilt in die zwei Bereiche konstruktive Perspektiven (4.1) und rekonstruktive Überlegungen (4.2). In Unterkapitel 4.1.5 werden die Bedingungen des empirischen Experiments erläutert.

Da sich die vorliegende Arbeit als Design-Research versteht, unterlag auch die Konstruktion der Aufgaben, die zur Erhebung genutzt wurden, rekonstruktiven Prinzipien. Gemäß dem zyklischen Vorgehen im Design-Researchs wurden Pilotstudien durchgeführt, in deren Folge es zu Überarbeitungen der genutzten Aufgaben kam. Die Aufgaben der Pilotstudien werden in Unterkapitel 4.1.3 dargestellt und es werden die jeweiligen Gründe dafür erläutert, dass die Aufgaben überarbeitet oder verworfen wurden. Anschließend werden in Unterkapitel 4.1.4 die Aufgaben dargestellt, die zur Durchführung der Hauptuntersuchung genutzt wurden. Die genutzten Aufgaben werden sowohl methodisch, als auch auf Basis der Forschungsergebnisse begründet. Anschließend wird erläutert, warum nur die ersten sechs Aufgaben zur Auswertung herangezogen wurden.

In Teilkapitel 4.2.1 wird erläutert, weshalb sich die vorliegende Arbeit der interpretativen Unterrichtsforschung zuordnet. Mit dieser Ausführung geht der Wechsel von einer konstruktiven zu einer rekonstruktiven Perspektive einher. Da jedes Forschungsvorhaben, das sich der interpretativen Unterrichtsforschung zuordnet, eine Verbesserung des Unterrichtsgeschehens zum Ziel hat, lautet die dritte Forschungsfrage: Welche Schlussfolgerungen können für das Vorgehen im Unterricht gezogen werden?

Zur Systematisierung der Argumentationen der Interviewten wird die Methode der Abduktion genutzt. Die zugrundeliegende Theorie wird in Unterkapitel 4.2.2 dargestellt. Die einzelnen Interviews wurden transkribiert und die Argumentationen mit Hilfe des Toulmin Schemas dargestellt. Das zugrundeliegende Vorgehen wird in Teilkapitel 4.2.3 und 4.2.4 dargestellt.

Auf Basis dieser Überlegungen werden in Unterkapitel 4.3 die gesamten Forschungsfragen zusammengefasst und begründet.

In Kapitel 5 werden die rekonstruierten Antwortkategorien einer jeden Frage dargestellt und, soweit vorhanden, an Hand der Literatur begründet. Darauf aufbauend werden in Unterkapitel 5.2 hypothetische Interviewverläufe dargestellt.

In Kapitel 6 werden die Interviewverläufe, die im Rahmen der vorliegenden Arbeit analysiert werden, detailliert dargestellt und interpretiert. Sie werden in Reihenfolge der jeweils genutzten ikonischen Darstellung vorgestellt.

Im abschließenden Kapitel 7 werden in Unterkapitel 7.1 die Forschungsfragen beantwortet und in Abschnitt 7.2 Anknüpfungspunkte für zukünftige Forschung identifiziert.

Didaktische Überlegungen 2

Der inhaltlichen Schwerpunkt dieser Arbeit liegt auf der Prozentrechnung, auch wenn andere Anteilsvorstellungen in die Aufgaben mit einfließen. In Unterkapitel 2.1 wird der Prozentbegriff didaktisch und fachlich aufgearbeitet. Anschließend werden in Unterkapitel 2.2 sowohl allgemeine als auch spezifisch auf die Prozentrechnung bezogene Grundvorstellungen dargelegt, die bei der Analyse als Diagnosemittel fungieren werden. Abschließend wird in Unterkapitel 2.3 der zweite inhaltliche Schwerpunkt dieser Arbeit, die ikonischen Darstellungen, theoretisch dargelegt.

2.1 Der Prozentbegriff

In diesem Unterkapitel werden die Facetten des Prozentbegriffs und der Prozentrechnung aufgezeigt. Dieses Thema hat großen Wert, da es einen starken Alltagsbezug aufweist und den Schülern in ihrem Leben immer wieder begegnet. Aus fachwissenschaftlicher Sicht ist es nicht von besonderem Interesse, da es sich lediglich um einen Sonderfall der Bruchrechnung handelt (Scholz 2003, S. 16).

Zunächst wird der historische Verlauf der Prozentrechnung skizziert, anschließend werden die im Rahmen der vorliegenden Arbeit relevanten Begriffe diskutiert. Zuletzt werden die Standardaufgaben der Prozentrechnung und Lösungsstrategien vorgestellt.

© Der/die Autor(en), exklusiv lizenziert durch Springer Fachmedien Wiesbaden GmbH, ein Teil von Springer Nature 2021
P. Gudladt, *Inhaltliche Zugänge zu Anteilsvergleichen im Kontext des Prozentbegriffs*, Perspektiven der Mathematikdidaktik,
https://doi.org/10.1007/978-3-658-32447-6_2

2.1.1   Historische Entwicklung des Prozentbegriffs

Den historischen Verlaufs der Prozentrechnung exakt darzustellen, erscheint
schwierig, da in zahlreichen Epochen bereits Vorläufer der Prozentrechnung
erscheinen. Parker und Leinhardt (1995, S. 430 f.) wählen den Ansatz, die historische Entwicklung der Prozentrechnung tabellarisch darzustellen. Tropfke (1980,
S. 530) führt die Babylonier (2100 v. Chr.) als eine der ersten Zivilisationen an,
die in Verhältnissen rechneten. Verhältnisangaben wurden in einem 60er-System
dargestellt. Im zweiten Jahrhundert vor unserer Zeitrechnung finden sich in China
erste Verwendungen von Anteilen im Handel, beispielsweise in der *rule of three*,
mit der auf Basis von Proportionalität Größen berechnet:
    „Multiply the fruit by the desire and divide by the measure. The result will be
the fruit of the desire." (Merzbach und Boyer 2011, S. 233).
    Erste Gesetzestexte, die auf die Prozentrechnung verweisen, finden sich in
Indien um 300 v. Chr. So mussten zum Beispiel fünf Prozent der Gewinne
bei Glücksspielen an den Staat abgegeben werden. Im römischen Steuerrecht
finden sich unter Kaiser Augustus erste Verweise auf die Grundideen der
Prozentrechnung, ohne dass diese so genannt wurde. (Berger 1989, S. 7)
    Das heutige Verständnis der Prozentrechnung und ihre Form gehen auf italie-
nische Handelsleute zurück, bestätigte Aufzeichnungen reichen bis ins fünfzehnte
Jahrhundert zurück. Erste Abwandlungen des Symbols der Prozentrechnung %
finden sich um 1650, womit der Wandel von einer konkreten Menge zu einer
abstrakten Beziehung eingeleitet wurde (Parker und Leinhardt 1995, S. 432). Das
Symbol nahm viele Stationen (*per ceto, pceto*, pc°, p0/0)bis man Mitte des 19.
Jahrhunderts auf die Angabe *per* verzichtete und aus dem Bruch $\frac{0}{0}$ das heute
benutzte Symbol % wurde (Berger 1989, S. 8).
    Der nächste historische Schritt ist die Loslösung des Prozentbegriffs vom rei-
nen Handel und hin zu einem allgemeineren Gegenstand von Mathematik, zum
Beispiel zum Zwecke der Darstellung und des Vergleichs von Daten. Damit einher
geht die Entwicklung von einem rein situativen Verständnis des Begriffes hin zu
einem vielfältigeren Verständnis. Auch diese Entwicklung ist erkennbar an Hand
von zwei Worten, die eine konkrete Zahlenangabe beinhalten, (*per cent* als pro
Hundert) zu einem mathematischen Symbol (%). (Parker und Leinhardt 1995,
S. 434)

2.1.2   Bezugsfelder

Während die lexikalische Definition der Prozentrechnung als Zusatz zu Zahlenangaben, die sich auf die Vergleichszahl 100 beziehen (Brockhaus 2006, S. 212)

eindeutig ist, bestehen für eine mathematisch und mathematikdidaktisch eindeutige Definition des Prozentbegriffs Hürden. Nach Berger (1989, S. 10) kann dies aus zwei Gründen nicht einwandfrei funktionieren: Zum einen sind die Sachsituationen, in denen die Prozentrechnung Anwendung findet, zu vielfältig; zum anderen lässt sich das Thema mathematisch nicht eindeutig zuordnen, da es sich in mehrere Teilbereiche gliedert. Berger spricht dabei sogar von einem „Definitionschaos". Um sich jedoch einer Definition des Prozentbegriffs anzunähern, werden im Folgenden Sachsituationen und Alltagsbeispiele von Prozentrechnung, die verschiedenen mathematischen Aspekte sowie die Begriffe der Prozentrechnung dargestellt.

2.1.2.1 Sachsituationen und Alltagsbeispiele

Der Ursprung der Prozentrechnung liegt im Handel und reicht, wie beschrieben, bereits weit in die Geschichte zurück. Da sie auch heute im wirtschaftlichen Handeln eine wichtige Rolle spielt (Pöhler 2018, S. 9), ist der Aufbau von Fähigkeiten in diesem Gebiet für Schüler auch in Hinsicht auf die Vorbereitung für den Berufsalltag wichtig. Die zahlreichen Erwähnungen dieses Sachverhalts in der Fachliteratur für Lehrkräfte weist auf einen diesbezüglichen Konsens hin (ebd.). Kaiser (2011, S. 37 ff.) führt folgende Beispiel aus dem Berufsleben an: Rabatte gewähren; Auflockerung des Aushubs auf einer Baustelle; prozentuale Verluste berücksichtigen und angeben; Rezepte umsetzen; Mehrwertsteuerberechnung; maximale Steigungen einhalten, zum Beispiel beim Straßenbau.

Parker und Leinhardt (1995, S. 422) weisen zudem darauf hin, dass die Prozentrechnung auch in anderen Unterrichtsfächern notwendige Voraussetzung für einen Lernerfolg ist, so etwa in der Chemie für den korrekten Umgang mit Reaktionsgleichungen. Pöhler (2018, S. 9) listet weitere Anwendungsbeispiele des Prozentbegriffs im Alltag auf:

- Etwa Mehrwertsteuer; lockende Rabattangebote
- statistische Angaben in Medien (etwa Wahlergebnisse; Meinungsumfragen; Arbeitslosenzahlen), die teilweise in Form von Diagrammen dargestellt werden,
- Bankgeschäfte (etwa Steuern und Zinsen)
- Angabe zur Zusammensetzung oder zum Nährstoffgehalt von Nahrungsmitteln
- Angabe zur Zusammensetzung der Stoffe in Kleidungsstücken
- relative Vergleiche in unterschiedlichen Bereichen (etwa Auslastung von Parkhäusern mit unterschiedlichen Parkplatzanzahlen; Sieghäufigkeiten oder Trefferquoten im Sport)

Bereits in den Verwendungssituationen der Prozentrechnung sieht Meißner (1982, S. 122 ff.) Aspekte der fachlichen Einordnung. Er legt drei typische Verwendungssituationen von Prozenten dar. Dabei unterteilt er Sachsituationen in zwei Dimensionen: 1. Anteilssituationen, bei denen zwei Mengen mit einander verglichen werden, stellen eine „statische mengentheoretische Inklusion" dar (ebd). Ein Beispiel wäre die Frage, wie viel Prozent der deutschen Bevölkerung im letzten Jahr krank war. 2. Zuordnungssituationen unterstehen keiner statischen Sicht, im Fokus steht die Darstellung einer Veränderung. Beispielsweise die Frage nach dem prozentualen Zuwachs des Bruttosozialprodukts. Weiterhin unterscheidet Meißner die Sachsituationen in Bezug auf den Grad ihrer Allgemeinheit beziehungsweise in Bezug auf die Art der Gesetzmäßigkeit. Er unterteilt diesbezüglich in drei Gruppen:

Die erste Gruppe unterliegt keiner Proportionalität, da es nur um den funktionalen Zusammenhang zwischen einem Grundwert und einem Prozentwert geht. In die zweite Gruppe fallen Situationen, in denen eine Proportionalität unterstellt wird, die real nicht vorhanden ist. Als Beispiel führt Meißner eine Arbeitslosenstatistik an, bei der von der bundesweiten Quote auf Regionen geschlossen wird. Die dritte Gruppe bilden Situationen, die einer eindeutigen Proportionalität unterliegen.

Anteilssituation werden in Unterkapitel 2.2 genauer betrachtet.

2.1.2.2 Mathematische Aspekte der Prozentrechnung

Auch wenn die Prozentrechnung aus fachwissenschaftlicher Sicht „recht uninteressant" (Scholz 2003, S. 16) ist, spielen doch mehrere Aspekte unter fachlicher Betrachtung eine Rolle. Im Folgenden werden die Bezugsfelder Bruchrechnung, Schlussrechnung und Proportionalität im Hinblick auf die Prozentrechnung untersucht.

Die Prozentrechnung stellt einen Spezialfall der Bruchrechnung dar, definiert über den Nenner 100 als Standardrepräsentanten einer Äquivalenzklasse. So enthält Beispielsweise die Äquivalenzklasse alle Brüche oder, weitergefasst, alle Anteile, die dem Bruch $\frac{45}{100}$ und der rationalen Zahl 0,45 entsprechen (Berger 1989, S. 33). Der Vorteil der Verwendung des Nenners 100 ist die einfache Umformbarkeit von gemeinen Brüchen zu Dezimalzahlen. Andere Nenner, wie zum Beispiel 60 oder 120, bringen wiederum den Vorteil einer hohen Anzahl gemeinsamer Teiler mit. Durch den gemeinsamen Nenner sind, unter der Bedingung eines gemeinsamen Bezugswerts, Vergleiche, Addition und Subtraktion einfacher zu bewerkstelligen. (Appell 2004, S. 23)

Auch die Schlussrechnung als weiterer fachlicher Bezug der Prozentrechnung stellt kein eigenständiges mathematisches Themengebiet dar (Berger 1989, S. 20).

Nach Kirsch (1978) ist die Schlussrechnung[1] vom Körper der rationalen Zahlen abzugrenzen. Dies begründet er unter anderem mit den daher entstehenden Problemen mit negativen Zahlen und der 0 (Kirsch 1978, S. 392). Adlelfinger (1982, S. 54) sieht in der Schlussrechnung nur das isomorphe Verändern zweier Größen und wird von Schüler als „Proportions-Umgehungs-Strategie" genutzt.

Proportionalität (und damit auch die Dreisatzrechnung) definiert Kirsch (2002, S. 6) als Abbildung eines Größenbereichs in einen anderen Größenbereich über die Menge der positiven rationalen Zahlen, $\mathbb{Q}^+$, durch eine Abbildungsvorschrift. Bei der Prozentrechnung ist dabei einer der Größenbereiche immer eine Prozentangabe. Darauf aufbauend formuliert er die folgenden, für die Prozentrechnung entscheidenden mathematischen Bedingungen für die Abbildungsvorschrift:

1. Die Vervielfachungseigenschaft[2] gilt für jedes $r \in \mathbb{R} : \varphi(rA) = r\varphi(A)$ (Kirsch 1978, S. 399). Für die Prozentrechnung bedeutet dies: das r-fache des Prozentwerts entspricht dem r-fachen Wert der zugeordneten Größe.
2. Die Isotonie besagt mathematisch: Wenn A<B, dann $\varphi(A) < \varphi(B)$ (ebd.). Für die Prozentrechnung bedeutet dies: Ist ein prozentualer Wert kleiner als ein anderer, ist auch seine zugeordnete Größe kleiner.
3. Die Additionseigenschaft besagt: $\varphi(A + B) = \varphi(A) + \varphi(B)$ (a. a. O., S. 401). Für die Prozentrechnung bedeutet dies: Die Addition zweier Prozentwerte entspricht der Addition ihrer jeweils zugeordneten Werte.
4. Unter der Gleichheit der Verhältnisse versteht Kirsch mathematisch $\varphi(A) : \varphi(B) = A : B$. Für die Prozentrechnung bedeutet dies: Das Verhältnis zweier prozentualer Angaben entspricht dem Verhältnis der beiden zugeordneten Werten.
5. Auf der Basis der bisher genannten Abbildungsvorschriften lässt sich die Proportionalitätskonstante (Hafner 2011, S. 34) begründen: $\frac{\varphi(A)}{A} = \frac{\varphi(B)}{B} = k = const.$ Der Quotient k aus zugeordnetem Wert und Prozentwert ist immer gleich groß, im Fall der Prozentrechnung 1 %. Die Konstante ist zur Prüfung der Proportionalität bei empirisch gewonnen Daten notwendig. Ob das Verhältnis der Einheiten (Beispielsweise $\frac{\%}{EUR}$) inhaltlich sinnvoll ist, bedarf einer stoffdidaktisch Ausarbeitung.

Berger (1989, S. 20 ff.) formuliert die „mathematische Struktur der Prozentrechnung" als Bezugsgebiete der Abbildung eines Größenbereichs auf sich, Abbildung eines Größenbereichs in Q^+ und von-Hundert-Rechnung. Da diese Aspekte die

---

[1] Nach Griesel (2015, S. 14) gleichzusetzen mit der Dreisatzrechnung
[2] Begriff nach Hafner (2011, S. 33)

Lösungsstrategien teilweise untermauern, werden sie zu einem späteren Zeitpunkt dargestellt.

In diesem Abschnitt wurden verschiedene fachmathematische Verzahnungen mit der Prozentrechnung aufgezeigt. In Unterkapitel 2.2 wird dezidiert auf den multiplikativen Aspekt der Prozentrechnung und den Bezugswert eingegangen.

2.1.2.3 Begriffsklärung

Zur Vollständigkeit des Prozentbegriffs gehören die Grundbegriffe, die im Folgenden diskutiert werden.

1. Mit dem Grundwert wird das Ganze oder 100 % beschrieben. Der Grundwert kann je nach Anwendungssituation (vgl. Unterkapitel 2.2.5) den Ursprung einer Veränderung oder einen Vergleichswert darstellen (Berger 1989). Unabhängig der jeweiligen Anwendungssituation wird dem Grundwert 100 % zugeordnet (Pöhler 2018, S. 16). Bei speziellen Anwendungen wurden Konventionen festgelegt, was als Grundwert anzusehen ist. So wird beispielsweise bei der Berechnung einer Mehrwertsteuer der Nettopreis als Grundwert definiert (Berger 1989, S. 11).

2. Prozentwert: Werden Anteile eines Ganzen oder „ein Vielfaches des Ganzen" betrachtet, wird vom Prozentwert gesprochen (Meierhöfer 2000, S. 10). Es handelt sich formal um ein $\frac{p}{100}$-faches des Grundwerts, wobei $p \neq 100$ sein muss (Hafner 2011, S. 38). Je nach Verwendungssituation kann auch ein Vergleich von zwei elementfremden Mengen von Interesse sein, dabei ist zu entscheiden, welche Menge der Grundwert und welche Menge der Prozentwert ist. (Pöhler 2018, S. 17)

3. Der Prozentsatz gibt das „Verhältnis von zwei Größen in Form eines Hundertstelbruchs an" (Berger 1989, S. 11). Je nach Interpretation kann der ganze Bruch oder nur der Nenner gemeint sein (ebd.). Sill (2010, S. 9) fordert zur besseren sprachlichen Verständlichkeit, dass der Prozentsatz immer in der Form „p%" angegeben sein muss, da er nur so auch im Alltag Erwähnung findet. Abschließend formuliert Sill (a. a. O., S. 10), in Anlehnung an Naumann (1987):

> „Auf die Bezeichnung „Prozentsatz", die im Alltag kaum vorkommt, kann im Rahmen des sicheren Wissens und Könnens verzichtet werden. Alle Prozentaufgaben lassen sich auch ohne diesen Begriff formulieren."

Neben den bekannten Grundbegriffen sei noch auf die Erweiterung Pöhlers (2018, S. 17) hingewiesen. Pöhler möchte der problematischen Mehrdeutigkeit des Begriffs Prozentwerts durch weitere Ausdifferenzierung entgegenwirken:

> „[…][D]er Betrag, um den eine Größe in Situationsmustern mit Veränderungen vermehrt bzw. verringert wird, [soll] nicht ebenfalls mit dem Begriff Prozentwert belegt werden. Stattdessen soll – mit dem Ziel der Vermeidung einer mehrdeutigen Verwendung des Begriffes – für die adressierte Differenz zwischen Grund- und Prozentwert der Ausdruck absolute Differenz etabliert werden. In Äquivalenz dazu, sei für die Differenz zwischen 100 % und dem Prozentsatz der Terminus prozentuale Differenz eingeführt."

Mit diesem Ansinnen verfolgt Pöhler das Ziel, die Termini Prozentwert und Prozentsatz eindeutig verwenden zu können, ohne eine Differenzierung nach Verwendungssituation im Sinne von Erhöhung und Verminderung voranstellen zu müssen. Zusätzlich solle der Begriff des neuen Prozentwerts benutzt werden, da die Begriffe verminderter und vermehrter Grundwert nur Situationen einer tatsächlichen Veränderung abdecken könnten. Dies wäre bei folgender Frage aber nicht inkludiert: Eine Steigerung von 25 % entspricht 50€. Wie viel Euro beträgt der neue Prozentwert?

2.1.2.4 Definition

In Bezug auf das „Definitionschaos" (Berger 1989, S. 9) soll zu Beginn dieses Abschnitts kurz über der Begriff der Definition diskutiert werden: Die folgenden Beispiele Bergers lassen sich eher als Begriffsklärungen verstehen, da sie nur die Teilbeziehungen der Prozentrechnung beleuchten, sie seien aber dennoch genannt:

1. Prozentrechnung kann als ein Rechenverfahren verstanden werden, bei dem die Werte a1 und a2 miteinander verglichen werden. Dabei ist die Grundzahl 100 die Bezugsgröße. Mithilfe der Variablen $\Delta a1$ und $\Delta a2$ sowie p1 und p2, lassen sich alle Werte miteinander in Beziehung setzen: $100 = \Delta a1 : p1$ und $a2 : 100 = \Delta a2 : p2$ dabei bezeichnet ai den Grundwert, Δai den Prozentwert und pi den Prozentsatz.
2. Mit Hilfe der Maßzahl p können zwei Größen P und G miteinander in Verbindung gebracht werden.
3. Zum Vergleich von Bruchteilen eigenen sich Hundertstelbrüche am besten. Dabei entspricht $\frac{1}{100}$ 1 % und $\frac{p}{100}$ p %.
4. Die Begriffe der Prozentrechnung stehen im Rahmen der „Grundproportion" im folgenden Verhältnis zueinander:
Prozentwert:Grundwert = Prozentsatz:100

5. Der prozentuale Anteil einer Größe wird als hundertster Teil oder als das 0,01-fache interpretiert.

Dabei bezieht sich Berger auf verschiedene Quellen. Auffällig ist, dass die Definitionen unter mathematischer Betrachtung danach unterschieden werden können, ob sie primär der Bruchrechnung oder der Schlussrechnung unterstehen. Sprachlich stehen vor allem die Grundbegriffe und Verwendungssituationen im Fokus der Definition.

Dieser Abschnitt schließt mit der folgenden Annäherung an eine für die vorliegende Arbeit gültige Begriffsbestimmung, die möglichst viele Aspekte in sich vereinen soll: Der Prozentbegriff unterliegt dem Zweck des Herstellens einer Vergleichsbasis. Die Basis 100 bietet den Vorteil der Umwandlung zu Dezimalzahlen und ermöglicht es, auch den Dreisatz als Berechnungsmethode einzusetzen. Je nach Verwendungssituation werden Grundwert, Prozentwert und Prozentsatz in ein multiplikatives Verhältnis zueinander gestellt.

2.1.3 Aufgabentypen der Prozentrechnung

Im Rahmen der Prozentrechnung bieten sich vielfältige Aufgabentypen an. Parker und Leinhardt (1995, S. 424) zählen Schraffieren, Umwandeln, Problemsituationen und die Grundaufgaben (im Englischen *exercises*) auf.

Der Terminus Umwandeln meint die mathematische Gleichsetzung aus Bruch, Dezimalzahl und Prozentangabe. Die Aufgabenstellung verlangt die Ermittlung der gefragten symbolischen Anteilsangabe zur vorgegebenen Angabe. Dieser Aufgabentyp bildet den Schwerpunkt der vorliegenden Arbeit. Da die Aufgaben von Interviewten verlangen, zu begründen, weshalb zwei Anteilsdarstellungen gleichwertig sind (in Abgrenzung zum reinen symbolischen Überführen) wird im Folgenden die Formulierung der „Gleichheit der Darstellung einer Anteilsangabe" genutzt.

Das Schraffieren findet im Kapitel zu den Lösungsmethoden eine eigenständige Nennung, da schraffieren die Basis des Ansatzes Van den Heuvel-Panhuizens (2003) bildet. Der zugrundeliegende Aufgabenkontext verlangt das Einzeichnen eines prozentualen Anteils an einer Fläche. Unter Problemsituationen sind Aufgaben zu verstehen, die einem Sachkontext unterliegen, aus dem prozentuale Anteile zu entnehmen sind. In diesem Zuge müssen die Werte auch den entsprechenden Grundbegriffen zugeordnet werden und der fehlende Wert ermittelt werden. (Parker und Leinhardt 1995, S. 424)

Die Grundaufgaben setzten sich aus den drei Grundbegriffen der Prozentrechnung zusammen. Sie sind dadurch definiert, dass zwei Angaben angegeben sind und die dritte gesucht ist. Durch Veränderungssituationen können auch noch weitere Aufgaben hinzukommen (Berger 1989, S. 11). Die Darstellung Pöhlers (2018, S. 21) soll im Folgenden verwendet werden, um eine strukturierte Übersicht über Grundaufgaben und einen Ausschnitt erweiterter Aufgabentypen zu bieten. Dabei ist die von ihr genutzte Spalte mit Beispielhaften Situationsmustern an dieser Stelle ausgelassen, da die den Situationsmustern zugrundliegenden Grundvorstellungen erst zu einem späteren Zeitpunkt der vorliegenden Arbeit dargestellt werden.

Abbildung 2.1 zeigt das Suchen des Prozentwerts (Typ I) dieser ist historisch gesehen die erste Grundaufgabe der Prozentrechnung, aus der die anderen beiden entstanden sind (Typ II und III) (Parker und Leinhardt 1995, S. 450, nutzen die selbe Nummerierung). Die Aufgabe des gesuchten Grundwerts (Typ III) ist dabei scheinbar aus Sicht des Alltagsbezugs kritisch zu sehen: „Der dritte Fall scheint für uns eine mathematische Kreation zu sein, die genutzt wird um die Triade zu vervollständigen, damit all drei möglichen Fälle zur Anwendung kommen"[3]

Generell folgen die drei Grundaufgaben unterschiedlichen Vorstellungen (vgl. Unterkapitel 2.2), aber auch der mathematische Hintergrund unterscheidet sich je nach Grundaufgabe. Wenn der Prozentsatz gesucht ist, steht beispielsweise eine Bruchgleichung im Vordergrund, während die Aufgabenstellung beim gesuchten Prozentwert einer funktionalen Betrachtung unterliegt (ebd.). Als Beispiel für die funktionale Betrachtung des Prozentwertes ist der Prozentoperator (auch beim Dreisatz) zu nennen.

Die in der Abbildung 2.1 dargestellten Aufgaben IV–XI unterstehen den von Pöhler (2018, S. 17) definierten Begriffen absolute Differenz und prozentuale Differenz, vergleichbar mit den Begriffen vermehrter Grundwert und verminderter Grundwert (Meierhöfer 2010, Hafner 2011). Aufgaben dieser Struktur enthalten vor allem Situationen einer Verminderung/Vermehrung um einen gegebenen Prozentsatz p %. Beispiele dafür sind Rabatte und die Erhöhungen der Mehrwertsteuer.

---

[3]Deutsche Übersetzung des Autors. Originalzitat: „Case 3 seems to us to be a mathematical creation, designed to complete the triad (three unknowns, therefore three possible equations)" (ebd.).

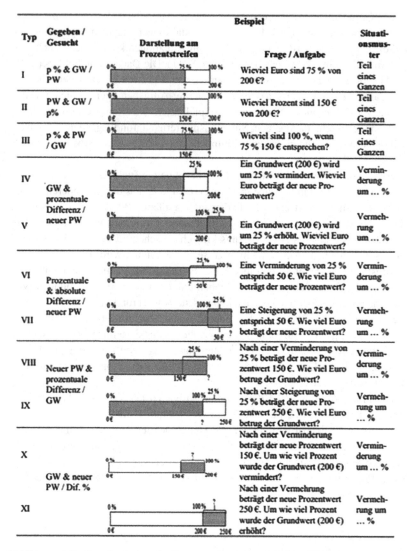

Abbildung 2.1 Grundaufgaben der Prozentrechnung nach Pöhler (2018, S. 21)

2.1.4 Lösungsstrategien der Prozentrechnung

Um die zuvor vorgestellten Aufgabentypen der Prozentrechnung zu lösen, werden verschiedene Modelle stoffdidaktisch aufgearbeitet. Im folgenden Abschnitt werden die Lösungsstrategien Dreisatz, Operatormethode, Formel (oder auch Bruchgleichung), ikonische Darstellungen und sonstige Strategien dargestellt.

2.1.4.1 Dreisatz

Der Dreisatz basiert auf der Schlussrechnung, beziehungsweise auf dem proportionalen Schluss (Kirsch 1978, S. 398). Dabei wird die „Vervielfachungstreue der zugrundeliegenden Proportionalität ausgenutzt" (Berger 1989, S. 73).

Der klassische Dreisatz ist definiert über eine Zuordnung des fiktiven bürgerlichen Größenbereichs Prozent und einem weiteren bürgerlichen Größenbereich (Hafner 2011, S. 39). Im ersten Schritt wird der Wert für ein Prozent berechnet, indem beide Größen mit derselben rationalen[4] Zahl multipliziert werden. Im nächsten Schritt wird der gesuchte Wert der zugeordneten Prozentangabe multiplikativ bestimmt. Wenn ein prozentualer Wert gesucht ist, dann wird meist die Zuordnung gewechselt. Dann wird im ersten Schritt der prozentuale Anteil einer Einheit der zugeordneten Größe bestimmt. Der individuelle Dreisatz unterscheidet sich im ersten Schritt vom klassischen Dreisatz: Beim individuellen Dreisatz muss nicht zwingend der Wert von 1 berechnet werden, sondern der zur Aufgabenstellung passende Wert. Der Dreisatz ist in Deutschland das klassische Lösungsverfahren (Berger 1989, S. 73)[5]. Die Kernpunkte verschiedener Studien zum Einsatz des Dreisatzes als Lösungsverfahren in deutschen Schulen sind im Folgenden kurz zusammengefasst:

1. In der Literatur wird der Dreisatz als vor allem für schwache Schüler besonders geeignet beschrieben. Dies wird unter anderem an der Struktur von Schulbüchern festgemacht. (Römer 2008, S. 37)
2. Bei freier Lösungsstrategiewahl tendieren die Schüler dazu, den Dreisatz zu nutzen.
3. Durch den Dreisatz wird die Verknüpfung von Anteil (Prozentsatz), Wert (Prozentwert) und dem Ganzen (Grundwert) besonders betont. (a. a. O., S. 37 f.)

---

[4]Die (willkürliche) Beschränkung auf rationale Zahlen ist mit dem tatsächlichen Einsatz in der Schule begründet.

[5]Auch wenn die Quelle nicht die aktuellste ist, fasst sie Ergebnisse verschiedener empirischer Erhebungen, die teilweise auch erst später entstanden sind Beispielsweise Hafner (2011) am explizitesten.

Neben diesen Vorteilen wird vor allem die Starrheit im inhaltlichen Denken und der Notation bemängelt (Jordan et al. 2004, S. 166). Kleine (2009, S. 154) fordert ein Entgegenwirken dieser starren Notation, hin zu einer stärkeren Betonung des funktionalen Aspekts der Prozentrechnung. Dieser findet in anderen Lösungsstrategien eine größere Würdigung. Des Weiteren fordert er, die Sachebene und die Lösungsstrategie stärker voneinander zu trennen um leistungsschwachen Schülern eine inhaltliche Fundierung der mathematischen Denkweise nahezubringen. (ebd.)

Als Beispiel für die Starrheit der Notation sei auf die Forderung von Scholz (2003, S. 23) verwiesen, dass die Veränderung zwischen den einzelnen Werten mit einem Operationspfeil kenntlich zu machen sei. Appell (2004, S. 26) stellt dem gegenüber, dass der Dreisatz als Kopfrechenstrategie seine Vorteile verliert, wenn er in ein zu enges Notationsschema gepresst wird. Dies zeige sich vor allem in der Forderung, immer zurück auf 1 % zu rechnen. Ziel müsse es sein, eine Notation zu finden, die den Lösungsweg beschreibt und Platz für alternative Kopfrechenstrategien lässt.

2.1.4.2 Operatormethode

Bei der Operatormethode wird die Verzahnung der Prozentrechnung mit der Bruchrechnung aufgegriffen (Scholz 2003, S. 24). Wenn schon im Rahmen der Bruchrechnung die Interpretation als Operator implementiert wurde, dann kann diese einfach auf die Prozentrechnung übertragen werden. So werden p-Prozent als das $\frac{p}{100}$-fache eines Grundwerts berechnet (Hafner 2011, S. 38). Das Betonen des von-Aspekts der Prozentrechnung kann durch die Operatormethode gewährleistet werden.

Hinzu kommt, dass für alle drei Grundaufgaben der Prozentrechnung ein passendes Lösungsschema gefunden werden kann, das sich aus der fehlenden Angabe ergibt. Dabei ist gerade das Berechnen des Grundwerts mit Hilfe des Umkehroperators ($:\frac{p}{100}$) besonders leicht zu bewerkstelligen (Berger 1989, S. 79 f.). Dies ist insofern beachtenswert, als dass das Berechnen des Grundwerts, wie die Forschungsergebnissen belegen (zum Beispiel Jordan et al. 2004), den Schüler besondere Schwierigkeiten bereitet.

Ein weiterer Vorteil der Operatormethode liegt darin, dass die Verbindung zwischen Prozentangaben und Dezimalzahlen ausgenutzt werden kann. So sind 20 % eines Grundwerts dasselbe wie das 0,2-fache dieses Grundwerts. Die Operatormethode lässt sich im weiteren Unterrichtsverlauf besonders bei der Zinsrechnung adaptieren. (Appell 2004, S. 28 f.)

Positiv muss sowohl der stets geforderte funktionale Charakter der Operatormethode, als auch der geringe Arbeitsaufwand gewertet werden (a. a. O., S. 30). Empirisch hat sich gezeigt, dass Schüler, die mehrere Strategien erlernt haben,

dazu neigen, die Operatormethode zu nutzen, wenn sie es sich aussuchen dürfen (Scholz 2003, S. 24). Kritisch ist dabei die starke algorithmische Basis des
Verfahrens zu bewerten, denn zu mechanische Verfahren werden von Schülern
schneller wieder vergessen (ebd.).

2.1.4.3 Formel

Auf Basis der Formel $W = G \bullet \frac{p}{100}$ lässt sich durch Äquivalenzumformungen für
jede der Grundaufgaben eine spezifische Prozentformel ableiten, die sich jeweils
ineinander überführen lassen (Hafner 2011, S. 40).

In Verbindung mit dem möglichen Auswendiglernen aller drei Formeln wird
diese Methode als besonders zugänglich für leistungsschwache Schüler beschrieben (Appell 2004, S. 24). Diese Auffassung ist jedoch kritisch zu betrachten,
da gerade das Auswendiglernen zu keiner stabilisierten Erkenntnisentwicklung
führt. Berger (1989, S. 85) sieht in dieser Lösungsmethode eine Entkopplung von
Sachebene und mathematischer Ebene. Im ersten Schritt sei auf Sachebene auszumachen, welche Werte gegeben sind und welcher fehlt. Anschließend werde
auf mathematischer Ebene die richtige Formel genutzt und der fehlende Wert
berechnet. Berger sieht für leistungsschwache Schüler einen möglichen positiven
Einfluss, da so die Möglichkeit besteht, sich vollständig auf eine der Ebenen zu
konzentrieren. Beim Dreisatz sei durch den „hypothetischen Schluss" auch auf
der mathematischen Ebene die Notwendigkeit gegeben, sich mit der Sachebene
auseinanderzusetzen.

Durch die Darstellungen der verschiedenen Formeln kann weiterhin der mathematische Zusammenhang zwischen Grundwert, Prozentwert und Prozentsatz
verdeutlicht werden. Man drückt in ihnen „[...]die Abhängigkeit aus, die zwischen den Größen bei einfachen Prozentaufgaben besteht" (Appell 2004, S. 26).
Durch die Division von Prozentwert durch Grundwert, also bei der Berechnung
des Prozentsatzes, entsteht eine Dezimalzahl. Das Umwandeln dieser Dezimalzahl
in eine Prozentzahl kann ebenfalls als positiv verzeichnet werden, da hiermit der
Zusammenhang zwischen einer Dezimalzahl und einer Prozentangabe verdeutlicht
wird. (Scholz 2004, S. 24)

Die Trennung zwischen Sachebene und mathematischer Ebene kann aber auch
kritisch bewertet werden, da gerade bei der Validierung der Ergebnisse die Verbindung aus Sachebene und mathematischer Ebene von großer Bedeutung ist.
Ebenfalls muss das mathematische Verständnis beim Anwenden der Formeln gesichert sein, um Fehler möglichst zu vermeiden. Daher sollte die Formel erst im
späteren Verlauf der Unterrichtseinheit zur Prozentrechnung eingeführt werden.
(Berger 1989, S. 85)

Wenn Schüler bereits Probleme mit dem Lösen von Aufgaben der Prozentrechnung haben, dann bietet die Formel darüber hinaus keine produktive Übung. Es werden nur Werte eingesetzt, ohne ein inhaltliches Verständnis abzufragen (Friedel 2008, S. 30). Außerdem ist die mangelnde Alltagstauglichkeit der Formel zu kritisieren. Zusätzlich wird die einfache Multiplikation eines gemeinen Bruchs mit einer Größe (zum Beispiel bei der Berechnung des Prozentwerts) durch die Verwendung von vier Variablen unnötig verkompliziert. (Appell 2004, S. 25).

Probleme können sich auch bei der Berechnung eines erhöhten oder verminderten Grundwerts ergeben, da nicht der Prozentwert, sondern der um den Prozentwert reduzierte Grundwert gegeben ist. Hierdurch ergibt sich für die Formel eine Vielzahl von Umformungsschritten, um das richtige Ergebnis zu erhalten (a. a. O., S. 26).

2.1.4.4 Grafischer Lösungsweg

Zur verbesserten Darstellung von Aufgaben finden ikonische Darstellungen, wie in der Ausarbeitung der Forschungslandschaft gezeigt wird, häufig Anwendung, zudem verbessern sie im Mittel die Leistung der Schüler. Im Folgenden wird ein Ansatz dargestellt, der das Lösen von Aufgaben der Prozentrechnung auf ikonischer Ebene in den Vordergrund einer Unterrichtseinheit setzt.

Basierend auf der These Freudenthals, dass Mathematik eine menschliche Aktivität sei, bei der man Lösungen für Probleme suche, entstand das Modell der Realistic Mathematics Education (kurz RME nach Freudenthal). Es hat zum Ziel, Mathematik in einen realistischen Kontext einzuordnen. Dabei sollen die Schüler in eine aktiv entdeckende Rolle versetzt werden, was sie zum selbstständigen Entdecken bewegt. Didaktisch unterliegt es der Annahme Freudenthals, dass mathematische Strukturen keine feste Bezugsgröße seien, sondern sich immer weiterentwickeln (Van den Heuvel-Panhuizen 2003, S. 10 f.). Die Schüler sollen mathematische Zusammenhänge über die Stufen Problemlösen in einem informellen Kontext, Lösungen eines kompletten Schemas, das Verinnerlichung benötigt, hin zum Lösen eines Problems, für das die gesamte Struktur des Themas durchdrungen sein muss, erlernen. (a. a. O., S. 13)

Van den Heuvel-Panhuizen verdeutlicht einen solchen Ablauf am Beispiel der Prozentrechnung. Anhand einer *so-many-out-of-so-many-situation* wird in das Thema Prozentrechnung eingestiegen. Am Ende der Einheit soll dann die Nutzung des Prozentoperators stehen.[6] Die Basis der gesamten Lerneinheit bildet ein

---

[6]Diese Überlegungen werden in der vorliegenden Arbeit keine Rolle mehr spielen, da sie den inhaltlichen Rahmen sprengen würden.

Rechteck, an dem die Schüler den jeweiligen prozentualen Anteil markieren sollen. Im Verlauf der Einheit soll die Kontextualisierung immer weiter abgebaut werden. (a. a. O., S. 18)

An Hand des Beispiels der Auslastung einer Theateraufführungen sollen sich die Schüler mit dem Rechteck vertraut machen, in dem sie beispielhaft einzeichnen, wie stark eine Aufführung besucht sei. In einem anschließenden Austausch der Schüler untereinander soll der erste Schritt der Transformation von einem *model of* zu einem *model for* angeregt werden (a. a. O., S. 20), also ein erster Schritt hin zu einem allgemeineren Verständnis der Prozentrechnung.

Diese Entwicklung soll dann am Beispiel der Auslastung eines Parkplatzes weiter vorangetrieben werden. Zur Vertiefung werden Zahlenangaben hinzugefügt: Zum einen soll mithilfe von gemeinen Brüchen die prozentuale Belegung auf eine andere Art dargestellt werden, zum anderen sollen der Grundwert und Prozentwert ebenfalls erschlossen werden (a. a. O., S. 23). So soll sich weiter vom Kontext gelöst werden und ein höheres Level des Verstehens erreicht werden (a. a. O., S. 24). Anschließend wird den Schülern der Effekt von 1 % verdeutlicht: Mithilfe dieser Vergleichsbasis soll besser geschätzt werden können. Hier geht es ausdrücklich nicht um einen Dreisatz, sondern um das Abschätzen und Schaffen von Vergleichswerten. (a. a. O., S. 25)

Van den Heuvel-Panhuizen zufolge habe sich gezeigt, dass sich dieser Aufbau vor allem auf die Leistung beim Lösen von Aufgaben zum erhöhten und verminderten Grundwert auswirkt (a. a. O., S. 26). Insgesamt solle im Rahmen einer solchen Unterrichtseinheit immer wieder ein Bezug zum Bekannten hergestellt werden, in diesem Fall den rationalen Zahlen. (a. a. O., S. 30 f.)

Im Rahmen eines Seminars meiner eigenen Forschung untersuchten Studierende die Einsatzmöglichkeit des Rechteckmodells bei Schülern, die nicht im Rahmen dieses Modells unterrichtet wurden. Dabei spielte vor allem die Frage nach Erhöhungen und Senkungen um 100 % eine entscheidende Rolle. Die Studierenden konstatierten, dass Rechtecke (in diesem Fall interpretiert als Fußballstadien) besonders gut geeignet sein, um zu diagnostizieren, ob die Schüler über ein multiplikatives Verständnis der Prozentrechnung verfügen. (Brase et al. 2019, S. 41 f.)

2.1.4.5 Sonstige Strategien

Die Bruch- und Verhältnisgleichung ist ein weiterer Zugang zur Lösung von Grundaufgaben der Prozentrechnung. Auf Basis der Verhältnisgleichung $\frac{G}{100\%} = \frac{Prozentwert}{p\%}$ können jeweils Umformungen für die gesuchte Variable vorgenommen werden (Hafner 2011, S. 39). In der Didaktik findet dieser Ansatz wenig Anklang. Inhaltlich basiert er aber weitestgehend auf den Ideen der Prozentformel. Des

Weiteren können Kopfrechenstrategien oder halbschriftliche Rechenverfahren eine Unterstützung für die Schüler darstellen. Diese Strategien helfen zu vermeiden, dass Schüler zu sehr in ein algorithmisches Arbeiten verfallen.

2.1.4.6 Zusammenfassung

Insgesamt zeigt sich, dass es in der Prozentrechnung nicht die perfekte Lösungsstrategie gibt. Den Schülern sollte daher der Zugang zu mehreren Strategien ermöglicht werden, dabei sollten das Für und Wider einer jeder Strategie besprochen werden. Ebenfalls sollten die inhaltlichen Verbindungen zwischen den jeweiligen Strategien im Unterrichtsverlauf thematisiert werden, um letztlich für jeden Schüler die passende Strategie zu finden.

2.2   Grundvorstellungen in der Prozentrechnung

Um die im Rahmen der Interviewstudie gegebenen Schülerantworten einzuordnen, bietet sich das Konzept der Grundvorstellungen an. Es beinhaltet sowohl die normative Perspektive, die gerade im Rahmen der Prozentrechnung ausführlich ausgearbeitet wurde, als auch die Möglichkeit, Abweichungen deskriptiv zu beschreiben.

Daher wird im Folgenden zunächst das Konzept der Grundvorstellungen dargestellt. Anschließend werden Optionen eines konstruktiven Umgangs mit dem Unterschied zwischen normativer und deskriptiver Perspektive besprochen. Eine kritische Beleuchtung des Konzepts der Grundvorstellungen schließt daran an. Abschließend werden die verschiedenen Grundvorstellungen von Prozenten und Prozentrechnung dargelegt.

2.2.1   Historie des Begriffs Grundvorstellungen

In diesem Unterkapitel wird allgemein der Begriff der Grundvorstellungen dargestellt. Seine geschichtliche Entwicklung wird betrachtet, um anschließend darauf aufbauend eine Klärung des Begriffs vornehmen zu können.

Schon immer waren die Überlegungen zum Mathematikunterricht geprägt von der Frage, wie die Sinnkonstituierung von mathematischen Inhalten aussehen kann (vom Hofe 1995a, S. 15 f.). Der Begriff der Grundvorstellungen wurde von Oehl geprägt. Der Beginn der Auseinandersetzung der Sinnkonturierung ist bei Pestalozzi zu finden, der sich als Erster mit der Genese mathematischer Begriffe beschäftigte und versuchte, den klassischen, verbalisierten, mechanisierten Rechenunterricht abzulösen. In einem Stufenmodell sollten Kinder ein Verständnis des Zahlbegriffs aufbauen, indem sie sinnvolle Bilder auf der Gegenstands- und der Repräsentantenebene zueinander in Verbindung setzen sollten (a. a. O., S. 24 ff.).

Die verschiedenen Grundvorstellungen der Division sind bekannte Beispiele. So geht die Unterscheidung zwischen Teilen und Enthaltensein schon auf Hentschel (1842) zurück. Dieser war, zusammen mit Diesterweg, einer der vielen Schüler Pestalozzis. Die beiden machten es sich zum Ziel unverstandenes, schematisches Rechnen mit Hilfe von Anschauungsmitteln und der Bildung von Vorstellungen abzulösen (a. a. O., S. 29 f.). Pestalozzis Bestrebungen, eine Beziehung zwischen mathematischen Elementarbegriffen und gegenständlichen Repräsentanten zu erschaffen, endete in einem formalgeleiteten Unterricht, in dem die Kinder nur der Lehrkraft nachsprachen. Dies wurde auf die fehlende Analyse der mathematischen Gegenstände zurückgeführt, was die Möglichkeiten zur Bereitstellung eigener Repräsentanten für Lehrkräfte erschwerte. (a. a. O., S. 32)

Die nächste große Veränderung wurde von Kühnel initiiert. Kühnel gliederte Aspekte der Psychologie in die Überlegungen zur Bildung mathematischer Begriffe ein. Seine Forderung nach einem problem- und anwendungsorientierten Unterricht stand dem Katechismus[7] entgegen, der in der Folge Pestalozzis entstanden war. Kühnel forderte Kinder müssten Sachsituationen nutzten können, um Vorstellungen von Zahlen und Operationen entwickeln zu können (a. a. O., S. 34 ff.).

Mit Piaget hielten die ganzheitliche Psychologie und experimentelle Untersuchungen Einzug in die Diskussion um die Begriffsbildung im Mathematikunterricht. Piagets Äquilibrationstheorie behandelte die Genese individueller Intelligenz und basierte auch auf mathematikdidaktischen Überlegungen. Er plädierte dafür, dass Handlungen die zentrale Rolle im Rahmen von individuellen Lernprozessen zu Operationen einnehmen sollten. Die Handlungen sollten auf verinnerlichten Tätigkeiten basieren. Aebli kritisierte die Umsetzungsvorschläge Piagets, da sie nicht ausreichend Platz für Eigenaktivität der Schüler ließen, was zu einer mangelnden Ausbildung des operativen Denkens führe (a. a. O., S. 54 ff.).

Kein expliziter Vertreter der Grundvorstellungsdebatte war Wittmann. Dennoch war es sein Ziel, das operative Prinzip in der Mathematikdidaktik zu verankern, um Schüler die Möglichkeit zu bieten, durch Handlungen Erkenntnisse zu erlangen (Wittmann 1985, S. 9).

---

[7]Im Sinne eines von vorne orientierten Unterrichtsgeschehens, bei dem man dem Lehrer „blind" zu folgen hat.

Oehl beschrieb Mathematisch die Vermittlung zwischen Anschauungs- beziehungsweise Handlungszusammenhängen und mathematischen Inhalten. Dafür benötigt es eine Einsicht in Sachstrukturen in Verbindung mit dem operativen Durcharbeiten (vom Hofe 1995a, S. 76 f.). Oehl nutzte in diesem Zusammenhang erstmalig den Begriff der Grundvorstellungen.

Griesel arbeitete, von diesen Überlegungen ausgehend idealtypische Grundvorstellungen von verschiedenen Operationen aus, die er durch eine stoffdidaktische Ausgestaltung einer curriculumsstrukturierenden didaktischen Kategorie zusammenfasste (a. a. O., S. 93). Alle dargestellten Vorstellungskonzepte haben die Intention,

> [...] auf didaktischer Ebene eine Klärung und konstruktive Gestaltung der unterrichtlichen Bedingungen für eine erfolgreiche und adäquate Sinnkonstruierung, individuelle Repräsentation und Anwendung mathematischer Inhalte [...zu ermöglichen][8]

2.2.2 Der Grundvorstellungsbegriff

Auf Basis dieser Darstellung des historischen Verlaufs wird im Folgenden unter Grundvorstellungen die Vermittlung zwischen der mathematischen Welt und der Welt des Lernenden verstanden (vom Hofe und Blum 2016, S. 229). Dabei spielen drei Aspekte eine entscheidende Rolle:

1. Die Sinnkonstituierung eines Begriffs, die durch Anknüpfungspunkte des Lernenden an sein Umfeld entstehen soll. Helfen sollen dabei vor allem Sach- oder Handlungszusammenhänge.
2. Die Verinnerlichung eines jeweiligen Begriffs soll anschließend mittels operativen Handelns hergestellt werden. Dabei können (visuelle) Repräsentanten behilflich sein.
3. So soll die Fähigkeit entstehen, die Begriffe auf die Wirklichkeit anzuwenden. Das kann beispielsweise auf Basis von Modellierung geschehen.

Auch im Modellierungskreislauf haben die Grundvorstellungen ihren Platz, da im Prozess des Mathematisierens und Interpretierens der Austausch zwischen der Lebenswelt und der Mathematik im Vordergrund steht (a. a. O., S. 235). Blum et al. (2004, S. 146) gehen noch weiter, wenn sie konstatieren, dass Grundvorstellungen eine für das Modellieren notwendige Bedingung seien.

---

[8]a. a. O., S. 95

Es ist festzuhalten, dass Grundvorstellungen einen dynamischen Charakter aufweisen. Da sie wachsen, sich entwickeln und sich gegenseitig ergänzen. Um diesen dynamischen Prozess zu ermöglichen, muss es das Ziel des Lehrers sein, seinen Unterricht an die Erfahrungswelten der Schüler anschließen zu lassen (vom Hofe und Blum 2016, S. 101).

Vom Hofe und Blum unterscheiden zwischen primären und sekundären Grundvorstellungen. Wenn mit realen Objekten konkrete Operationen ausgeführt werden, sind primäre Grundvorstellungen gemeint. Hier ist von einem gegenständlichen Charakter des betrachteten Objekts auszugehen, etwa, wenn tatsächliche Objekte dividiert werden. Sekundäre Grundvorstellungen basieren auf mathematischen Operationen mit symbolischen Objekten. Sie beziehen sich nur auf imaginäre Handlungen mit mathematischen Objekten und auf die Bedeutung der Repräsentanten der jeweiligen Objekte. Beispiele sind Terme und Funktionsgrafen (a. a. O., S. 234).

Nach vom Hofe (1995a, S. 123) bilden sich Grundvorstellungen in einem Zusammenspiel aus didaktischen Entscheidungen und Aktivitäten von Schülern. Dabei sollen die didaktischen Entscheidungen des Lehrenden nur eine Hilfestellung für die Lernschritte von Schülern sein. Die Reflexion des Lehrenden, welche inhaltlichen Aspekte erlernt werden sollen, stehen am Beginn des Prozesses der letztendlich zur didaktischen Entscheidung führt. Auf Basis dieser Reflexion gilt es zu überlegen, welche Grundvorstellungen passen. Durch eine adäquate didaktische Umsetzung kann ein Sachzusammenhang erzeugt werden, der den strukturellen Kern des aufzuarbeitenden Begriffs wiedergibt. Das Konstrukt muss nun an das Individuum angepasst werden, das den Sachzusammenhang erfassen und eine Grundvorstellung aufbauen soll, die es in sein strukturelles Netz, aus bestehenden mathematischen Begriffen, integriert. Auf diese Weise soll die Mathematik verstanden werden. Dieses Vorgehen ist zusammenfassend in Abbildung 2.2 dargestellt.

Das Ziel des Aufbaus einer Grundvorstellung soll langfristig immer ein System von Erklärungs- und Handlungsmöglichkeiten sein, die ineinandergreifen (vom Hofe 1995b, S. 48).

Im Kontext der aufgezeigten historischen Entwicklung des Begriffs der Grundvorstellungen spielte die normative Dimension eine entscheidende Rolle. Hinter der normativen Perspektive steht die Frage, wie die idealtypische Lernentwicklung eines Schülers auszusehen hat. Der Kern der idealtypischen Grundvorstellung lässt sich anhand einer stoffdidaktischen Analyse extrahieren. Die Differenz zwischen einer authentischen Schülerlösung und den normativen Grundvorstellungen

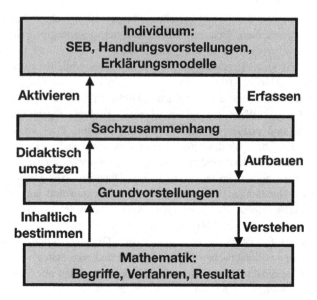

Abbildung 2.2 Aufbau Grundvorstellungen (Blume, vom Hofe 2016, S. 232)

ist die deskriptive Perspektive. Wie ein konstruktiver Umgang mit dieser Differenz aussehen kann, soll im nächsten Teilkapitel geklärt werden (Blum und vom
Hofe 2003, S. 14).

2.2.3 Konstruktiver Umgang mit intuitiven Vorstellungen

Wann immer mathematische Problemlösungsprozesse ausgelöst werden, spielen
intuitive Vorstellungen eine Rolle. Dabei besteht sowohl die Gefahr, dass sich
fehlerhafte Vorstellungen zu *tactic models* verfestigen, als auch die Möglichkeit,
durch eine stärkere Beschäftigung mit intuitiven Vorstellungen die Konflikte zwischen formalen und intuitiven Vorstellungen aufzufangen. Auf dieser Basis kann
eines der größten Probleme des Mathematikunterrichts, die Differenz in der Deutung von Symbolen und Begriffen durch Lehrkraft und Schüler, positiv genutzt
werden (vom Hofe 1995b, S. 42).

   Wenn man das Konzept Grundvorstellungen unter der Annahme betrachtet,
dass die individuelle Begriffsbildung durch didaktische Maßnahmen beeinflusst
werden kann, dann ist es umso wichtiger, nach den tatsächlichen Vorstellungen

der Schüler zu fragen. Werden Grundvorstellungen als gleichzeitig intersubjektiv und individuell verstanden, dann muss für Lehrkräfte die Möglichkeit geschaffen werden, in den laufenden aktiv-dynamischen Prozess, der Bildung einer Grundvorstellung einzugreifen. Dies muss durch eine „gezielte Sensibilität für die tatsächliche Vorstellung der Schüler" gewährleistet werden (a. a. O., S. 43). Die tatsächlichen Vorstellungen der Schüler können sich in mathematischen Tätigkeiten, wie zum Beispiel dem Argumentieren, aber auch in Fehlern äußern. Es wird eine „methodische Hilfe zum Aufdecken von Divergenzen" (ebd.) benötigt, darauf aufbauend müssen Möglichkeiten geschaffen werden die Divergenzen konstruktiv zu behandeln (ebd.).

Gelingen kann dies mit Hilfe eines Dreischritts. Dabei besteht zu Beginn die Frage, welche stoffdidaktisch intendierte Vorstellung notwendig ist, um das vorliegende Problem zu lösen (also die normative Perspektive). Von der tatsächlichen Lösung eines Schülers ausgehend, kann dann überprüft werden, welche tatsächlichen Vorstellungen benutzt wurden (deskriptive Perspektive). Abschließend kann die Frage gestellt werden, worauf sich die Divergenzen zurückführen lassen und wie diese behoben werden können (analytische und konstruktive Dimension) (a. a. O., S. 46).

Als Beispiel für die Nutzung von Grundvorstellung sei auf die PISA-2000-Studie verwiesen. Hier nutzten die Forscher Grundvorstellungen als Analysekriterium und als Aufgabenkategorie. Die Aufgaben wurden danach kategorisiert, wie viele und welche Grundvorstellungen benötigt werden, um eine Aufgabe zu lösen. Wenn eine Kombination mehrerer Grundvorstellungen erforderlich, dann wurden die Aufgaben als schwierig bewertet. Definiert wurde dies als die Grundvorstellungsintensität einer Aufgabe (Blume et al. 2004, S. 152 f.). So kamen die Forscher zu der Erkenntnis, dass in den Schulen der rechnerische Aspekt überbetont worden und das Ausbilden von Grundvorstellungen zu kurz gekommen sei (a. a. O., S. 156).

2.2.4 Bewertung

Zur vollständigen Erarbeitung eines didaktischen Konzeptes gehört auch die kritische Auseinandersetzung mit der zugrundeliegenden Idee. In diesem Fall erfolgt nicht eine allgemeine Kritik des Konzepts, sondern der Aspekt des Lebensweltbezugs soll im Vordergrund stehen. Winter (1994) formuliert im Hinblick auf den Umgang von mathematischen Inhalten und der Lebenswelt:

„Auf jeden Fall werden, wenn man die Sache ernst nimmt (die Sachsituationen
etc.) Diskontinuitäten zwischen Lebenswelt und arithmetischen Begriffen sichtbar,
die grundsätzlicher Natur sind. [...] In der Didaktik ist bisher das Verhältnis zwischen innen und außen, zwischen rein und angewandt allzu harmonisch-optimistisch
eingeschätzt worden."[9]

Ein Beispiel für eine solche fehlerhafte Vermittlung zwischen Lebenswelt und
arithmetischen Begriffen ist die stochastische Angabe jeder Zwanzigste, die auch
im Rahmen der erprobten Aufgaben dieser Arbeit zum Tragen kommt. Denn während mathematisch der Anteil einer Menge problemlos quasiordinal angegeben
werden kann, lässt sich dieser Zusammenhang nicht problemlos auf jede Menge
übertragen.

Geht man davon aus, dass die Startkomponente für die Vermittlung von
Grundvorstellungen die Lebenswelt der Schüler ist, dann muss die Diskontinuität zwischen der Lebenswelt und der Mathematik als problematisch angesehen
werden. Soll der Sachzusammenhang den Ausgangspunkt für Lern- und Interaktionsprozesse bilden (vom Hofe 1995a, S. 125), dann müssen die Diskontinuitäten
sowohl Teil der Planung des Unterrichts als auch Erklärungsansatz für mögliche
Probleme von Schülern sein.

Steinbring (2001) führt folgenden Ansatz an, um die Verbindung zwischen
Mathematik und Lebenswelt produktiv zu nutzen:

„Zwischen der Sache und der Mathematik [...] vermittelt nicht eine Eins-zu-Eins
Übersetzung, bei der die konkreten Sachelemente direkt mit mathematischen Sym-
bolen und Operationszeichen verbunden werden. Wesentlich für eine produktive
Verbindung zwischen der Sache und der Mathematik ist die Konstruktion von
Beziehungen, Strukturen und Zusammenhängen im Sachkontext, denn letztlich zielt
die Mathematik auf solche Strukturen."[10]

Das Fokussieren auf die Strukturen und Beziehungen als produktive Verbindungen
zwischen Lebenswelt und Mathematik kann hier eine Chance bieten. Am Beispiel
von jedem Zwanzigsten bedeutet dies:

Wenn man etwa sagt, dass 5 % aller Objekte aus einer Grundgesamtheit eine
gewisse Eigenschaft vorweisen, dann ist das gleichbedeutend damit, dass jedes
Zwanzigste dieser Objekte diese Eigenschaft hat- und zwar unabhängig von der
Größe der Grundgesamtheit. Bei einer direkten Übersetzung dieser strukturellen
Beschreibung der Grundgesamtheit in die Realität stößt man allerdings schnell
an Grenzen, die bei quasiordinalen Angaben deutlicher zutage treten können als

---

[9]Winter 1994, S. 10
[10]Steinbring 2001, S. 174

bei prozentualen. Dies ist beispielsweise dann der Fall, wenn die Anzahl der Objekte nicht durch 20 teilbar ist. So würde etwa jeder Zwanzigste von 110 Menschen gerade 5,5 Menschen entsprechen, in dieser Weise direkt in die Welt der Sachverhalte übersetzt also eine schlichtweg unsinnige Angabe.

In der Statistik können aus einer zu engen Verbindung von Sachverhalten und Mathematik auch Fehlvorstellungen entstehen. So bedeutet etwa die Aussage „jedes vierte Los gewinnt" an einer Losbude natürlich nicht, dass man beim Kauf von vier Losen mit Sicherheit einen Gewinn zieht. Die gezielte Thematisierung solcher Beispiele, in denen die Lernenden mit Unterschieden zwischen mathematischen Strukturen im Sachverhalt und empirischen Eigenschaften der thematisierten Objekte konfrontiert werden, können zu produktiven Irritationen führen und den Schülern im besten Fall ermöglichen, die Diskontinuitäten zwischen Lebenswelt und mathematischen Begriffen für modellbildende Annahmen im Sinne von Modellierungen nutzbar zu machen.[11]

Schwarzkopf (2006, S. 98) weist auf die Unterschiede zwischen Welt und Mathematik hin, die es notwendig machen, Welt und Mathematik flexibel in Beziehung zu setzen. Steinbring (2001, S. 182) urteilt, dass das Verhältnis zwischen Sache und Mathematik grundlegend für die Mathematik als Wissenschaft der Muster und Strukturen sei. So kann festgehalten werden, dass eine kritische Betrachtung der Beziehung zwischen Lebenswelt und Mathematik Bedingung für die Planung von Lern- und Interaktionsprozessen sein muss, um den Sachzusammenhang als Startpunkt der Vermittlung mathematischer Inhalte nutzen zu können.

2.2.5 Grundvorstellungen von Prozenten und Prozentrechnung

Um die geforderte normative Sicht einzunehmen, werden in diesem Unterkapitel mögliche Grundvorstellungen von Prozenten und Prozentrechnung dargelegt. Dabei berufe ich mich auf Pöhlers (2018, S. 11) Unterteilung der Prozentrechnung im Zuge einer rechnerischen Anwendung von Prozentangaben. In Abgrenzung erfolgt nicht nur eine präskriptive Darstellung, sondern es werden bereits erste Möglichkeiten von deskriptiven Vorstellungen beschrieben, die in Kapitel 5, 6 und 7 wieder aufgegriffen werden.

---

[11]Auch im Rahmen der vorliegenden empirischen Untersuchung sollten solche Irritationen initiiert werden; im Interview mit Christina und Magdalena (s. Abschnitt 6.1.2.3.) bricht eine entsprechende Diskontinuität auf

Als Beispiel soll dabei immer die Angabe 5 % dienen, da sie den größten Anteil der Auswertung der dieser Arbeit zugrundeliegenden Lernumgebung ausmacht.

2.2.5.1 Grundvorstellung in der Prozentrechnung

Blum und vom Hofe (2003, S. 15) nennen im Rahmen der Prozentrechnung (gemeint ist die mathematische Operation) die drei Grundvorstellungen von Hundert-Vorstellung, Hundertstel-Vorstellungen (auch Prozentoperator genannt) und Bedarfseinheiten-Vorstellung (auch quasikardinal-Vorstellung genannt). Diese Grundvorstellungen dürfen als vollständig gleichwertig angesehen werden. Sie stehen primär in einem Verhältnis mit einer Lösungsstrategie, wie im Weiteren dargestellt. Jede dieser Grundvorstellungen weist spezifische Schwierigkeiten auf, sie können aber als tragfähig angesehen werden.

Von Hundert-Vorstellung

Die von Hundert-Vorstellung interpretiert 5 % eines Grundwerts als 5 von 100 Einheiten. Blum und vom Hofe (2003) zufolge stellt man sich bei dieser Vorstellung den Grundwert aus lauter Teilen von 100 Einheiten vor. Der Prozentanteil beschreibt in diesem Fall, wie viele Einheiten von jedem Teil berücksichtigt werden müssen. Im Fokus steht die Verhältnis-Sichtweise zweier Brüche (Hafner 2011, S. 37 ff.). Diese Sichtweise wird auch anhand der Lösungsstrategie Bruch- oder Verhältnisgleichung deutlich.

Die Gefahr bei dieser Vorstellung besteht in der Überbetonung der 100 Einheiten. Dies kann vor allem bei Angaben, die nicht Vielfache von 100 sind, zu Problemen seitens der Schüler führen. Es könnte die Vorstellung erzeugt werden, dass beispielsweise 5 % immer 5 Einheiten sind. So würden gegebenenfalls auch 5 % von 27 Personen als 5 interpretiert werden.

Die Hundertstel-Vorstellung

Diese Vorstellung beruht ebenfalls auf einer Bruchvorstellung, konkret $\frac{p}{100}$. Im Zähler steht dabei der Prozentanteil und im Nenner die Zahl 100. Der Bruch selbst kann auch als multiplikativer Operator verstanden werden, der auf eine Bezugsgröße referiert, im Falle der Prozentrechnung auf den Grundwert. Damit kann der Bruch als Abbildungsvorschrift eines Größenbereichs auf sich selbst interpretiert werden (Strehl 1979, S. 11).

Aus Lehrendensicht ist diese Vorstellung deutlich einfacher zu implementieren, da der Grundwert nur noch in 100 gleich große Teile zerlegt wird (Blum und vom Hofe 2003, S. 15). Auch hier besteht die Gefahr, dass das Teilen in 100 gleich große Teile nicht den natürlichen Zahlen entspricht. Dies könnte es den Schüler schwer machen, den Zweischritt des Operators korrekt auszuführen. Vorteile liegen ganz sicher in der flexiblen Anwendbarkeit und der leichten Übertragbarkeit aus der Bruchrechnung (Appell 2004).

Bedarfseinheiten-Vorstellung
Die dritte Grundvorstellung beruht auf Proportionalität und bildet einen Größenbereich in die Menge der positiven rationalen Zahlen ab (Pöhler 2018, S. 19). Die Größe 100 % wird dem gegebenen Grundwert zugeordnet, womit der hundertste Teil dieses Grundwerts immer einem Prozent entspricht. Das Fünffache dieses Anteils entspricht dann 5 %. Eine ähnliche Formulierung findet sich in der Definition der Prozentrechnung nach Berger (1989, S. 9) wieder.

Diese Sichtweise spiegelt einen Spezialfall der Proportionalitätsrechnung wieder und lässt sich der Lösungsstrategie Dreisatz zuordnen (Blum und vom Hofe 2003, S. 15). Eine Gefahr bei dieser Vorstellung besteht vor allem bei Aufgaben zu einem vermehrten und verminderten Grundwert, da die Schüler die verschiedenen Grundwerte nicht adäquat identifizieren können und so den falschen Anteil berechnen.

2.2.5.2 Grundvorstellungen von Prozenten
In diesem Unterkapitel werden die verschiedenen Grundvorstellungen von Prozenten dargestellt. Gemeint ist damit nur die reine Angabe Prozent, wie beispielsweise 5 %. In dem Zusammenhang bietet die Arbeit von Parker und Leinhard (1995) einen geeigneten Leitfaden, der die verschiedenen Verwendungssituationen von Prozenten aufschlüsselt. Die Autoren unterscheiden in die drei Oberkategorien Prozente als Zahlen, Prozente als intensive Mengen und Prozente als Anteil/Bruch. Dabei ist darauf hinzuweisen, dass diese Kategorien überlappen. Das liegt vor allem daran, dass sie alle auf der Proportionalität beruhen (Pöhler 2018, S. 12).

Gerade zu Beginn der Interviews, die im Rahmen der vorliegend präsentierten Forschung durchgeführt wurden, müssen die Interviewten prozentuale Angaben identifizieren, ohne dass eine Bezugsgröße zum Ausrechnen gegeben ist. Daher spielen die Grundvorstellungen von Prozenten in der vorliegenden Arbeit ein große Rolle.

Prozente als Zahlen
In der Literatur werden Prozente meist mit der Bedeutung „von 100" übersetzt. Per Interpretation von Prozenten als Zahlen ist die Gleichsetzung von Prozenten, Brüchen und Dezimalzahlen möglich (Davis 1988, S. 300, Parker und Leinhardt 1995, S. 436). Sill (2010, S. 7) weist darauf hin, dass Prozente immer mit einer

Bezugsgröße, zumeist dem Grundwert, angeführt werden müssen. Er bezieht dies vor allem auf eine Rechenvorschrift. Allgemeiner formuliert, lässt sich sagen, dass Prozente eine Relation zwischen zwei Zahlen ausdrücken (Davis 1988, S. 299). Sill (2010) hebt die Wahrscheinlichkeitsrechnung als ein Gegenbeispiel hervor, bei dem die Relation mit einer weiteren Zahl nicht im Vordergrund steht. Die Interpretation von Prozenten als Dezimalzahlen beinhaltet die Möglichkeit der Anwendung axiomatischer Regeln der rationalen Zahlen (Parker und Leinhardt 1995, S. 437). Da es sich um den hundertsten Teil einer Größe handelt, können Prozente in Form des 0,01- bzw. des p-fachen eines Grundwerts angegeben werden (Berger 1989, S. 10).

Prozentsätze und Prozentwerte können bei gleichem Grundwert addiert werden, teilweise verlangen Aufgabenstellungen dies auch. Die Gefahr bei diesem Vorgehen besteht darin, dass das Addieren von Prozenten den multiplikativen Charakter vernachlässigt. Trotzdem fordern Parker und Leinhard (1995, S. 437), dass auch offensichtlich nicht-additive Situationen das Konzept von Prozenten als Zahlen nicht ausschließen sollten.

Während Prozente immer einem intensiven Bezug unterstehen, unterliegen Dezimalzahlen nur einer extensiven Verbindung (a. a. O., S. 438). Mit intensiven Bezügen sind Bezüge zu einer Menge gemeint, ähnlich wie zum Beispiel bei Sill (2010) zu finden.

Dies macht es beispielsweise schwer, Prozente der Größe nach zu ordnen, da der Wert immer nur in Abhängigkeit von einem Grundwert zu betrachten ist, obwohl der Sinn von Prozenten eben in dieser Ordnung liegt. Demgegenüber können Dezimalzahlen und Bruchzahlen beispielsweise auf einem Zahlenstrahl, der Größe nach geordnet werden. Van Engen (1960) erläuterte einen strukturellen Unterschied zwischen Veränderungsraten und Brüchen. Prozente ordnete er der Veränderungsrate zu, denn während 5 % immer als Vergleich verstanden werden muss, kann 0,05 auch anders aufgefasst werden.

Eine weitere Gefahr bei dieser Vorstellung besteht in der Gleichsetzung von einer Prozentangabe mit einer Anzahl. Die übermäßige Betonung der Anzahl 100 kann dazu führen, dass Schüler beispielsweise 5 %, ungeachtet des Grundwerts, gleichsetzen.

Prozente als intensive Menge
Neben der direkten Übersetzung aus dem Englischen Prozente als intensive Menge nutzt Pöhler (2018, S. 13) die Formulierung Prozente als relative Größe. Durch diese Vorstellung besteht die Möglichkeit, zwei Mengen oder gleichartige Größen multiplikativ miteinander in Verbindung zu setzen. Parker und Leinhard (1995, S. 437) machen von Schwartzs (1988) Unterteilung von Größen in die

Oberkategorien externe und interne Verhältnisse Gebrauch. Externe Verhältnisse setzen zwei Größen unterschiedlichen Typs in ein Verhältnis, wie zum Beispiel km und h. Prozente ermöglichen es, interne Verhältnisse, also die Verbindung zweier gleicher Größen, durch natürliche Zahlen ordinal zu ordnen. Bei Brüchen und Dezimalzahlen ist dies nicht vollständig möglich. Während alleinstehende Dezimalzahlen sowohl externe als auch interne Verhältnisse angeben können, ist mit Blick auf Prozentzahlen klar, dass es sich um intensive Mengen handeln muss.

Hier wird zwischen drei Typen unterschieden: Im Intervall von 0 bis 100 kann der Anteil einem Ganzen zugeordnet werden. Beispielsweise sind 5 % einer Schule anwesend. Zwei Angaben können in ein multiplikatives Verhältnis gesetzt werden. Als Beispiel kommen 5 % aller Schüler einer Schule zu Fuß zur Schule. Abschließend sei der Vergleich der Größe von Beziehung auf Basis des dezimalen Stellenwerts erwähnt. So ist beispielsweise die Durchfallquote von 5 % des einen Kurses höher als die des Parallelkurses mit 3 %. (a. a. O., S. 437). Deskriptiv besteht die Gefahr nicht zu verstehen, warum es entscheidend ist, in welche Richtung der multiplikative Vergleich ausfällt: Während 4 das Doppelte von 2 ist, ist 2 die Hälfte von 4. Hier gilt es sensibel mit dem Unterschied und der Perspektive des Vergleichs der Anteile umzugehen.

Prozente als Anteil oder Verhältnis
Mit Prozenten lassen sich Mengen in ein Verhältnis setzen, das auf eine geeichte Basis 100 zurückzuführen ist. Dabei lässt sich unterscheiden, ob die beiden Mengen disjunkt (Verhältnis) sind oder ob sie jeweils eine Teilmenge der anderen sind (Anteil).

Im Rahmen von Verhältnissen gibt es nach Parker und Leinhardt (a. a. O., S. 439) acht unterschiedliche Ausprägungen, die sie grafisch aufschlüsseln.

Pöhler (2018, S. 14) übersetzte diese Ausprägungen ins Deutsche. Zur besseren Verständlichkeit sind sie in Abbildung 2.3 dargestellt.

Dabei wird in der oberen Hierarchieebene entschieden, ob es sich um Anteile oder Verhältnisse handelt. Verhältnisse können entweder einen Vergleich oder eine Veränderung implizieren. Eine Veränderung beschreibt zwar auch einen Vergleich, charakteristisch für eine Veränderung ist aber der zeitliche Aspekt. Im Folgenden werden die einzelnen Ausprägungen vorgestellt.

Prozente als Anteil
Bei Prozenten als Anteilen handelt es sich immer um zwei disjunkte Mengen. Meißner (1982, S. 122) untermauert das Teil-Ganze-Konzept aus mengentheoretischer Perspektive: Zwei Mengen werden verglichen. Die eine ist Teil der anderen, wobei es sich um eine statische mengentheoretische Inklusion handelt.

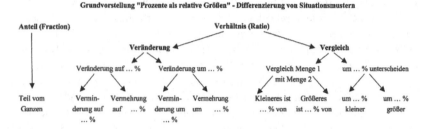

Abbildung 2.3 Grundvorstellungen von Prozenten (Pöhler 2018, S. 14)

Dies hat zur Folge, dass weder negative Prozentanteile noch Prozentanteile über 100 darstellbar sind.

Fragen nach einem Anteil entsprechen der Grundaufgabe der Prozentrechnung Prozentwert gesucht. Eine weitere Anwendungsoption findet sich in der Angabe von Wahrscheinlichkeiten (Parker und Leinhardt, S. 440). Durch den Gebrauch des Worts von wird bereits auf sprachlicher Ebene ein Anteilscharakter zum Ausdruck gebracht (Berger 1989, S. 15).

Zu Beginn der Lernumgebung, die dieser Arbeit zugrunde liegt, sollen die Schüler den Anteil von 5 % in verschiedenen Anteilsangaben identifizieren. Obwohl es sich aber bei fast allen Angaben um den Teil eines Ganzen handelt, nutzten die Interviewten zur Beantwortung auch alternative Grundvorstellungen.

Unter deskriptivem Gesichtspunkt kann die Vorstellung des Additionsvorgangs von Prozenten entstehen, wenn Schüler zwei prozentuale Angaben vereinen und nicht den Aspekt des Anteils beachten. Eine weitere Gefahr besteht in der unterschiedlichen mathematischen Interpretation des Wortes von.

Prozente als Verhältnis
Unter dem Gesichtspunkt des Verhältnisses werden zwei Mengen unter drei verschiedenen Aspekten miteinander verglichen. Zwei unterschiedliche Mengen; unterschiedliche Attribute derselben Menge; die Veränderung derselben Menge in einem gegebenen Zeitraum. Beispiele sind die Anzahl der Schüler einer Schule im Vergleich zu einer anderen Schule, die Länge eines Rechtecks im Vergleich zu seiner Breite und ein Preis zu unterschiedlichen Zeitpunkten. Dabei kann in diesem Kontext ein Prozentwert größer als 100 entstehen, wenn eine größere Menge mit einer kleineren Menge verglichen wird (a. a. O., S. 440). Berger (1989, S. 9) nennt den Vergleich zweier Zahlen mit der gleichen „Grundzahl" 100 als einen der die Prozentrechnung definierenden Aspekte.

Veränderung auf...%
Hier wird die Veränderung einer Menge in einem gegebenen Zeitraum betrachtet, dabei wird der neue Zustand mit dem alten verglichen. Dies ist nur über einen multiplikativen Vergleich möglich. Ein additiver Vergleich kann lediglich in Bezug auf die Wertveränderung vorgenommen werden, womit bereits ein deskriptiver Bruch aufgezeigt ist. Durch multiplikative Verknüpfung besteht die Gefahr, dass eine Erhöhung um beispielsweise 5 % nicht inhaltlich gleichgesetzt werden kann mit der Erhöhung um 105 %. Wie oben bereits dargestellt, ist die Frage nach der Perspektive ebenfalls relevant: Die prozentuale Veränderung von Menge A gegenüber Menge B sieht multiplikativ anders aus als die Veränderung von B zu A (a. a. O., S. 442).

Veränderung um...%
Hier wird die Größe der Veränderung mit dem Ausgangswert einer Menge verglichen. Als mögliches Problem ist auch hier die Unterscheidung zwischen der Veränderung um 125 % und dem Anstieg um 25 % zu nennen (a. a. O., S. 442). Aufgaben zum neuen Grundwert, zu prozentualer und absoluter Differenz unterliegen dieser Grundvorstellung (Pöhler 2018, S. 22).

Vergleich Menge 1 mit Menge 2
Auch in diesem Fall wird eine multiplikative Strukturbeschreibung benötigt, in deren Kontext zwei unterschiedliche Mengen zum selben Zeitpunkt miteinander verglichen werden. Als Beispiel: 24 Jungen und 6 Mädchen befinden sich in einer Klasse. Wenn die Mädchen als Referenzmenge dienen und die Jungen als Zielmenge, sind es viermal mehr Jungen als Mädchen, oder der Anteil ist um 400 % größer. Andersherum betrachtet, entspricht die Anzahl der Mädchen $\frac{1}{4}$ der Anzahl der Jungen, oder sie sind um 25 % weniger vertreten (a. a. O., S. 442).

Um...% unterscheiden
Die relative Differenz einer Referenz- und einer Zielmenge zu einem bestimmten Zeitraum wird angegeben. Diese Mengen könnten genauso gut auch additiv verglichen werden, der Unterschied zwischen den beiden Vergleichstypen liegt vor allem in der Wortwahl. In diesem Fall geht es nur um den Vergleich der Mengen, während es zuvor um den Veränderungsfaktor ging. Am gleichen Beispiel wie zuvor sei erklärt: Die Jungen sind um das Vierfache häufiger vertreten als die Mädchen. Berger (1989, S. 17) formuliert, dass eine Veränderungssituation immer unter einem zeitlich-räumlichen Einfluss stehe und sieht darin auch die Aufgaben zum verminderten und vermehrten Grundwert begründet. Dazu besteht durch die Beschreibung von Veränderungssituationen, im Gegensatz zu Anteilen,

die Möglichkeit, Prozentsätze bis -100 % zu erhalten. In diesem Rahmen erwächst zusätzlich die Gefahr, dass die Schüler sprachlich nicht präzise genug arbeiten und die Unterschiede nicht erkennen oder verstehen können.

Die Grundvorstellung Prozente als Statistik oder Funktion soll in diesem Kontext keine Erwähnung finden, da es ausschließlich um die Prozentrechnung als solche geht.

2.3   Ikonische Darstellungen

Da mehrere Aufgaben der dieser Arbeit zugrundeliegenden Erprobung den Umgang mit bildlichen Darstellungen erfordern, wird in diesem Unterkapitel der theoretische Rahmen hierfür dargelegt. Zu Beginn wird erläutert, aus welchen Gründen die Entscheidung zugunsten der Interpretation Bruners als ikonische Darstellung fiel. Anschließend wird das Konzept der theoretischen und empirischen Mehrdeutigkeit nach Steinbring vorgestellt. Dies geschieht sowohl unter der an die Interviewten gerichteten Anforderung, Darstellungen von Schülern zu interpretieren, als auch in Hinsicht auf die Frage, ob eine Darstellung auf unterschiedliche Weise interpretiert werden kann.

Wie die Auswertung der Forschungslandschaft (Kapitel 3) zeigt, bieten grafische Darstellungen eine sinnvolle Unterstützung im Rahmen des Bestrebens nach einer Steigerung der Lösungshäufigkeiten im Rahmen der Prozentrechnung (vgl. insbesondere Dole et al. 1997 und Pöhler 2018). Anknüpfend an diese Tatsache ist es ein Ziel der vorliegenden Arbeit, das Verständnis der Schüler anhand von grafischen Darstellungen aufzudecken. Grafische Darstellungen werden dabei im Sinne von Bruner (1974) als ikonische Wissensrepräsentationen genutzt, um im Interview eine Versinnbildlichung des Wissens über Prozentzahlen abzurufen oder gegebenenfalls erstmals anzuregen:

> „Jeder Wissensbereich (oder jede Problemstellung innerhalb eines solchen Wissensbereichs) kann auf dreifache Art dargeboten werden: durch eine Zahl von Handlungen, die geeignet sind, ein bestimmtes Ziel zu erreichen (enaktive Repräsentation), durch eine Reihe zusammenfassender Bilder oder Graphiken, die ein bestimmte Konzeption versinnbildlichen, ohne sie ganz zu definieren (ikonische Repräsentation), und durch eine Folge symbolischer oder logischer Lehrsätze [...] (symbolische Repräsentation)."[12]

---

[12]Bruner 1974, S. 49

Grafische Darstellungen werden also in dieser Arbeit als ikonische Wissensrepräsentation der Interviewten verstanden, die, vermittelt über diese Darstellung, ihr individuelles Verständnis vom Gegenstandsbereich in gewisser Weise sichtbar machen sollen. Hierbei werden vom Interviewer keine genaueren Vorgaben über die Art der zu wählenden Darstellung gemacht, sodass die Hoffnung besteht, dass die Interviewten in der Wahl eigener Darstellungen auch ihr individuelles Verständnis der Prozentrechnung offenbaren. Hierbei soll insbesondere geklärt werden, ob die von den Schülern innerhalb verschiedener Wissensrepräsentationen entwickelten Argumente miteinander konsistent sind. Wesentlich scheint hierbei der Aspekt zu sein, dass nach Bruner eine ikonische Darstellung die zu diskutierenden Konzepte zwar versinnbildlichen, diese aber prinzipiell nicht eindeutig definieren kann (oder soll), in gewisser Weise also einer prinzipiellen Mehrdeutigkeit unterliegt, die für die vorliegende Arbeit produktiv genutzt werden soll.

Theoretische und empirische Mehrdeutigkeit
Durch die Formulierung Bruners, dass ikonische Darstellungen Konzepte versinnbildlichen „ohne sie ganz zu definieren", kann an Steinbrings Überlegungen zur Mehrdeutigkeit angeschlossen werden: Wann immer Schüler eine Darstellung nutzen, um über mathematische Aspekte zu sprechen, erfährt sie eine individuelle Deutung. Steinbring (1994) formuliert das Konzept der theoretischen und empirischen Mehrdeutigkeit, um einen produktiven Umgang mit diesen individuellen Deutungen zu gewährleisten.[13]

Basierend auf der Anmerkung Voigts (1993, S. 155), dass selbst bei eindeutig intendierten Bildern kein eindeutiger Zahlensatz zu entnehmen sei, arbeitete Steinbring das genannte Konzept weiter aus. Unter dem Begriff der empirischen Mehrdeutigkeit fordert er das Zulassen und den produktiven Umgang von mehrdeutigen Interpretation von Sachbildern. Diese Mehrdeutigkeit bezieht sich sowohl auf Zahlen als auch auf Rechenoperationen. Dabei gilt es aber, dass empirische Objekte durch Zahlen dargestellt werden, während Operationen durch Handlungen (wie zum Beispiel: Zusammenfügen oder Trennen) repräsentiert werden (Steinbring 1994, S. 16 f.).

Als Beispiel sei die Abbildung 2.4 das Bild eines Klassenraums aus dem Schulbuch Zahlenbuch 2 (Wittmann et al. 2017, S. 68) angefügt:

---

[13] Auch wenn Steinbring sich bei vermittelnden Objekten zwischen Empirie und Symbolwelt auf den Peirceschen' Diagrammbegriff stützt, sind die Aussagen Steinbrings über das Konzept der Mehrdeutigkeit auch für die Brunersche Triade aus ikonischer, enaktiver und symbolischer Ebene zutreffend.

Abbildung 2.4 Darstellung der Multiplikation (von Wittmann et al. 2017, S. 68)

Diese Darstellung kann im Sinne der empirischen Mehrdeutigkeit insofern als produktiv gesehen werden, als dass die Multiplikation von 4 mit 3 in diesem Bild auf zwei Weisen umgesetzt wird: Zuerst bringen vier Kinder jeweils 3 Boxen in den dafür vorgesehenen Schrank. In diesem Kontext sind Multiplikator und Multiplikand klar voneinander abgegrenzt, da es sich um eine zeitlich-sukzessive Darstellung der Multiplikation handelt. In der Darstellung des Schranks mit 4•3 Plätzen für die Boxen handelt es sich um eine räumlich-simultane Darstellung der Multiplikation. Hier müssen Multiplikator und Multiplikand nicht klar voneinander getrennt werden. In der Darstellung beider Aspekte findet die empirische Mehrdeutigkeit explizit Platz. Mit solchen mehrdeutigen empirischen Darstellungen können Vermittlungen zwischen der realen Welt und der Mathematik erreicht werden.

Steinbring (2001, S. 174) formuliert in Bezug auf die Notwendigkeit Freiraum in der Interpretation solcher Darstellungen zu lassen:

„Zwischen der Sache und der Mathematik [...] vermittelt nicht eine Eins-zu-Eins-Übersetzung, bei der die konkreten Sachelemente direkt mit mathematischen

Symbolen und Operationszeichen verbunden werden. Wesentlich für eine produktive Verbindung zwischen der Sache und der Mathematik ist die Konstruktion von Beziehungen, Strukturen und Zusammenhängen im Sachkontext, denn letztlich zielt die Mathematik auf solche Strukturen."

Wenn die Verbindung zwischen Mathematik und Umwelt (im Sinne von Sache) produktiv genutzt werden soll, dürfen keine eindeutigen Eins-zu-Eins-Übersetzungen eingefordert werden, wie sie im standardisierten fragend-entwickelnden Unterricht üblich ist (Steinbring 1994, S. 16). Nur, wenn eigene Erfahrungen und Interpretationen zugelassen werden, kann die Vermittlungsfunktion von ikonischen Darstellungen aktiviert und genutzt werden (a. a. O., S. 11). Voigt (1993, S. 154) äußert die Hoffnung:

„Vielleicht unterstützt ein bewußtes Annehmen der Mehrdeutigkeit von Bild- und Sachaufgaben sowie von Textaufgaben, von Rechengeschichten usw. auf Lehrerseite die Verbesserung des Mathematikunterrichts."

Im Rahmen der vorliegenden Arbeit erwies es sich als schwierig, die Idee der Provokation von produktiven empirischen Mehrdeutigkeiten aus der Grundschule auf Sachkontexte der Prozentrechnung in der Sekundarstufe zu übertragen, da die Prozentrechnung nicht zwingend einer typischen Handlung wie beispielsweise der oben erwähnten Operationen der Multiplikation unterliegt. Umso wichtiger ist es, Steinbrings zweiten Baustein zur relationalen Bedeutungskonstruktion zu nutzen: die theoretische Mehrdeutigkeit. Sie zielt darauf, dass Schüler Darstellungen (wie beispielsweise Zahlenstrahl, Plättchenfelder und Hunderter-Feld) und die ihnen zugrundeliegenden Strukturen auf möglichst vielfältige Weise explorieren und interpretieren sollen (Steinbring 1994, S. 18). Damit geht einher, dass verschiedene Interpretationen der gleichen Darstellung nebeneinander bestehen können müssen (a. a. O., S. 18 f.).

Die Deutung dieser strukturierten Diagrammen kann eine Lernhürde für Schüler bedeuten. Umso wichtiger ist es, dass sie aktiv entdeckend erschlossen werden. Es geht also nicht nur darum, sich diese Darstellungen empirisch zu erschließen, sondern auch darum, sie als Vermittler zwischen der mathematischen, relationalen Struktur von beispielsweise Zahlen und Operationen und einer sachlich-inhaltsbezogenen Struktur zu verstehen (a. a. O., S. 11).

Bezüglich des erwähnten Hunderterfelds kann eine Interpretation im Sinne der Prozentrechnung als Versinnbildlichung der Bündelung von Hundertsteln oder als Anteile von Einhundert vorgenommen werden. Dabei ist es wichtig zu verstehen, dass die einzelnen Kreise des Hunderterfelds einer je nach Aufgabenkontext benötigten Re-Interpretation unterliegen. So bedeutet etwa ein Kreis bei einem

Grundwert von 300 etwas anderes als ein Kreis bei einem Grundwert von 120. Jedoch ist die Struktur immer die gleiche, da sie vor allem den Zweck erfüllen soll, den Bezug zum Nenner 100 zu verdeutlichen. Für den Themenbereich der Prozentrechnung können diese Darstellungen, wie in mehreren Forschungen gezeigt, Schülerleistungen verbessern. Umso wichtiger ist es zu verstehen, in welchen Momenten sie in der gewünschten Vermittlerrolle von Schülern erfasst werden.

Ein weiteres Beispiel für die Realisierung einer theoretischen Mehrdeutigkeit im Kontext der Prozentrechnung welches einen anderen Aspekt als das Hunderterfeld anspricht, ist im Schulbuch Mathewerkstatt 7 (Barzel et al. 2014, S. 226) zu finden, wie Abbildung 2.5 zeigt.

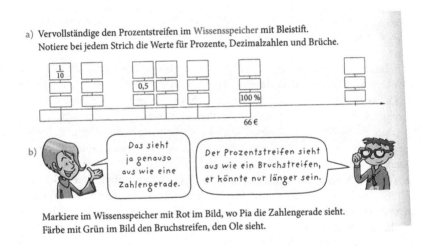

Abbildung 2.5 Theoretisch-mehrdeutige Thematisierung des Prozentstreifens (Barzel et al. 2014, S. 226)

Die Aufforderung zur Identifikation der Zahlengerade mit dem Bruchstreifen ist im Sinne des Konzepts theoretische Mehrdeutigkeit kritisch zu sehen. Die Möglichkeit, die verschiedenen Objekte der Prozentrechnung (Anteile im Sinne eines Bruchs, einer Dezimalzahl und der Prozentangabe) als strukturell gleichwertig zu interpretieren, besteht hier explizit. Damit kann die Forderung Steinbrings, der Mehrdeutigkeit solcher vermittelnder Darstellungen Platz zu gewähren, als erfüllt angesehen werden.

Forschungsstand

3

Da die empirische Forschung erst spät im 20. Jahrhundert Einzug in die Mathematikdidaktik eingehalten hat, sind Forschungsergebnisse zur Prozentrechnung, die vorher entstanden, kritisch zu bewerten. Probleme zeigen sich vor allem in der schlechten Vergleichbarkeit der einzelnen Untersuchungen (Berger 1989, S. 124).[1]

Die vorliegenden Forschungsergebnisse werden im Folgenden gegliedert nach Lösungsquoten, anschließend aufgeschlüsselt je nach (Grund-)aufgabe der Prozentrechnung. Abschließend werden die Lösungsquoten mit den jeweils genutzten Lösungsstrategien in Verbindung gesetzt.

Im nächsten Schritt werden die begangenen Fehler kategorisch dargestellt und versucht die zugrundeliegenden Denkweisen der Schüler zu entschlüsseln. Anschließend wird dargelegt, wie sich verschiedene Faktoren in der Aufgabengestaltung auf das Lösungsverhalten auswirken. Abschließend werden Studien zum Vorwissen der Schüler und zwei Interventionsstudien vorgestellt.

3.1 Lösungsquoten

Im Folgenden werden die verschiedenen Forschungsergebnisse zu den Lösungsquoten von getesteten Schülern vorgestellt. Schrittweise werden diese noch nach verschiedenen Variablen unterschieden und zusammengefasst. Dabei werden jeweils zu Beginn kurz die einzelnen Forschungen und ihr Design vorgestellt.

---

[1]Parker und Leinhardt (1995) liefern bei Interesse eine detaillierte Übersicht über die englischsprachigen Forschungsergebnisse vor 1995.

© Der/die Autor(en), exklusiv lizenziert durch Springer Fachmedien Wiesbaden GmbH, ein Teil von Springer Nature 2021
P. Gudladt, *Inhaltliche Zugänge zu Anteilsvergleichen im Kontext des Prozentbegriffs*, Perspektiven der Mathematikdidaktik,
https://doi.org/10.1007/978-3-658-32447-6_3

3.1.1 Allgemeine Lösungsquoten

Meißner (1985) untersuchte fünf Hauptschulen und eine Realschule. Da diese aufgrund des schwierigen Verfahrens zur Genehmigung einer empirischen Untersuchung gezielt ausgewählt wurden, kann diese Stichprobe nicht als repräsentativ gelten (Meißner 1985, S. 130 f.). Von den über 500 Schülern der Jahrgangsstufen 8 bis 10 wurden im Mittel 38 % der Aufgaben, die sich den Grundaufgaben der Prozentrechnung zuordnen lassen, korrekt beantwortet.

Eine der ersten vollständigen empirischen Untersuchungen zum Thema Prozent- und Zinsrechnung stammt von **Berger** 1989. Berges Ziel war es, belastbare Aussagen über die Lösungserfolge und Schwierigkeiten von Hauptschülern im Themengebiet Prozent- und Zinsrechnung zu treffen. Dabei wurden auch die Lösungsverfahren und die Selbstkorrektur beleuchtet (Berger 1989, S. 172). Basis der Untersuchung waren die Abschlussarbeiten in Baden-Württemberg der Jahre 1985, 1986 und 1987. Dabei handelt es sich um eine Klumpenstichprobe mit systematischer Zufallsauswahl einer Schule in jedem der dreißig Schulbezirk des Landes Baden-Württembergs. Jeder Schulbezirk stellte dabei einen Klumpen dar. Pro Schule wurden 30 Schüler befragt. (a. a. O., S. 191)

Der Lösungserfolg schwankte innerhalb der drei untersuchten Stichproben, die Jahre 1985 (63 % Erfolgsquote) und 1986 (55 %) waren dabei näher beieinander als 1987 (73 %). Während der Anteil der Schüler, die alle Aufgaben korrekt bearbeiteten, bei den ersten beiden Messungen relativ stabil war (23 %, 29 %, 42 %), schwankte er bei den Schüler, die alle Aufgaben falsch beantworteten, durchgängig (12 %, 34 %, 7 %). Insgesamt zeigte sich, dass die Leistungsstände von Klasse zu Klasse variieren. Die Leistungen im Rahmen der Prozentrechnung stehen statistisch im mittleren Zusammenhang mit den anderen Teilgebieten der Prüfungen. (a. a. O., S. 222 ff.) Insgesamt zeigte sich nach Berger (a. a. O., S. 239), dass es sich um zufriedenstellende Lösungsquoten handelt, die so auch in vergleichbaren Studien entstehen.

Männliche Schüler lösten die Aufgaben zur Prozentrechnung signifikant besser als weibliche. Gleiches gilt auch für den Unterschied zwischen Schülern mit und ohne Migrationshintergrund. Die Ordnung der Lösungsquote nach Geschlecht und ggf. Migrationshintergrund der Schüler ergab die Rangfolge männlich/ohne Migrationshintergrund, weiblich/ohne Migrationshintergrund, männlich/mit Migrationshintergrund, weiblich/mit Migrationshintergrund. (a. a. O., S. 294 f.)

Dabei bearbeiteten Mädchen insgesamt häufiger Aufgaben gar nicht. Mädchen und Schüler mit Migrationshintergrund unterliefen hochsignifikant mehr Zuordnungsfehler (a. a. O., S. 297.). Der im Vergleich geringste Unterschied zwischen

Mädchen mit Migrationshintergrund und Jungs ohne Migrationshintergrund fand sich bei der Aufgabe zur Berechnung des Prozentsatzes in Anteilsituationen wieder. Dies begründet der Autor mit der einfachen Sprache bei dieser Aufgabe (a. a. O., S. 322).

Neben diesen beiden Arbeiten, die den Erfolg der Befragten im prozentualen Anteil darstellen, findet sich noch die Arbeit **Hafners**, der mehrere Facetten des Lösungserfolgs untersuchte. Im Rahmen der PALMA-Studie erforschte Hafner die Leistungen von bayrischen Schülern im Themenbereich Proportionalität und Prozentrechnung. In einer bezogen auf Geschlecht, Schulformzugehörigkeit und Stadt-Land-Verteilung repräsentativen Untersuchung befragte er an sechs Messzeitpunkten in jährlich aufeinanderfolgenden Tests bis zu 2409 Schüler (Hafner 2011, S. 65 ff.).

Hafners Tests überprüften sowohl Kalkül- als auch Modellierungskompetenzen. Das Spektrum der Aufgaben umschloss sowohl einschrittige Standardaufgaben als auch mehrschrittige Sachaufgaben. Die Aufgaben lassen sich in drei Anforderungsniveaus unterteilen: Niveau (1) erfordert Grundvorstellungen der Prozentrechnung, die in Grundaufgaben der Prozentrechnung angewendet werden müssen. Niveau (2) unterteilt sich in (2) a und (2) b. Niveau 2(a) erfordert die Verknüpfung von Kompetenzen aus Niveau (1) in nicht-trivialer Weise, Niveau 2(b) umfasst Aufgaben zum vermehrten und verminderten Grundwert. Um Niveau (3) zu erreichen, müssen Grundvorstellungen zu Niveau (2) mehrfach aktiviert werden. Auf Basis dieser Niveaustufen erstellte Hafner 40 Items, die sich den einzelnen Stufen zuordnen lassen. (a. a. O., S. 68 f.)

Der Blick auf den längsschnittlichen Verlauf zeigt eine steigende Kompetenzzunahme. Der größte absolute Zuwachs zeigt sich zwischen den ersten beiden Messzeitpunkten. Auffallend ist, dass die Leistungen der Realschüler nahezu dem Durchschnitt der gesamten Probe entsprachen. Dass in der 7. Jahrgangsstufe des Gymnasiums keine Einheit zum Thema Proportionalität und Prozentrechnung vorgesehen ist, scheint sich auf die Leistungsentwicklung der Schüler auszuwirken: Der Leistungsmittelwert der gymnasialen Schüler sinkt hier erkennbar im Vergleich zum Vorjahreswert. Im Verlauf der ersten Hälfte der Sekundarstufe I zeigen sich unterschiedliche Entwicklungen je nach Schulform. Während zwischen den ersten beiden Messzeitpunkten an der Hauptschule nur ein geringer Zuwachs zu erkennen ist, ist der Zuwachs in der Realschule und vor allem am Gymnasium deutlich stärker. Der Unterschied zwischen den Schulformen ist in der zweiten Hälfte der Sekundarstufe I nicht mehr so gravierend. Die Effektgröße ist während der verschiedenen Messzeitpunkte schwankend, ohne dass sich hierbei einheitliche Trends ablesen lassen. Erst am fünften Messzeitpunkt wird deutlich, dass die Leistungszuwächse in der Hauptschule geringer werden. Ein positiver Trend

zeichnet sich zum Ende der Hauptschule ab, den Hafner auf den spiralförmi-
gen Lehrplan zurückführt, der eine stetige Wiederholung ermöglicht. (a. a. O.,
S. 76 ff.)

Im Folgenden werden die Ergebnisse detailliert nach den verschiedenen
Schulformen analysiert. Da in der Realschule durch die Auswahl von Wahlpflicht-
fächern eine äußere Differenzierung erfolgt, schlüsselt Hafner noch zwischen den
drei Walpflichtfächern auf: I Mathematik/Naturwissenschaften, II Wirtschafts-
lehre/Betriebswirtschaft und III Zweite Fremdsprache/Kunst/Werken/Musik.
Schüler, die Wahlpflichtfach II oder III ausgewählt haben, werden mit dem gleichen Lehrplan im Fach Mathematik unterrichtet, unter der Einschränkung, dass
im Fach Betriebswirtschaft Inhalte zur Prozentrechnung thematisiert werden. Bei
der Betrachtung der Ergebnisse fällt auf, dass die Schüler, die sich für das
mathematisch-naturwissenschaftliche Profil entschieden haben, zu jedem Messzeitpunkt, also auch vor der Unterteilung, signifikant besser waren. Es ergeben
sich annährend gleiche Ergebnisse, wie in der gymnasialen Stichprobe. (a. a. O.,
S. 80 f.)

Die Schüler des wirtschaftlichen Profils schneiden signifikant besser ab
als die des sprachlich-kulturellen Profils. Der Leistungsunterschied wird vor
allem vom zweiten zum dritten Messzeitpunkt (nach dem zweiten Messzeitpunkt erfolgt die äußere Differenzierung) größer, was Hafner mit dem zusätzlichen Fach Betriebswirtschaft begründet (a. a. O., S. 81 f.). Ein wesentli-
cher Unterschied zwischen den verschiedenen Profilen ist, dass innerhalb des
mathematisch-naturwissenschaftlichen Zweigs die Streuung der Leistung immer
weiter zunimmt, während sie in den anderen beiden Profilen weitestgehend stabil bleibt (a. a. O., S. 83). Im Vergleich der unterschiedlichen Schulformen fällt
auf, dass im Schnitt die gymnasialen Klassen besser waren als die Realschulklassen, und dass diese wiederum besser abschnitten als die Hauptschulklassen. Der
Unterschied zwischen Haupt- und Realschule reduziert sich zum letzten Messzeitpunkt, hier liegen beide annähend gleichauf. Zu diesem Zeitpunkt befinden
sich nur noch die Schüler an der Hauptschule, die einen mittleren Schulabschluss
anstreben. (a. a. O., S. 84)

Bei der Betrachtung einzelner Schulklassen fällt auf, dass starke Abweichungen zwischen den Standardwerten der einzelnen Schulformen existieren. So
gibt es Hauptschulklassen, die besser abschneiden als Realschulklassen. Einzelne
Klassen des Gymnasiums schneiden schlechter ab als starke Realschulklassen.
(a. a. O., S. 84)

3.1.2 Lösungsquoten nach (Grund-)Aufgaben aufgeschlüsselt

In diesem Unterkapitel werden die Forschungsergebnisse zusammengefasst, die die Leistungen der Untersuchten nach den verschiedenen Aufgaben der Prozentrechnung aufschlüsseln.

Baratta, Price, Stacey, Steinle & Gvozdenko (2010) untersuchten Antworten von 342 Achtklässlern und 335 Neuntklässlern, um ein Online-Diagnostiktool für Lehrer zu erstellen. Dieses sollte es ermöglichen, zeitnah Informationen zum Kenntnisstand von Schülern zugänglich zu machen. Während die Achtklässler Multiplechoice-Fragen erhielten, mussten die Neuntklässler Berechnungen vornehmen, die sich in die vier Schwierigkeitsstufen Definition (sprich die Schüler sollten am Beispiel des Grundwerts 100 argumentieren), einfach, mittel und schwer aufschlüsselten. Alle Aufgaben unterstanden jeweils den drei Grundaufgaben der Prozentrechnung. (Baratta et al. 2010, S. 63 f.)

Die Aufgaben wurden von den Neuntklässlern, mit zwei Ausnahmen, absteigend erfolgreich von Prozentwert zu Prozentsatz zu Grundwert gelöst, gleiches galt auch für den Schwierigkeitsgrad. Die Ausnahmen waren, dass der Prozentsatz bei einfacher Schwierigkeit mit einer höheren Quote gelöst wurde als bei der Definition. Baratta benennt die simple Aufgabenstellung (wie viel ist 15 von 30?) bei der Aufgabe der einfachen Schwierigkeit als Ursache für diesen Unterschied. Für die Schüler scheint es insofern einfacher zu sein, die Hälfte mit 50 % zu verbinden, als einen Prozentsatz bei Basis 100 zu ermitteln. Die zweite Ausnahme fand sich bei mittlerer Schwierigkeit, hier wurde der Grundwert häufiger korrekt identifiziert als der Prozentsatz. Der geringe Unterschied zwischen den Erfolgsquoten bei der Bearbeitung von Aufgaben der mittleren und schweren Kategorie zeigt, dass es für die Schüler wenige Stützpunkte zu geben scheint, die sie zum Ermitteln von Antworten nutzten. (a. a. O., S. 65)

Bei den Achtklässlern war die nicht-Bearbeitungsquote und die Häufigkeit der Antwort „nicht sicher" bei allen Aufgaben nahezu konstant. Die Aufgaben „Prozentwert gesucht" wurde am besten gelöst, während die Aufgaben „Grundwert gesucht" und „Prozentsatz gesucht" ungefähr gleich häufig gelöst wurden. (a. a. O., S. 66 f.)

Dass Aufgaben mit Sachbezug erfolgreicher gelöst wurden, weist auf die gute Anknüpfbarkeit des Themas Prozentrechnung an die Lebenswelt der Schüler hin. Bei der Bewertung von vorgelegten Lösungen konnten die Schüler richtige Lösungsansätze mit Dezimalzahlen fast gar nicht als korrekt bewerten. Dem gegenüber stuften die Schüler richtige Lösungsansätze mit Bruchzahlen zu mehr als 50 % als korrekt ein. (a. a. O., S. 67 f.)

Im Rahmen ihrer Promotion untersuchte **Pöhler** (2018) den Zusammenhang zwischen „konzeptuellen Hürden und Lesehürden beim Umgang mit Prozentaufgaben verschiedener Aufgabentypen" (Pöhler 2018, S. 169) im Hinblick auf den Unterschied zwischen sprachlich starken und sprachlich schwachen Schülern. Auf Basis der Ergebnisse ihrer Bedingungsanalyse entwickelte Pöhler eine Interventionsstudie, deren Wirksamkeit sie mit einem Pretest-Posttest untersuchte. Die Bedingungsfeldanalyse (N = 308) zeigte, dass es den Schülern am schwersten fiel, den Grundwert im Anschluss an eine Verminderung zu finden. Am erfolgreichsten wurde die Aufgabe zum gesuchten Prozentwert gelöst.

Anhand von je einer Grundaufgabe der Prozentrechnung vergleicht **Hafner** (2011) beispielhaft die Lösungsquoten. Die Aufgaben des Typs „Grundwert gesucht" wurden am erfolgreichsten gelöst (41,4 %). Damit stellen die Ergebnisse seiner Forschung eine Ausnahme dar. Am zweit-häufigsten wurde die Aufgabe gelöst, bei der der Prozentsatz gesucht wurde (38,1 %). Die Aufgabe zum gesuchten Prozentwert wurde am seltensten gelöst (26,6 %). Nach Schulformen betrachtet, schnitt die Realschule bei all diesen drei betrachteten beispielhaften Grundaufgaben am besten ab, das Gymnasium hatte bei der Aufgabe zum gesuchten Prozentwert die geringste Lösungsquote. Auffällig war vor allem die niedrige Bearbeitungsquote an der Hauptschule (nur knapp über 50 % bei Aufgaben zum gesuchten Grundwert und Prozentwert). (a. a. O., S. 124 f.)

Die Frage nach den Fähigkeiten der Schüler beim Lösen der Grundaufgaben der Prozentrechnung ist in quantitativer Sicht tiefgehend analysiert worden. Die Forschung kommt dabei – mit Ausnahme der PALMA-Studie – zu übereinstimmenden Ergebnissen. Den Schülern fällt es meist am schwersten, den Grundwert zu berechnen. Am erfolgreichsten wird die Aufgabe zu einem gesuchten Prozentwert gelöst. Die Lösungshäufigkeit lässt sich darüber hinaus (vor allem in Deutschland) auch hierarchisch nach Schulform ordnen. Auch hier stellt die PALMA-Studie eine Ausnahme dar, da bei dreier Aufgaben die Realschüler besser abschnitten als die Gymnasiasten.

3.1.3 Lösungsquoten in Abhängigkeit der gewählten Strategie

In diesem Teilabschnitt werden die Erfolge der Schüler je nach genutzter Strategie gegliedert. Dabei werden vor allem die Lösungsstrategien Operatormethode, Dreisatz, Prozentformel und sonstige Methoden in der Forschungslandschaft betrachtet.

Auf Basis der Aufgaben des PALMA-Tests aus dem Jahr 2002 werteten **Kleine und Jordan** (2007) 795 Lösungen von Acht- bis Zehntklässlern im Hinblick auf die Lösungsstrategien der Prozentrechnung (und Proportionalität) aus. Ziel ihrer Auswertung war es, mehrdimensionale Korrespondenztabellen zu erzeugen. Die Ergebnisse der offenen Aufgaben wurden dabei in falsche/keine Lösung und richtige Lösung unterschieden. Wenn Rechenwege verlangt wurden, unterschieden die Forscher zwischen den Strategien Proportionalitätsschluss, Operator und Sonstige, wobei auch nicht erfolgreiche Lösungen in die Kategorie sonstige fallen (a. a. O., S. 214 f.).

Jedem Schüler wurde aufgrund seines Abschneidens eine (unskalierte) Klasse zwischen 1 und 8 zugeordnet, wobei 1 der schlechteste Werte war. Die meisten Schüler wurden der Klasse 4 zugeordnet, während Klasse 8 am seltensten erreicht wurde. Diese Zuordnungen wurden anschließend mit den gewählten Lösungsstrategien in Relation gesetzt. Die Klasse 1 steht in engerem Zusammenhang mit der Lösungsstrategie Sonstige als mit den anderen beiden Lösungsstrategien. Klasse 2 nähert sich dem Proportionalitätsschluss, diese Annäherung setzt sich in den folgenden Klassen fort. Ab Klasse 4 erfolgt eine Annäherung an die Operatormethode. Damit geht eine stärke Abgrenzung von den sonstigen Lösungswegen einher. Klasse 8 ist dann so nahe bei der Operatorstrategie wie Klasse 1 zu den sonstigen Strategien. (a. a. O., S. 218)

Zusammenfassend kann folgende, recht eindeutige Zuordnung vorgenommen werden: Klassen 1 und 2 zu den sonstigen Strategien. Klassen 3, 4 und 5, die über die Hälfte der Schüler ausmachen, zum Dreisatz (bzw. Proportionalitätsschluss). Klassen 6 und 7 haben in etwa den gleichen Abstand zum Dreisatz wie zur Operatormethode. Klasse 8 wird zur Operatormethode zugeordnet. Kleine und Hordan betonen dabei, dass kein kausaler Zusammenhang zwischen der Klassenzuteilung und der Lösungsstrategie besteht. Da es sich auch um eine relativ kleine Anzahl an untersuchten Klassen handelt, ist der Zusammenhang statistisch nicht gesichert. (a. a. O., S. 219 f.)

Im Rahmen der Analyse **Hafners** präsentierte sich sowohl an der Real- als auch an der Hauptschule der Dreisatz als häufigste Lösungsstrategie. Dem gegenüber wurde am Gymnasium die Operatormethode am häufigsten benutzt. Hafner begründet dies jeweils mit der Verankerung des Stoffs im Lehrplan. Eine Ausnahme bildete die Aufgabe, bei der der Grundwert gesucht wurde, hier nutzten auch die Gymnasiasten den Dreisatz am häufigsten. Insgesamt führten die Nutzung des Dreisatzes und der Operatormethode auch zu der höchsten erfolgreichen Lösungsquote. Die Bruchgleichung und Prozentformel wurden von den Schülern ebenfalls genutzt. (Hafner 2011, S. 126 f.)

Bei **Bergers** (1989) Erhebung nutzten zwei Drittel der Schüler den Dreisatz zur Lösung von Prozentaufgaben. Daneben wurden noch die Operatormethode und die Formel genutzt. Beim Blick auf die Nutzung nach Klassenzugehörigkeit zeigte sich eine große Verfahrenskonstanz. Die Quote der Rechenfehler war insgesamt unabhängig vom gewählten Verfahren. Wurde die Formel genutzt, dann machten die Schüler signifikant mehr Ansatzfehler. (Berger 1989, S. 327 ff.) Die Berechnung des Prozentwerts erledigten Schüler, die die Operatormethode benutzten, besser als diejenigen, die den Dreisatz verwendeten. Nutzten Schüler für die Berechnung „runder" Prozentsätze einen individuellen Zweisatz, dann erzielten sie bessere Ergebnisse. Dieser Zusammenhang wurde aber nur selten genutzt. (a. a. O., S. 355 f.)

Obwohl in der Fachliteratur die Stärke der Operatormethode mit ihrer Dynamik begründet wird, lassen sich keine signifikant besseren Leistungen (bei der Berechnung des Prozentsatzes) bzw. signifikant schlechteren Leistungen (Berechnung des Grundwerts) gegenüber dem Dreisatz ausmachen. Dies lässt sich vor allem mit einer erfolgreicheren Zuordnung der Größen beim Lösen mit dem Dreisatz begründen. (a. a. O., S. 344)

3.2 Fehlertypen

In diesem Unterkapitel werden die verschiedenen Fehlertypen dargestellt, die im Rahmen der zugrundeliegenden Forschungen kategorisiert wurden.

Im Rahmen von **Meißners** (1985) Forschung unterlagen 23,5 % der fehlerhaft beantworteten Aufgaben einer nicht ausreichenden Bearbeitung. Weitere 25 % der fehlerhaften Antworten unterlagen einem fehlerhaften Ansatz. Die übrigen fehlerhaft bearbeiteten Aufgaben unterlagen Rechenfehlern, Flüchtigkeitsfehlern, falschen Zahlen, richtigen Ansätzen ohne Ergebnis und Interpretationsfehlern. (a. a. O., S. 133 f.)

Sander und Berger (1985) untersuchten 293 Schüler aus der 7. und 8. Klasse an Hauptschulen, Realschulen und Gymnasien mit dem Ziel, Fehler in ein Kategoriensystem einzuordnen und festzustellen, ob die Häufigkeit der Fehler mit der Schulform zusammenhängt. (a. a. O., S. 256)

Es gelang Sander und Berger annähernd alle Fehler in das aus neun Fehlertypen bestehende Kategoriensystem einzuordnen. Häufigste Fehlerquelle an allen drei Schulformen waren mangelnde Vorkenntnisse. An der Hauptschule stach das mangelnde Instruktionsverständnis hervor, das an den anderen beiden Schulformen eine untergeordnete Fehlerquelle darstellte. Die Lösungen von Gymnasiasten unterlagen auffallend häufig Rechen- und Flüchtigkeitsfehlern. (a. a. O., S. 258)

Anschließend untersuchten Sander und Berger, ob sich systematische Fehlerstrategien identifizieren lassen und ob sich die Schüler hinsichtlich ihrer intellektuellen Leistungsfähigkeit in den jeweiligen Fehlerkategorien unterscheiden würden. Zu diesem Zweck interviewten sie 2 Hauptschüler und 20 Gymnasiasten mit der Methode des lauten Denkens. (a. a. O., S. 258)

Während am Gymnasium kein Befragter die Strategie „Lösungsweg wurde auf einen Schritt reduziert" benutzte, unterlagen 43,2 % der begangenen Fehler der Hauptschüler dieser Strategie. Diese Fehlerstrategie zeichnet sich durch die zu starke Simplifizierung einer Rechnung aus. So wurde beispielsweise bei einer Erhöhung um 14 % nur mit 14 multipliziert und vergessen, durch 100 zu teilen und das Ergebnis zum vorherigen Grundwert zu addieren. Während sich fast alle Fehler der Hauptschüler vier Fehlerkategorien zuordnen ließen, konnten 15 (von 39 begangen Fehlern) der Gymnasiasten nicht eindeutig zugeordnet werden. (a. a. O., S. 259 f.)

Die Forscherinnen kommen zu dem Ergebnis, dass es gerade den Hauptschülern schwerfiel, die Instruktionen der Aufgabe richtig zu verstehen. Schulformübergreifend zeigte sich, dass die Schüler Probleme haben, die Begriffe und Algorithmen der Prozentrechnung korrekt anzuwenden. Auf Basis der analysierten Fehler kann unterstellt werden, dass die meisten Schüler Einsicht in die Grundstruktur der Prozentrechnung besitzen, Ausnahme bildet hier die Fehlerstrategie Lösungswege auf einen Schritt reduzieren. (a. a. O., S. 260 f.)

Berger (1989) stufte die jeweiligen Fehler der Schüler auf Basis eines hierarchischen Kategoriensystems ein. Dabei wurde jeweils nur der höchste Fehler erfasst (a. a. O., S. 241). Im Gegensatz zum Test im Jahr 1987, nutzten in den beiden vorherigen Erhebungen ein Viertel aller Schüler einen falschen Ansatz. 1987 war diese Quote signifikant kleiner (a. a. O., S. 246).

Als größte Problemquelle erwies sich bei Berger der Zuordnungsfehler, der 1985 fast die Hälfte, 1986 gut ein Drittel und 1987 ungefähr ein Viertel aller Fehler ausmachte. Damit unterlagen 1985 und 1986 fast ein Fünftel aller Aufgaben einem Zuordnungsfehler (a. a. O., S. 246). Unter diesem Begriff versteht Berger, dass es den entsprechenden Schülern nicht gelang, die in der Aufgabe gegebenen Größen dem richtigen Wert zuzuordnen (beispielsweise, wenn bei einer Erhöhung der zusätzliche prozentuale Anteil nicht zu 100 % addiert wurde) (a. a. O., S. 205 ff.). Ein wiederholtes Problem, wie schon in Kapitel 2 dargestellt, ist, dass die Schüler das Wort von additiv auffassten.

Sollten Schüler einen einfachen Prozentsatz berechnen, ergab sich eine hohe Bearbeitungsquote, was auf einen vertrauten Umgang der Schüler mit diesem Thema hindeutet. Bei diesem Aufgabentyp machten die Schüler im Vergleich zu den restlichen Aufgaben weniger Zuordnungsfehler. Größte Fehlerquelle waren hier Rechenfehler und Operationsfehler, so zum Beispiel wenn der Grundwert durch den Prozentwert geteilt wurde. (a. a. O., S. 253 f.)

Bei einer Aufgabe, bei der eine prozentuale Veränderung bestimmt werden sollte, gelang es den Schülern besser, den richtigen Ansatz aus einer Grafik zu entnehmen als aus einem Fließtext (a. a. O., S. 260). Die Aufgabe zu einem gesuchten Grundwert wurde nur von einem Drittel der Befragten korrekt beantwortet. Die meisten Schüler wählten bereits einen falschen Ansatz, dieser beruhte zum größten Teil auf einer fehlerhaften Zuordnung. Dieses Ergebnis entspricht damit vorherigen Forschungsergebnissen. Probleme gab es ebenfalls bei der schriftlichen Division. (a. a. O., S. 262 f.)

Berger schlüsselt die arithmetischen Schwierigkeiten, die bei bis zu 20 % der Aufgaben mit richtigem Ansatz auftraten, detailliert auf. Bei Aufgaben mit Dezimalzahlen unterliefen den Schülern Kommafehler, waren gemischte Zahlenangaben (beispielsweise unechte Brüche) in der Aufgabe gegeben, dann unterliefen den Schüler Bruchrechenfehler. Die schriftliche Division bereitet Probleme, außer wenn der Prozentwert berechnet werden sollte.(a. a. O., S. 286 f.)

Im Rahmen von **Hafners** Auswertung erwiesen sich Rechenfehler, insbesondere am Gymnasium (aber auch bei allen weiteren Schulformen), als eine große Fehlerquelle. Dies wirkte sich vor allem bei der Aufgabe zum gesuchten Prozentwert aus (ca. 50 % aller Fehler). Insgesamt stellte der Zuordnungsfehler bei mathematischen Operationen und bei Größen die Hauptfehlerquelle dar. Vor allem wurden den jeweiligen Problemstellungen der Sachsituation unpassende Operationen zugeordnet. Auch das Umwandeln von Bruch- in Prozentangaben bereitete große Probleme. Zudem wurden bei Größen falsche Zuordnungen vorgenommen, die der Kontext so nicht hergab. Besonders beim gesuchten Grundwert wurde dem angegebenen Prozentwert 100 % zugeordnet. Außer den drei genannten Kategorien zeigten sich noch Formfehler. (Hafner 2011, S. 127 ff.)

Neben der quantitativen Forschung beinhaltete Hafners Vorhaben auch einen qualitativen Bereich. Qualitativ führte er Interviews durch, die stellvertretend für fehlerhafte Lösungsstrategien und Lösungsansätze stehen sollen, die im quantitativen Teil der Studie ausgemacht worden waren. Ziel der Interviewführung war es, spezifische Teilschritte des Lösungsprozesses zu hinterfragen, um so die Vorstellungen der Schüler sichtbar zu machen. Der Fokus der Analyse lag auf den Ursachen fehlerhafter Bearbeitungen und der Frage, auf welche Faktoren diese zurückgeführt werden können. In halbstandardisierter Form wurden 52 Gymnasiasten am Ende der 6. (36) oder 10. (16) Klasse interviewt. (a. a. O., S. 131 f.)

Ausgewählt wurden jene Interviews, die repräsentativ für vergleichbare Lösungsstrategien stehen. Die Interviews wurden durch sogenannte Episodenpläne gegliedert, um die wesentlichen Arbeits-, Teil- und Rechenschritte aufzuschlüsseln. In diesem Zusammenhang unterschied Hafner zwischen Sach- und mathematischer Ebene, um die Übersetzungsprozesse zwischen den beiden Ebenen herauszuarbeiten (a. a. O., S. 132 f.). In den analysierten Interviews zeigten sich Zuordnungsfehler bei Größen. So wurden absolute Zahlenwerte in relative Angaben umgewandelt, wobei andersherum auch prozentuale Angaben (wie zum Beispiel 19 % eines Geldwertes) mit einem absoluten Wert (im genannten Beispiel 0,19€) gleichgesetzt wurden. Dies führte Hafner auf eine fehlende adäquate Vorstellung des Prozentbegriffs zurück. (a. a. O., S. 139 ff.)

Bei Aufgaben, in denen mehrere Grundwerte identifiziert bzw. in mehreren Rechenschritten Ergebnisse als neue Grundwerte angenommen werden mussten, hatten die Befragten ebenfalls Probleme damit, den Kern der Sachsituation richtig zu erfassen.

Nach Hafner ist das Problem ein Zwischenergebnis als neuen Grundwert zu identifizieren, nicht ausschließlich als ein Problem der Sachebene zu verordnet. Neben der Sachebene können auch fehlerhafte mathematische Grundvorstellungen Teil des Problems sein. Eine klare Differenzierung, welche Ebene den Hauptteil des Problems ausmacht, erscheint schwierig, da die Sachebene und mathematische Ebene eng miteinander zusammenhängen. (a. a. O., S. 170)

Ein weiteres Problemfeld, das Hafner aus den Transkripten ausarbeitete, ist der Zuordnungsfehler bei mathematischen Operationen. Es zeigte sich, dass es Schülern Probleme bereitet, die richtigen Verknüpfungen zwischen den beschriebenen Sachsituationen und der mathematischen Ebene zu erzeugen. Zurückgeführt werden diese Probleme auf die ausgebliebene Weiterentwicklung der Grundvorstellungen, dass Subtraktion und Division immer verkleinern, während Multiplikation und Addition vergrößern. Daraus leitet Hafner die Forderung ab, dass die Vorstellungen zur Division bei der Zahlenbereichserweiterung in die rationalen Zahlen ausgebaut werden müssen. (a. a. O., S. 148 ff.)

Mathematische Probleme zeigen sich in der fehlerhaften Anwendung von Regeln und gelernten Formeln. So wird das Wort von nur mit der Multiplikation verbunden, und es wird nicht überprüft, ob diese Übersetzung in der jeweiligen Realsituation angemessen ist.

Ein weiteres beobachtetes Phänomen ist nach Hafner die individuelle Anpassungsstrategie, bei der (Teil-)Ergebnisse im Anschluss an eine Rechnung so verändert werden, dass sie glaubhaft und plausibel erscheinen. Diesen unreflektierten Umgang führt Hafner auf fehlerhafte Vorstellungen des Prozentbegriffs zurück. Welche direkten Fehlvorstellungen des Prozentbegriffs und vom Umgang mit den Formeln vorherrschen und worin ihr Ursprung liegen könnte, wird nicht thematisiert. (a. a. O., S. 161) So resümiert Hafner (a. a. O., S. 171), dass

> „Im Sinne der conceptual-change-Theorie […] also die mentalen Strukturen auf einer naiv-intuitiven Stufe stehen [bleiben] und […] nicht um [die] aus Sicht der Fachwissenschaft erwünschten Vorstellungen weiterentwickelt werden."

Weitere Erklärungsansätze für die verschiedenen Fehlerquellen seien zum einen die Anwendung unverstandener Regeln und mathematischer Formeln, zum anderen die oben bereits beschriebenen individuellen Anpassungsstrategien. (a. a. O., S. 171)

Zusammengefasst kann festgestellt werden, dass die zitierten Arbeiten zu Fehlertypen weitestgehend auf dieselben Kategorien verweisen. Zuordnungsfehler verhindern erfolgreiche Lösungen. Damit ist gemeint, dass dem Kontext der Aufgabe die Werte nicht korrekt entnommen werden. Gleiches gilt auch für Rechenfehler und Operationsfehler. Vor allem die passende Zuordnung einer Operation zum Wort von bereitete den Befragten oft Probleme. Dieses Forschungsfeld ist ausreichend untersucht worden und lässt nur Platz für Anschlussfragen im Sinne einer qualitativen Forschung. Neue Erkenntnisse könnte die Such nach Strategien und Stützpunktvorstellungen (abseits von 50 %) liefern.

3.3   PISA 2000

Die Auswertung der Daten von PISA 2000 lässt sich nicht in die gewählte Strukturierung der Forschungslandschaft einordnen, bedarf aber aufgrund ihrer medialen Wirkung einer Erwähnung. Den arithmetischen Schwerpunkt der Auswertungen des Ländervergleichstests PISA 2000 bilden die Themen Proportionalität und Prozentrechnung (Jordan et al. 2004, S. 159). Getestet wurden zum Ende der neunten Klasse 31740 Schüler, von denen 6405 die Hauptschule besuchten, 11732 die Realschule, 9525 das Gymnasium und 4078 eine integrierte Gesamtschule (a. a. O., S. 162).

Zusätzlich zum Ländervergleich unternahmen die Forscher auch noch einen Ergänzungstests, der die „mathematischen Grundbildung" der Schüler maß. Dafür wurden 3 Anforderungsniveaus formuliert. Für das Anforderungsniveau 1 sind im Themengebiet Prozentrechnung die elementaren Grundaufgaben zu lösen, bei denen nur der Zuordnungsgedanke im Vordergrund steht, beispielsweise die drei Grundaufgaben der Prozentrechnung. Um das Anforderungsniveau 2 zu erreichen, kommen zu den Grundaufgaben der Prozentrechnung noch arithmetische Operationen wie Addition oder Subtraktion dazu (beispielsweise die Verminderung des Grundwertes und die Ermittlung der damit einhergehenden prozentualen Ermäßigung). Anforderungsniveau 3 ist erreicht, wenn Aufgaben gelöst werden, die insbesondere Veränderungen über einen Größenbereich umfassen (a. a. O., S. 164). Einen weiteren Aufgabentyp dieses Anforderungsniveaus bilden diejenigen Aufgaben, die eine Reflexion der Rechnung erfordern (a. a. O., S. 163 ff.).

Zur Konzeption der Testaufgaben wurden diese Niveaus herangezogen. Die Forscher nutzten sie zur Berechnung eines Schwierigkeitsparameters für die einzelnen Aufgaben (a. a. O., S. 166). Die höchste Lösungsquote erreichten die Schüler bei der Bestimmung des Prozentwerts. Sobald in der Aufgabe das Abweichen von einem starren Schema verlangt wurde, schnitten die deutschen Schüler schlechter ab, dies zeigte sich vor allem bei Aufgaben, bei denen der Grundwert oder Prozentsatz gesucht wurde. Die Forscher begründen dies mit der zu starken formalen Bindung an den Dreisatz-Algorithmus. Bei Aufgaben mit einem vermehrten oder verminderten Grundwert war es für das Abschneiden nicht mehr entscheidend, ob Grundwert, Prozentsatz oder Prozentwert gesucht werden. Es scheint also nur entscheidend zu sein, ob die Schüler den verminderten bzw. den vermehrten Grundwert identifizieren können. (a. a. O., S. 166 f.)

Auf der Basis dieser Ergebnisse stuften die Forscher die Fähigkeiten der Schüler ein: Stufe 1 ist gleichbedeutend mit dem Fehlen von kognitiven Strukturen im Themengebiet Prozentrechnung. Um Stufe 2 zu erreichen, müssen notwendige Grundlagen zum mathematischen Denken eingesetzt werden. Mit diesen Fähigkeiten sollen linear strukturierte Aufgaben der Prozentrechnung sicher gelöst werden. Wenn kognitive Strukturen flexibel angewendet werden können, dann ist Stufe 3 erreicht. (a. a. O., S. 168)

Insgesamt gelang es knapp einem Viertel aller Befragten nicht, Niveaustufe 2 zu erreichen. Dieses Niveau wäre nach Angaben der PISA-Autoren notwendig, um Aufgaben des Alltags lösen zu können. Differenziert nach Schulform, verharrten über 50 % der Hauptschüler in Stufe 1, während es an der Realschule nur knapp über 20 % waren. An der Gesamtschule erreichten 40 % der Schüler nur Niveaustufe 1, während es am Gymnasium nur ein verschwindet geringer Teil war. Niveaustufe 2 wurde von 30 % der Hauptschüler, knapp 50 % der Realschüler, 15 % der Gymnasiasten und 35 % der Gesamtschüler erreicht. Damit erreichten nur 5 % der Hauptschüler die Niveaustufe 3. An der Realschule waren dies ca. 30 % und an der Gesamtschule ca. 20 %. Am Gymnasium erreichten 85 % der befragten Schüler Niveaustufe 3. (a. a. O., S. 168 f.)

Die Ergebnisse sind weitestgehend konsistent mit den übrigen Resultaten des Tests 2000. Das schlechte Abschneiden der Hauptschüler kann noch einmal gesondert unter der Prämisse betrachtet werden, dass 20 % der Hauptschüler angaben, Prozentrechnung sei ihre Stärke. (a. a. O., S. 169)

Unterscheidet man zusätzlich nach Geschlecht, fällt auf, dass mehr weibliche Schüler auf Niveaustufe 1 blieben. Dieser Anteil von bis zu 10 Prozentpunkten fehlt dann vor allem in Niveaustufe 3 (a. a. O., S. 170). Insgesamt konstatierten die Forscher, dass es nicht gelungen zu sein scheint, mentale Strukturen für die Prozentrechnung aufzubauen. Sie fordern abschließend die Fachdidaktik auf, „gesicherte Methoden und Kenntnisse über Lehr-/ Lernstrukturen bereitzustellen und an die Schulen und damit in den Unterricht zu transportieren" (a. a. O., S. 171).

3.4   Abhängigkeit der Lösungen von Aufgabenfaktoren

Im folgenden Abschnitt werden die Forschungsergebnisse zu Aufgaben zusammengefasst, bei denen die Struktur der Aufgabenstellung und die Lösungsmöglichkeiten variieren. Zum Beispiel kann der Grad der Offenheit einer Aufgabe variiert werden. Ebenfalls wurde die Auswirkung von ikonischen Darstellungen in der Aufgabenstellung oder als Unterstützung beim Lösen untersucht.

Im Rahmen einer qualitativen Interviewstudie von **Dole, Cooper und Conoplia** (1997) wurden 18 Schüler aus der 8., 9. und 10. Klasse befragt. Ziel der australischen Forscher war, herauszufinden, welches Wissen Schüler über das Lösen von Prozenten besitzen und nutzen. Darüber hinaus wurde untersucht, wie sie Problemstellungen im Rahmen der Prozentrechnung interpretieren und welche Repräsentationsformen sie dafür nutzen. Dabei wurden die Befragten in drei Kategorien unterteilt: Leistungsstark (in der Lage, alle drei Grundaufgaben der Prozentrechnung zufriedenstellend zu lösen), mittleres Leistungsniveau (in der Lage Aufgaben des Typs Prozentwert gesucht zu lösen) und Leistungsschwach (nicht in der Lage, Grundaufgaben der Prozentrechnung zu lösen). (Dole et al. 1997, S. 8)

Alle Aufgaben basierten auf den drei Grundaufgaben der Prozentrechnung. Zur Lösung wurde am häufigsten die Formel genutzt. Die leistungsstarken Schüler zeigten sich in der Lage, Prozente, Brüche und Dezimalbrüche erfolgreich ineinander umzuwandeln. Sie hatten ebenfalls Vorstellungen zu Stützpunkten in der Prozentrechnung, insbesondere beim Berechnen von Prozentsätzen ohne inhaltlichen Kontext. Auch Schüler mit durchschnittlichem Leistungsniveau kannten Stützpunkte, nutzten diese aber im Gegensatz zu den leistungsstärkeren Schülern vor allem, um Ergebnisse zu validieren. Insgesamt zeigte sich der größte

Unterschied zwischen Schüler mittleren und hohen Leistungsniveaus in der fehlerbehafteteren Nutzung von Algorithmen.

Bei den leistungsschwachen Schüler fiel auf, dass sie Prozente schnell in Dezimalzahlen umwandelten, auch wenn dies im jeweiligen Kontext nicht hilfreich war. Die Schüler nutzten die Darstellungen nicht ungefragt. Nach Aufforderung konnten alle leistungsstarken, ein Schüler mit durchschnittlichen Leistungsniveau und fünf leistungsschwache Schüler der Aufgabenstellung entsprechende passende Darstellungen erzeugen. Dabei konnten die leistungsschwachen Schüler die Darstellungen aber nicht zur Lösung der gegebenen Probleme nutzen. Während leistungsstarke Schüler in der Lage waren, die multiplikative Verankerung von Prozenten auszunutzen, suchten die leistungsschwachen Schüler nach Schlüsselwörtern in der Aufgabenstellung, um die passende Operation zu finden. (a. a. O., S. 9 f.)

Scherer (1996) befragte mit dem Ziel der Leistungsbeurteilung und Leistungsbewertung 12 Lehramtsstudentinnen und 80 Siebtklässler, darunter 25 Gesamtschüler und zwei Realschulklassen mit 29 bzw. 26 Schülern (Scherer 1996a, S. 466). Die Schüler der Gesamtschule behandelten das Thema Prozentrechnung bereits, während sich die Realschüler zum Testzeitpunkt nur mit dem Dreisatz beschäftigt hatten. Die Grundlage der schriftlichen Überprüfung lieferte dabei ein holländischer Test zur Prozentrechnung, bestehend aus 10 Fragen. Die Fragestellungen unterstanden der Maßgabe, einen „[…] möglichst verständlichen Kontext, z. T. sehr offene Aufgabenstellungen […]" (a. a. O., S. 462) mit der Option mehrere Lösungen und Strategien zugänglich zu machen. Basis ist das niederländische Unterrichtskonzept realistic mathematic education, das zum Ziel hat, Verbindungen zwischen Konkretem und Abstraktem zu schaffen. (a. a. O., S. 463 f.)

Ziel der Auswertung war nicht das reine Bewerten von falsch und richtig, sondern ob Schüler „Lösungsstrategien einsichtsvoll verwenden" (a. a. O., S. 467). Die Lösungsverfahren unterschieden sich dabei erkennbar von den im Schulbuch vermittelten. Besonders erfolgreich waren die Schüler, wenn die Lösung auf grafischer Ebene möglich war. Dem Auftrag, eigene Aufgaben zu erstellen, kamen die Schüler zumeist im Kontext der vorherigen Testaufgaben nach, oder sie brachten ihre eigene Lebenswelt ein. Das Erstellen von eigenen Aufgaben beschrieben viele Schüler als schwer, da es eine ungewohnte Tätigkeit darstellte. Dies zeigte sich auch in der häufigen nicht Bearbeitung dieser Aufgaben (a. a. O., S. 467 f.). Als ein Kriterium für schwere Aufgaben nannten die Schüler große Zahlenwerte. Bei der Bewertung der Aufgaben („Welche Aufgabe hat dir am besten gefallen?") stuften die Schüler Aufgaben leicht ein, die ihnen den Platz boten, geschickt vorzugehen, nachzudenken, mit Brüchen zu rechnen, und bei denen wenige Lösungshinweise gegeben waren oder bei denen Zusammenhang zwischen Rechnung und grafischer Darstellung gegeben war. (a. a. O., S. 469)

In der detaillierten Aufgabenanalyse untersuchte Scherer (1996b) die Ergebnisse anhand zweier Beispielaufgaben. In der ersten dieser beiden Aufgaben stand der Vergleich zweier ikonisch dargestellter Prozentsätze im Vordergrund. Aufgabe war es, den prozentualen Anteil weißer Wolle in einem Teppich abzuschätzen und die getroffene Entscheidung zu begründen. Im zweiten Teil der Aufgabe wurde eine kleinere Abbildung des gleichen Teppichs vorgelegt, und die Schüler sollten die Prozente miteinander vergleichen. Die häufigste Nennung befand sich im Intervall zwischen 40 % und 50 %, maximale Nennung lagen bei 25 % bzw. 69 %. Auch die Begründungen des Vorgehens unterschieden sich nicht zwischen den befragten Gruppen. Die Schüler schätzen vor allem oder setzten die Flächen zusammen, während bei den Lehramtsstudenten mehr Variation auftrat. Beim Vergleich der zwei Teppiche kamen 11 von 12 Lehramtsstudenten zu der Einsicht, dass beide Teppiche den gleichen Wolleanteil haben, während es bei den Schülern nur 50 von 80 waren. Die Begründungen für die Gleichheit hätten laut Scherer einer qualitativen Untersuchung unterliegen müssen, um ein klareres Bild des vorherrschenden Verständnisses des Prozentbegriffs der Befragten zu erhalten. (a. a. O., S. 534 ff.)

Die zweite detailliert untersuchte Aufgabe ließ die Befragten die Auslastung zweier Parkhäuser anhand von absoluten Zahlenwerten miteinander vergleichen. In einer zweiten Teilaufgabe sollte erklärt werden, ob die Parkhäuser jeweils zu 90 % ausgelastet seien und wie die Befragten dies berechnet hätten. Ein recht hoher Anteil der Schüler nutzte die absolute Anzahl an freien Parkplätzen (und nur ganz selten die Anzahl der besetzten Parkplätze) zur Begründung. Wurde ein relativer Anteil zur Bestimmung genutzt, unterschieden sich die Strategien. Die Formel wurde nur sehr selten benutzt. Die Schüler nutzten kreative Wege, um den Prozentwert zu bestimmen. Die zweite Teilaufgabe erwies sich als nicht sehr ergiebig, da sie nur die Ergebnisse der ersten Teilaufgabe wiederholte. (a. a. O., S. 536 ff.)

Insgesamt viel auf, dass die Realschulklassen Aufgaben zur Prozentrechnung auch lösen konnten, ohne dass das Thema im Unterricht behandelt worden war. Das Ausrechnen bereitet insgesamt deutlich weniger Probleme, als das Finden des richtigen Ansatzes. (a. a. O., S. 541)

Pöhler (2018) untersuchte den Unterschied zwischen grafischen-, entkleideten Formaten und Textaufgaben. Die Textaufgabe (25 %) wurde seltener gelöst als die anderen beiden Formate (jeweils 38 %). Die sprachlich starken Schüler schnitten bei allen, Aufgaben (und -formaten), mit einer Ausnahme, signifikant besser ab als die sprachlich schwachen Schüler. Die Ausnahme war die Aufgabe, bei der der Grundwert nach einer Verminderung gesucht wurde. Diese unterschiedlichen Erfolgsquoten der Schüler bestätigten Pöhler zufolge die Ergebnisse früherer Forschungen. (Pöhler 2018, S. 171 f.)

Aufgrund der hohen Lösungsquote von grafischen Darstellungen, besonders bei Aufgaben, bei denen der Prozentwert gesucht ist, sieht Pöhler den Prozentstreifen als ein geeignetes Mittel, um die Schüler im Lernprozess zu unterstützen (a. a. O., S. 174).

Um auszuschließen, dass sich die Lösungsquoten der unterschiedlichen Aufgabenformate nicht mit Zahlenwerten und Strukturen begründen lassen, variierte Pöhler nur das Format der Aufgaben, nicht aber den strukturellen und zahlenmäßigen Kern der Aufgaben. Bei der Grundaufgabe Prozentwert gesucht zeigten sich signifikante Unterschiede zwischen entkleideten Aufgaben und Textaufgaben; bei der Aufgabe Grundwert gesucht war der Unterschied indes nicht signifikant. Bei dem Sonderfall Grundwert gesucht nach Verminderung drehte sich dieser Effekt ins Gegenteil. Begründet wird dies mit dem Zugang über den Kontext der Textaufgabe. (a. a. O., S. 175)

In Bezug auf den Zusammenhang zwischen Sprache und Lösungshäufigkeit lässt sich feststellen, dass beispielsweise die Phrase „reduzieren auf" mit einer geringeren Lösungshäufigkeit einhergeht, was offenbar vor allem in der entsprechenden Präposition begründet liegt. (a. a. O., S. 179 f.)

Im Vergleich wiesen die sprachlich starken Schüler höhere Lösungsquoten auf als die sprachlich schwachen, unabhängig von Aufgabenformat und Aufgabentyp. Der Abstand zwischen den Leistungen nimmt mit zunehmender Schwierigkeit der Aufgaben zu. Auffallend ist, dass sprachlich schwache Schüler bei Textaufgaben nicht signifikant schlechter abschnitten, als bei entkleideten Formaten. Die Schwierigkeit ruht insofern, zumindest im Rahmen der Prozentrechnung, mehr auf einem konzeptuellen Problem als auf der Lesehürde. Beim grafischen Format ist der Abstand zwischen den Lösungshäufigkeiten geringer. (a. a. O., S. 191ff)

Walkington, Cooper und Howell (2013) befragten 139 Schüler der siebten Klasse. Untersucht wurde der Einfluss von visuellen Repräsentationen auf die Fähigkeit, Aufgaben der Prozentrechnung zu lösen. Zu diesem Zweck wurden Aufgaben auf Basis der vorher erhobenen Interessen der Schüler personalisiert. Diese Aufgaben wurden dann in ihrer Darstellung folgendermaßen variiert: ikonische Darstellung (beispielsweise der Prozentstreifen); keine ikonische Darstellung und Illustration (im Sinne einer kleinen Grafik); keine Illustration. (Walkington et al. 2013, S. 534 f.)

Ein signifikanter Effekt von ikonischen Darstellungen und Illustrationen konnte nicht nachgewiesen werden. Ein effektvolles Zusammenspiel von Diagrammen und Illustrationen hingegen schon. Alleine betrachtet führten ikonische

Darstellungen zu einem besseren Ergebnis als die ausschließliche Darstellung des Textes. Eine Illustration war minimal erfolgsverbessernd gegenüber einer reinen Textdarstellung; gleiches gilt auch für den Vergleich von ikonischen Darstellungen mit Illustrationen. Insgesamt zeigte sich, dass eine zu starke Überladung, beispielsweise durch Illustration und persönlichen Bezug der Aufgabe, nicht zu einer besseren Leistung führte. Im Übrigen lassen sich die einzelnen positiven Einflüsse nicht additiv zusammenführen. (a. a. O., S. 535 f.)

Im Vergleich der Studien zeigt sich, dass eine ikonische Darstellung positiven Einfluss auf die Lösungsfähigkeiten der Schüler hat. Die Frage, welche ikonischen Darstellungen die Schüler wählen, um Prozente eigenständig darzustellen, schlüsseln diese Studien allerdings nicht auf. Insofern ergibt sich hier ein möglicher Forschungsansatz.

3.5   Vorerfahrungen

Neben den Studien zum Wissen der Schüler zur Prozentrechnung nach Behandlung im Unterricht, untersuchten andere Studien das Vorwissen. Diese werden in diesem Unterkapitel vorgestellt.

Um die Vorkenntnisse von Schülern zum Thema Prozentrechnung zu erfassen, befragten **Rosenthal, Ilany und Almog** (2009) 99 Schüler des sechsten Jahrgangs in Israel, bevor das Thema im Klassenverband behandelt wurde. Untersucht wurden zwei Schulen, eine mit durchschnittlich erfolgreichen Abschlusstests und eine mit weniger erfolgreichen. Im Fokus standen die Fragen, welche Vorstellungen Schüler vom Prozentbegriff haben, wie sie das Ganze interpretieren, und welche Vorstellungen die Schüler von 25 % und 50 % haben. Zu Beginn waren die Schüler dazu aufgerufen, zwischen den Auswahlmöglichkeiten größer, kleiner gleich und unbekannt durch Ankreuzen zu wählen. (Rosenthal et al. 2009, S. 298)

Unter Prozenten verstanden die Kinder einen Anteil, eine Einheit zum Messen oder eine Operation. Die Antworten unterschieden sich dabei kaum zwischen den betrachteten Schulen. Als Beispiele für Prozente wurden Rabatte, Noten, Umfragen und Darstellungen von Anteilen genannt. Hier zeigte sich ein Unterschied zwischen den beiden Schulen: In der schwächeren Schule benutzten nur 17 % der Schüler Beispiele, die sie mit ihrer eigenen Definition in Verbindung brachten. An der starken Schule waren dies 32 %. (a. a. O., S. 299 f.)

Bei der Frage, wie viel 100 % von 500 wären, antworteten 54 % der Befragten korrekt. Die Hälfte der Schüler, die die Frage korrekt beantworteten, konnte ihre Antwort auch erklären. Die häufigste Begründung unter den falsch Antwortenden war, dass 500: 100 weniger als 500 sei. Bei dieser Fragestellung unterschieden sich die Schulen wieder stark: 70 % korrekte Antworten der besseren Schule stehen 40 % korrekte Antworten der schwachen Schule gegenüber. (a. a. O., S. 301)

Den Prozentwert von 122 % von 1690 bestimmten nur noch 39 % der Schüler korrekt als größer als 1690. 65 % der korrekt antwortenden erläuterten mithilfe der Begründung, dass mehr als 100 % auch mehr als das Ganze bedeuteten. Bei dieser Aufgabe war der Unterschied zwischen den beiden Schulen nicht so groß wie bei der Aufgabe zuvor (45 % zu 35 % korrekte Antworten). Im Vergleich dazu fiel es den Schüler deutlich einfacher zu bestimmen, dass 20 % von 3580 weniger als 3580 sein müssen, obwohl dies nur 42 % der Schüler korrekt begründen konnten. (a. a. O., S. 301 f.)

An einem Streifen 25 % zu markieren, gelang 75 % der Befragten. 50 % konnten alle Schüler markieren. 50 % von 16 Rosen zu bestimmen gelang 76 % der Schüler. Als typische Fehlvorstellung zeigte sich dabei die Interpretation von 50 % als 50 Einheiten. Auf die Frage, ob 25$ von 42$ mehr, weniger oder gleich 50 % sein, antworteten 71 % der Schüler korrekt, wobei kein deutlicher Unterschied zwischen den Schulen erkennen ließ. (a. a. O., S. 303 ff.)

Insgesamt zeigte sich, dass es durchaus vielfältige Vorerfahrungen zu Prozenten gibt, insbesondere im Alltagsbezug der Schüler. Vor allem den Aspekt, dass Prozente der Teil eines Ganzen sind, haben die meisten Schüler bereits vor der Unterrichtseinheit zu Prozenten verinnerlicht. Bei Fragestellungen zu Angaben über 100 % hatten die Schüler Probleme, die sich aber auch bei Schülern zeigen, die das Thema bereits behandelt hatten. Die Ergebnisse dieser Forschung stehen allgemein betrachtet in Zusammenhang mit Forschungsergebnissen zum Prozentbegriff nachdem der unterrichtlichen Behandlung. Die Schwächen und Stärken scheinen sich durch den Unterricht nicht stark zu verändern.

Im Rahmen der Interviewstudie von **Lembke und Reys** (1994) wurden 31 Schüler aus der 5., 7., 9. und 11. Klasse befragt (Lembke und Reys 1994, S. 240). Lembke und Reys gingen dabei insbesondere drei Fragen nach: Welche intuitiven Vorerfahrungen besitzen Schüler aus dem fünften Jahrgang zum Thema Prozentrechnung? Welche Strategien werden in der siebten, neunten und elften Klasse genutzt? Wie unterscheiden sich diese Strategien jeweils? Dafür wurden die Schüler auf Basis ihrer Ergebnisse in einem Vortest in verschiedene Quantile einsortiert. (a. a. O., S. 238)

Als erstes wurden die Schüler zu ihrem konzeptuellen Verständnis der Prozentrechnung befragt. Obwohl die Interviewten der fünften Klasse das Thema Prozentrechnung zum Zeitpunkt der Studie noch nicht behandelt hatten, wiesen sie dennoch generelles zum Thema auf. Dabei gelang es besonders, einen Alltagsbezug des Themas darzustellen. Die Schüler betonten aber eher den Anzahlbegriff als das Verhältnis. Es gelang jedoch weder Schülern der fünften Klasse, noch denen der siebten Klasse, zu erklären, weshalb Prozente benutzt werden. Das oberste Quantil der Siebtklässler erwähnte zumindest, dass Prozente eine Vereinfachung darstellten, jedoch ohne dies zu begründen. Diese Begründung erfolgte erst bei Schülern der neunten Klasse. Dass Prozente einfacher als Brüche oder Dezimalzahlen seien, war das vordergründige Argument. Dies wurde mit Beispielen unterlegt. Schüler der elften Klasse präzisierten die Erläuterung zur Vereinfachung eines Vergleichs mit prägnanten Beispielen. (a. a. O., S. 243 f.)

Bei verschiedenen Fragen zur Nutzung der Basis 100 zeigten die Fünftklässler des obersten Quantils bereits ein sehr gutes Verständnis der Bedeutung der Zahl 100 im Rahmen der Prozentrechnung. Unterhalb des mittleren Quantils nimmt die Leistung deutlich ab. So ordnete beispielsweise ein Schüler dem Ganzen „110 % oder 200 %" zu. Die Siebtklässler beantworteten die Frage korrekt, zeigten aber im weiteren Interviewverlauf Probleme mit der Bedeutung von 100 %, da sie immer wieder wissen wollten, ob sich die Frage auf 100 % bezieht. Mit wenigen Ausnahmen antworteten die Schüler der neunten und elften Klasse zielsicher und korrekt auf diese Fragen. (a. a. O., S. 244 f.)

Der Anweisung, 15 % in einer ikonischen Darstellung zu markieren, wurde auf unterschiedliche Art und Weise nachgekommen. Die meisten (20 von 31) Schüler fingen an, die Darstellung in kleinere Stücke zu unterteilen und auf dieser Basis zu argumentieren. Ein besonders tiefgehendes Verständnis zeigte sich zum Beispiel in der Unterteilung der Darstellung in sechs gleichgroße Stücke, mit der Begründung, dass es sich bei $\frac{1}{6}$ um ungefähr 15 % handelt. Diese Strategie wurde sowohl von Schülern der siebten als auch der elften Klasse angewandt. (a. a. O., S. 245 f.)

Die Umformung zwischen Prozenten, Brüchen und Dezimalzahlen gelang dem höchsten Quantil besser als dem mittleren eines jeden Jahrgangs. Ebenfalls stieg die Leistung von Jahrgangsstufe zu Jahrgangsstufe an. Doch schon die Schüler der fünften und siebten Klasse erzielten trotz der fehlenden formellen Instruktion zufriedenstellende Ergebnisse. (a. a. O., S. 247)

Zur Beantwortung einer Rechenaufgabe zum Prozentsatz nutzten die Interviewten sieben unterschiedliche Strategien: Stützpunkte, Gleichungen, Brüche, Verhältnisse, ikonische Darstellungen, berechnen und prüfen und *try and error*. Diese Kategorie von Lösungsstrategien wurden aus den vorherigen Pilotstudien generiert und anschließend nach Klassenstufen und erfolgreicher Lösungsquote aufgeschlüsselt. Fünft- und Siebtklässler nutzen vor allem Stützpunkte, Verhältnisse und Brüche. Dabei fiel es den Schüler des mittleren Quantils schwer, ihre Lösung zu begründen. Neunt- und Elftklässler nutzten vor allem Gleichungen zum Lösen, die ihnen so auch in der Schule beigebracht worden waren, insbesondere in der zuvor behandelten Algebra. Insgesamt nutzten die Fünf- und Siebtklässler am seltensten einen Taschenrechner zum Lösen der Aufgaben. (a. a. O., S. 249 ff.) Abschließend stellen Lembke und Reys fest, dass es bei Schülern der fünften Klasse keine Unterschiede zwischen sachbezogenen und nicht sachbezogenen Problemen gibt, während alle anderen Testgruppen nicht sachbezogene Probleme erfolgreicher lösen (a. a. O., S. 254 f.). Es zeige sich, dass Schülern die ein ikonisches Verständnis von Prozenten haben, auch numerische Probleme besser lösen könnten.

Erstaunlicherweise zeigt dieser Forschungszweig, dass die Schüler bereits vor der unterrichtlichen Behandlung über Vorerfahrungen zum Thema Prozentrechnung verfügen. Gerade die später auftretenden Probleme (Identifizierung des Grundwerts und die Fehlvorstellung, dass Prozente gleichbedeutend mit Einheiten sind) lassen sich bereits vor der Behandlung im Unterricht feststellen.

3.6 Interventionsstudien

Neben den Untersuchungen zu bestehendem (Vor-)Wissen zur Prozentrechnung unternahmen andere Forschungsprojekte Interventionsstudien, um zu prüfen, ob ihre Ansätze die Fähigkeiten der Schüler verbessern.

Mit einem Pretest-Posttest prüften **Ngu, Yeung und Tobias** (2014) den Effekt einer Interventionsstudie an 60 Achtklässlern. Die Intervention basierte auf einem Einkaufsproblem, bestehend aus je 3 Aufgaben zu einer prozentualen Erhöhung und Senkung, also insgesamt 6 Aufgaben. Dabei wurde für jeden Aufgabentyp zu Beginn ein Beispiel gegeben, auf dessen Basis die Schüler die folgenden Aufgaben berechnen sollten. Unterschieden wurde zusätzlich zwischen den Lösungsstrategien Dreisatz (eventuell in Australien in abgewandelter Form), einer ikonischen Lösungsstrategie (ähnlich dem Prozentstreifen) und dem Gleichungsverfahren (ähnelt der Prozentformel). Ziel der Intervention war es, Schemata bei den Schülern zu erzeugen, die für Lösungsschritten genutzt werden können. Der ganze Test fand innerhalb einer Schulstunde statt. (Ngu et al. 2014, S. 693 f.)

Der Pretest zeigte, dass das Abschneiden bei simplen und komplexeren Aufgaben nicht signifikant mit der gewählten Lösungsstrategie im Zusammenhang stand. Bei Anwendungsaufgaben zeigte sich die Gleichungsmethode dem Dreisatz und der ikonischen Methode überlegen. (a. a. O., S. 697)

Durch die Intervention konnten signifikante Leistungssteigerungen bei den simplen Aufgaben in allen drei Gruppen nachgewiesen werden. Im Vergleich schnitt die Gleichungsmethode am besten ab, der Unterschied war aber nur zur Gruppe der ikonisch lösenden Schüler signifikant. In Bezug auf begangene Fehler zeigte sich kein erkennbarer Unterschied zwischen den drei Gruppen. (a. a. O., S. 698)

Im Rahmen der komplexeren Aufgaben zeigte die Gruppe der Gleichungs-methode den höchsten Leistungsanstieg, während bei der ikonisch arbeitenden Gruppe die geringste Verbesserung entstand. Ebenfalls zeigten sich Unterschiede in der Anzahl der begangenen Fehler und der Nichtbearbeitungsquote: Die Glei-chungsmethode erwies sich auch hier als die erfolgsversprechendste. (a. a. O., S. 700)

Den Erfolg der Gleichungsmethode begründeten Ngu et al. unter anderem mit der zweistufigen Nutzung, die sie so in der Intervention und in den Beispielen angeboten hatten. Gerade bei der Verknüpfung von Multiplikation und Subtrak-tion erwies sich diese zweistufige Nutzung als hilfreich. Durch die inhaltliche Nähe zur Algebra sei die Gleichungsmethode aber auf das Vorwissen der Schüler angewiesen. (a. a. O., S. 703 f.)

Bei der Dreisatzmethode sahen die Forscher Probleme in der fehlenden Bezie-hung zwischen der Menge und dem dazugehörigen Prozentwert. Das Herstellen dieser Beziehung bedürfe einer hohen kognitiven Belastung. Als Lösung schlagen sie eine grafische Darstellung vor, um eben diese Beziehung besser zu verdeutli-chen. Eine weitere Möglichkeit wäre eine stärker ausgeprägte Algorithmisierung. (a. a. O., S. 702)

Die Schwäche der ikonischen Methode zeigte sich vor allem bei Prozentan-gaben, die nicht Vielfache von 10 % sind. Ebenfalls sei die kognitive Belastung durch den zusätzlichen Aufwand, passende ikonische Darstellungen zu finden, besonders hoch, was Ressourcen vom eigentlichen Finden der Lösung abzieht. Ein bereits markierter Prozentstreifen (1 %, 10 % und 100 %) könnte hier Abhilfe schaffen (a. a. O., S. 703). Interessant ist hier der Widerspruch zu anderen For-schungen (beispielsweise Walkington 2013), die einen positiven Effekt durch ikonische Darstellungen nachwiesen. Ein möglicher Erklärungsansatz ist die zu starke Fokussierung auf die ikonische Darstellung als Lösungsmittel und nicht nur als unterstützendes Darstellungsmittel. Da bei der Intervention sowohl bei der Dreisatz- als auch bei der Gleichungsmethode eine ikonische Darstellung zum Einsatz kam, ist es schwierig, einen direkten Vergleich mit der Gruppe, die nur auf ikonischen Darstellungen basiert, anzustellen. (a. a. O., S. 705)

Insgesamt lassen sich diese Forschungsergebnisse in den Forschungskanon ein-fügen. Hinterfragt werden muss aber der Sinn der Intervention, da sie den Schüler einen algorithmisierten Weg zum Lösen eben der Aufgaben gibt, die im Posttest abgefragt werden,

Auf Basis der Ergebnisse der oben bereits dargestellten Bedingungsanalyse konstruierte **Pöhler** (2018) eine Interventionsstudie, deren Erfolg sie mit einem

Pretest-Posttest untersuchte. Die Intervention hatte zum Ziel eine „systematische, durchgängige Verknüpfung von Sprachförderung und Förderung des konzeptuellen Verständnisses" (Pöhler 2018, S. 197) zu realisieren. Um einen intuitiven Zugang zu schaffen, wurde der Prozentstreifen genutzt. Ebenfalls sollten eigene Textaufgaben formuliert werden, und es sollte für feine sprachliche Variationen sensibilisiert werden. (a. a. O., S. 197).

Pöhler konzipierte einen sechsstufigen konzeptuellen und lexikalischen Lernpfad zum flexiblen Umgang mit Textaufgaben im Themengebiet Prozentrechnung. Dabei fungierte der Prozentstreifen als strukturbasiertes Scaffolding-Element. Er sollte vermitteln zwischen „dem konzeptuellen Lernpfad zu Prozenten, der die Wege zu den mathematischen Vorstellungen [ermöglicht] und dem lexikalischen Lernpfad, der die Wege zum gestuften Sprachschatz abbildet" (a. a. O., S. 204). Der Prozentstreifen soll im Laufe der Bearbeitung von einem Modell von Kontexten zu einem abstrakten Konzept für Prozente werden, mit dem sich Aufgaben strukturieren lassen (a. a. O., S. 230).

Am Beispiel des Sachkontextes Mehrwertsteuer gelingt es den Schülern, die Strukturen durch die Auseinandersetzung im Lehr- Lern- Arrangement auf andere Kontexte zu übertragen (a. a. O., S. 262).

Zur Überprüfung der Wirkung der Intervention werden drei Schülerpaare weitergehend analysiert, die zuvor in vier Fördersitzungen unterrichtet wurden. Die Lernpaare besuchten alle die achte Klasse. Zur Rekonstruktion des lexikalischen Lernwegs wurde mit der Spurenanalyse eine eigens hierfür entwickelte Analysemethode benutzt (a. a. O., S. 271 f.). Im Anschluss an die Intervention wurde mithilfe eines Prozente-Matrixtests die Leistung der Schüler nach der Intervention mit dem Abschneiden bei der vorherigen Standortbestimmung verglichen (a. a. O., S. 333).

Das Schülerpaar, das aus zwei sprachlich schwachen Schülern bestand, erzielte die selbe Gesamtpunktzahl beim Matrixtest, wie das sprachlich stärkere Schülerpaar. Auffällig war dabei vor allem, dass das eine Kind doppelt so viele codierte Sprachmittelaktivierungen für die Leistung benötigte, wie sein Interviewpartner.

Ein weiteres Schülerpaar, das im Vergleich zu den anderen interviewten Schülern im Matrixtest schwach abschnitt, zeigte im Vergleich mit der Kontrollgruppe eine überdurchschnittliche Leistung. Auch im Vergleich mit seiner Standortbestimmung zeigte das Schülerpaar eine enorme Leistungssteigerung. Insgesamt zeigten alle interviewten Schüler einen Lernfortschritt. (a. a. O., S. 333 f.) Im Vergleich zwischen Interventions- und Kontrollgruppe schloss die Interventionsgruppe mit im Mittel 10 Punkten signifikant besser ab als die Kontrollgruppe (im Mittel 7 Punkte) (a. a. O., S: 343).

Durch die Interventionen konnte jeweils eine deutliche Verbesserung, zur Kontrollgruppe gezeigt werden. Dieser Erfolg zeigt die Notwendigkeit auf zur Verbesserung des Unterrichts, indem weitere Denkprozesse in der Prozentrechnung beleuchtet werden müssen. Kritisch muss Pöhlers Vergleich der Interventionsstudie mit der Kontrollgruppe betrachtet werden. Die Schüler, bei denen die Intervention vorgenommen wurde, hatten einen gezielten Unterricht von spezifisch geschulten Lehrkräften erhalten; hier sollte man immer eine Verbesserung erwarten.

3.7   Erste Ableitungen für das eigene Forschungsvorhaben

In der Forschungslandschaft gibt es eine relativ geringe Anzahl an Veröffentlichungen zum didaktischen Umgang mit dem Thema Prozentrechnung, wie Sill schon im Jahre 2010 anhand der damaligen Anzahl an Treffern in der (heute nicht mehr existierenden) Datenbank mathEduc feststellte (Sill 2010, S. 4). Es gibt jedoch eine große Anzahl quantitativer Studien. Die Lösungshäufigkeiten je nach Lösungsstrategie und Grundaufgaben wurden dabei besonders häufig untersucht (beispielsweise Meißner 1982, Berger 1989, Hafner 2011 und Jordan et al. 2004). Zwar variierten die Lösungsquoten hier von Studie zu Studie, diese Unterschiede lassen sich aber mit der jeweiligen Konzeption der Aufgaben oder mit Merkmalen der Lernenden begründen (Pöhler 2018, S. 29). Ein weitere bemerkenswerte Erkenntnis entstammt der Forschung Hafners: Die Probleme der Schüler in der Prozentrechnung basieren nicht ausschließlich auf der Sachebene, sondern auch auf den mentalen Repräsentationen der Schüler.

Dass Schüler bereits vor der unterrichtlichen Behandlung Vorwissen zu Prozenten aufweisen und in entsprechenden Forschungen (beispielsweise Lempke und Reyes 1994) auch ähnliche Stärken und Probleme aufweisen wie nach der Behandlung des Themas im Unterricht, macht eine Erforschung vor der Erarbeitung im Unterricht nicht erforderlich. Für die vorliegende Arbeit bedeutet dies, dass es zum Ergründen der Denkprozesse der Schüler hilfreich ist, wenn das Thema Prozentrechnung bereits behandelt worden ist und so die Begriffe der Prozentrechnung bereits bekannt sind.

Typische Fehler beim Berechnen der Grundgrößen der Prozentrechnung wurden ebenfalls bereits erforscht und durch Schüleraussagen untermauert (beispielsweise Hafner 2011). Diese Fehler begründen sich zumeist durch Fehler beim Operieren mit gegebenen Prozentangaben, bzw. beim Suchen der richtigen Rechenoperation. Im Rahmen zahlreicher Forschungen zeigte sich, dass die

Schüler beim Lösen von Aufgaben insgesamt zu kalkülorientiert vorgehen (Berger 1989, Lembke und Reys 1994; Kleine 2009). Aus Forschungsperspektive wäre die Beleuchtung der individuellen Lernwege in Abgrenzung zum algorithmischen Vorgehen beobachtungswert.

Ebenfalls wurde der Zusammenhang der Prozentrechnung mit der Sprache (beispielsweise Pöhler 2018) und verschiedenen Aufgabentypen und Aufgabenvariationen (wie zum Beispiel entkleidete Aufgaben, Textaufgaben, Unterstützung durch ikonischen Darstellungen) (Walkington 2013, Scherer 1996). erforscht. Hierbei zeigte sich, dass sich ikonische Darstellungen unterstützend auf den Erfolg beim Lösen von Aufgaben auswirken. Mögliche Anschlussfragen sind, welche ikonischen Darstellungen die Schüler selbstständig zur Darstellung von Prozenten nutzen, und ob diese Darstellungen zu den Argumentationen der Schüler passen.

Aus den Interventionsstudien von Pöhler 2018 und Ngu Yeung und Tobias 2014, die zwar nach verschiedenen Kriterien aufgebaut sind, ergibt sich, dass sich die Interventionen positiv auf die Fähigkeiten der Schüler ausgewirkt haben. Um diese Grundidee zur Verbesserung des Unterrichts weiter voranzutreiben, erscheint es wichtig, tatsächlich genutzte Argumentationen der Schüler zu kategorisieren und mit den Grundvorstellungen der Prozentrechnung in Verbindung zu setzen.

Parker und Leinhard (1995, S. 472 f.) kommen in ihrer Metastudie zu dem Schluss, dass im Unterricht nur die Grundvorstellung von Prozenten als Anteile thematisiert werde und diese anschließend nicht bei der Thematisierung der Rechenverfahren wieder aufgenommen werde. Insgesamt ist der Bereich der Grundvorstellungen der Prozentrechnung aus normativer Perspektive ausgearbeitet, der deskriptive Aspekt hingegen ist noch nicht tiefgreifend erforscht.

Abschließend ist das Ergebnis aus Sills (2010) quantitativer Forschung bemerkenswert, die bei kleiner Stichprobe Probleme der Schüler offenbart hat, die Gleichheit zwischen Anteilsangaben und Prozenten herzustellen. Das arithmetische Problem der Umwandlung von Brüchen, Dezimalzahlen und Prozentzahlen ist aus mehreren Studien bekannt (beispielsweise Hafner 2011), erfährt aber nur Nennung im Zusammenhang mit Fehlertypen beim Berechnen. Eine verstehensorientierte Analyse der hintergründigen Argumentationsmuster wurde bisher vernachlässigt.

Zusammengefasst stehen vor allem die Themen Lösungserfolge (im Zusammenhang mit Lösungsstrategien) typischen Rechenfehler im Fokus bisheriger Studien. Folgende Fragen ergeben sich aus dem Forschungsstand für das weitere Vorgehen dieser Arbeit:

- Welche Grundvorstellungen nutzen Jugendliche (und welche Fehlvorstellungen sind damit verbunden)?
- Welche ikonischen Modelle nutzten die Jugendlichen eigenständig zur Darstellung von Prozentrechnungsaufgaben?
- Welche Begründungen nutzen Jugendliche, um die Gleichheit zwischen verschiedenen Anteilsangaben zu erläutern?

Methodologischer und methodischer Rahmen

4

Der Blick auf den Forschungsstand der Prozentrechnung (Kapitel 3) zeigt, dass vor allem die inhaltlichen Zugänge der Schüler tiefergehend erforscht werden müssen. Diese Arbeit macht es sich zur Aufgabe, dieses Forschungsfeld sowohl konstruktiv als auch rekonstruktiv zu bearbeiten. Im folgenden Kapitel wird erläutert, welchen Forschungsansätzen sich die vorliegende Arbeit zuordnen lässt, warum sich für diese entschieden wurde und zu welchen Ausführungen diese Entscheidungen geführt haben. Dabei wird zu Beginn die konstruktive und anschließend die rekonstruktive Perspektive dargestellt.

4.1 Die konstruktive Perspektive

In diesem Unterkapitel wird der theoretische Rahmen der konstruktiven Überlegungen der vorliegenden Arbeit dargestellt. Dazu wird zunächst der Begriff der Entwicklungsforschung als methodologischer Rahmen dargestellt. Anschließend wird die Umsetzung der Interviews sowohl theoretisch untermauert als auch die tatsächlich erhobene Ausführung dargelegt. Abschließend wird der theoretische Rahmen der Interviewführung geklärt.

Elektronisches Zusatzmaterial Die elektronische Version dieses Kapitels enthält Zusatzmaterial, das berechtigten Benutzern zur Verfügung steht
https://doi.org/10.1007/978-3-658-32447-6_4.

© Der/die Autor(en), exklusiv lizenziert durch Springer Fachmedien Wiesbaden   65
GmbH, ein Teil von Springer Nature 2021
P. Gudladt, *Inhaltliche Zugänge zu Anteilsvergleichen im Kontext des Prozentbegriffs*, Perspektiven der Mathematikdidaktik,
https://doi.org/10.1007/978-3-658-32447-6_4

4.1.1 Entwicklungsforschung

Mit dem Ziel, das Unterrichtsgeschehen im Rahmen der Prozentrechnung zu verbessern, lässt sich die vorliegende Arbeit der Entwicklungsforschung zuordnen.
Unter dem Ansatz des Design Research werden eine Vielzahl von Forschungsfor-
maten (zum Beispiel Design Based Research, Developmental Research, Enginee-
ring Research oder Design Science) zusammengefasst, die sich der Entwicklungsforschung zuordnen lassen (Prediger et al. 2012; van den Akker et al. 2006). Im
Folgenden werden die Gemeinsamkeiten der verschiedenen Konzepte dargestellt,
als Basis dienen dabei die gemeinsamen Ziele und Charakteristika. Das übergeordnete Ziel des Ansatzes ist es, neue Theorien zu generieren und mit diesen das
Unterrichtsgeschehen zu verbessern (Barab und Squire 2004, S. 2). Dies wird in
den meisten Fällen durch das Konzipieren von Lernumgebungen umgesetzt. Diese
können zum einen auf Basis von identifizierten Schwierigkeiten konzipiert, zum
anderen zur Weiterentwicklung von Theorien genutzt werden (Gravemeijer und
Cobb 2006, S. 37).

Neben diesen Eigenschaften lassen sich weitere Charakteristika ausmachen.
Der Design Research Ansatz weist ein interventionistischen Charakter auf, da eine
Entwicklung des Unterrichtsgeschehen der Veränderung in der realen Welt untersteht. Der iterative Charakter des Vorgehens zeigt sich im zyklischen Vorgehen
dieser Arbeit. Das zyklische Vorgehen wird im Anschluss an die Charakterisie-
rung genauer ausgeführt, sei hier jedoch kurz zusammengefasst: Es werden immer
wieder Interventionen vorgenommen, die anschließend evaluiert werden. Dieser
Evaluierungsprozess ist prozessorientiert, da es nicht um den reinen Output geht,
sondern darum, die Interventionen zu verstehen und zu verbessern. Vor allem der
Nutzen einer Intervention sollte stets im Auge behalten werden, da die Ergebnisse
der Forschungen im Anschluss im praktischen Schulalltag angewendet werden
sollen. [1](van der Akker et al. 2006, S. 4 f.)

Die Grundgedanken meines Forschungsvorhabens sind theorieorientiert, da es
um die Weiterentwicklung von bereits bekannten theoretischen Erkenntnissen geht
und die Ergebnisse zur Theoriegewinnung genutzt werden sollen. Diese gewonnenen Theorien können aber immer nur lokaler Natur sein, da sie im Kontext
genutzt werden müssen und deshalb nicht generalisiert werden können. (ebd.)

Der zyklische Prozess des Design Research Ansatzes lässt sich in drei Phasen
unterteilen: Vorbereitung, Durchführung und retrospektive Analyse.

---

[1]In Abgrenzung zu den meisten Vorgehen des Design Based Research, wurden in dieser Arbeit die Diagnoseaufgaben zyklisch überarbeitet. Es gab keine Übertragung auf
das tatsächliche Schulgeschehen. Durch diese Ergebnisse soll dennoch die Möglichkeit
geschaffen werden Unterrichtsgeschehene zu verbessern.

Phase 1: In der Vorbereitung werden die Forschungsziele ausgearbeitet und die entsprechende Zielgruppe definiert. Dies soll anhand einer Strukturanalyse des Lerngegenstandes umgesetzt werden. Dazu gehören die Lernausgangslage und die Klärung der Lernziele. Diese Daten werden im Rahmen einer Literaturrecherche herausgearbeitet. Die Frage nach der Zielgruppe beinhaltet sowohl die Bestimmung der Größe der Interventionsgruppe (vom Einzelinterview bis zur ganzen Klasse) als auch die zu interviewende Personengruppe (Schüler, Lehrer, Referendare). Auf Basis der Ergebnisse sollen Vermutungen über zu entstehende Theorien formuliert und anschließend das Experiment designt werden. Dabei ist besonders zu beachten, dass die aufgestellten im Experiment überprüfbar sein müssen (Cobb et al. 2003, S. 9 ff.).

Phase 2: Bei der Durchführung geht es nicht darum, die aufgestellte Theorie und das Design zu bestätigen (Cobb und Gravemeijer 2006, S. 24), sondern um das Ausprobieren und anschließende Verbessern. Es entsteht ein (Mikro-)Zyklus von Durchführungen des eigentlichen Experiments und gedanklichen Experimenten über mögliche Lernerfolge und weitere Folgen des Experiments. Im Anschluss an die tatsächlich durchgeführten Experimente gilt es, den Lernprozess der Beteiligten zu evaluieren, um so Design und Theorie zu überarbeiten. (ebd.; Cobb et al. 2003, S. 11)

Phase 3: Es bedarf immer der retroperspektiven Analyse der gewonnen Daten. Diese sollten im besten Fall von einem Forscherteam bearbeitet werden, da vielschichtige Deutungen für eine Interpretation förderlich sind (a. a. O., S. 13). Auf Basis der Interpretationen können Beiträge zur Gewinnung lokaler Theorien geleistet werden (Cobb und Gravemeijer 2006, S. 37, 42). Das Design Experiment soll so in einen breiteren theoretischen Kontext eingearbeitet werden (Cobb et al. 2003, S. 13). Durch die Ergebnisse kann der Bedarf entstehen, noch weitere Design Experimente durchzuführen, die an das Vorhaben anschließen, die wiederum zyklisch durchzuführen wären (Cobb und Gravemeijer 2006, S. 42 f.).

Das Dortmunder FUNKEN-Modell definiert den Durchlauf des Zyklus in vier Schritten: Spezifizierung und Strukturierung der Lerngegenstände; (Weiter-)Entwicklung des Designs; Durchführung und Auswertung der Design-Experimente sowie die (Weiter-)Entwicklung lokaler Theorien. Diese vier Schritte unterscheiden sich inhaltlich nicht von den oben dargestellten drei Schritten. Das FUNKEN-Modell zeichnet sich durch eine stärkere Betonung der Spezifizierung und Strukturierung des Lerngegenstandes zur besseren Fokussierung der Gegenstandsorientierung als alleinigem Arbeitsbereich aus. Des Weiteren betonen die Autoren, dass die Schritte nicht linear durchlaufen werden müssen. Das Modell wird in Abbildung 4.1 zusammenfassend dargestellt.

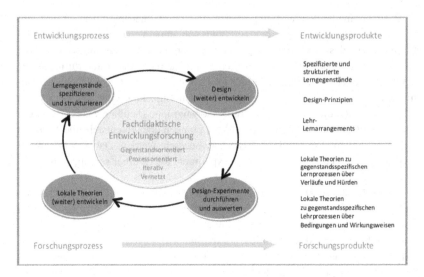

Abbildung 4.1 Zyklus der fachdidaktischen Entwicklungsforschung im Dortmunder Modell nach Prediger et al. (2012, S. 453)

Diesem zyklischen Vorgehen folgt die Darstellung der Überarbeitung der Interviewaufgaben

4.1.2   Theoretisches Konstrukt der Aufgabenkonzeption

Dieses Unterkapitel stellt den theoretischen Gestaltungsrahmen für die Konzeption der dieser Arbeit zugrundeliegenden Analyseaufgaben dar. Zu diesem Zweck werden zu Beginn die für diese Arbeit entscheidenden Aspekte des Begriffs der Lernumgebung dargestellt Anschließend wird die der Diagnoseaufgaben, um sie, für die Arbeit passend, zusammenzuführen.

Für den Begriff der Lernumgebung finden sich verschiedene Interpretationen wieder. Pädagogisch wird unter dem Gestalten einer Lernumgebung ein Zusammenwirken aus Unterrichtsmethoden, Unterrichtstechniken, Lernmaterialien und Medien verstanden (Reinmann und Mandel 2006, S. 615).

Aus einer stärker inhaltlich geprägten, mathematikdidaktischen Sicht heraus formuliert Wittmann (1998, S. 337 f.; 1995, S. 365 f.)[2] folgende Kriterien substanzieller Lernumgebungen:

1. Sie repräsentieren zentrale Objekte, Inhalte und Prinzipien des Mathematikunterrichtens auf einer bestimmten Stufe.
2. Sie beziehen sich auf bedeutende mathematische Inhalte, Prozesse und Verfahren. Damit bieten sie eine reichhaltige Quelle für mathematische Aktivitäten.
3. Sie sind flexibel und können auf die speziellen Voraussetzungen der Lerngruppe bezogen werden.
4. Sie integrieren mathematische, psychologische und pädagogische Aspekte des Mathematikunterrichts. Damit bilden sie ein reichhaltiges Feld für die empirische Forschung.

Zusätzlich sind die Forderungen von Krauthausen und Scherer (2014, S. 111 f.) nach einer Aufgabensammlung bestehend aus (Teil-)Aufgaben und Arbeitsaufträgen, die einem übergeordneten Leitfaden und durchgängigen Regeln samt einer übergeordneten Struktur unterliegen, für die vorliegende Arbeit von Interesse. Als übergeordnetes Ziel sollte die Anregung zum Mathematiktreiben stehen. Dies kann durch offene, flexible und inhaltlich reichhaltige Aufgaben erreicht werden (Hirt et al. 2012, S. 12).

Die Intention der vorliegenden Arbeit ist die Rekonstruktion von Vorstellungen der Lernenden über den Bereich der Prozentrechnung, nachdem sie den Themenkomplex bereits im regulären Schulunterricht behandelt haben. Dieses diagnostische Vorgehen kann mithilfe substanzieller Lernumgebungen realisiert werden. Dennoch ist die zentrale Frage nicht „Wie sehen adäquate Lernumgebungen für Lernende in der Prozentrechnung aus?", sondern vielmehr „Welche Lernumgebungen können adäquat adaptiert werden, damit sie zu, bezogen auf die Forschungsfrage einer gelingenden Diagnose beitragen?". Hierfür wird zunächst der Begriff der Diagnose näher in den Blick genommen: Der Begriff wird im mathematikdidaktischen Forschungsdiskurs sehr häufig genannt. In erster Linie wird die Diagnose als notwendiges Mittel verstanden, um den Unterricht für das einzelne Individuum optimal gestalten zu können:

---

[2] für eine Erläuterung dieser Kriterien siehe Krauthausen & Scherer (2014, S. 197 ff.) sowie Krauthausen (2018, S. 257 f.)

„Nur wer ein realistisches Bild von dem hat, was die jeweiligen Lernenden wissen und können, kann sie adaptiv fördern."[3]

Da auch diese Arbeit darauf abzielt ein „realistisches Bild" vom Kenntnisstand des jeweiligen Lernenden zu erhalten, erscheint der Begriff Diagnose geeignet. Daraus ergibt sich für die Konzeption der Aufgaben die Frage, wie gute Aufgaben zum Diagnostizieren aussehen müssen. Grundsätzlich gilt, dass offene und informative Aufgaben mehr Potential für das Gewinnen von Informationen bieten (a. a. O., S. 180). Aus mathematikdidaktischer Perspektive ist es unabdingbar, den fachdidaktischen Hintergrund des Themengebiets bei der Konzeption der Aufgaben zu bedenken. Dies sollte ebenfalls bei der Auswahl von Veranschaulichungen und Arbeitsmitteln beachtet werden. (Moser-Opitz und Nührenbörger 2015, S. 495)

Moser-Opitz (2009, S. 295 f.) formuliert Objektivität, Validität und Reliabilität als Gütekriterien für qualitative Diagnoseverfahren, zu denen auch die vorliegende Arbeit zählt: Unter Objektivität fasst sie die Forderung zusammen, dass die generierten Ergebnisse von anderen Personen nachvollzogen werden können. Dies lässt sich zum Beispiel im Rahmen der Nutzung von gleichen Fragen in sämtlichen Interviews umsetzten. Hierfür ist das halbstandardisierte Interview (s. Unterkapitel 4.1.5) eine gute Umsetzungsmöglichkeit, da es sowohl Platz für individuelle Bedingungen lässt als auch einen übergeordneten Rahmen bildet. Auch Wittmann (1998, S. 339) sieht halbstandardisierte Interviews als geeignetes Instrument für die empirischen Erprobungen von Lernumgebungen an.

Validität wird durch den Austausch mit Kollegen über die gegebenen Aufgaben erreicht. Durch die Erprobungen an unterschiedlichen Jahrgangsstufen und Schulzweigen kann zudem Reliabilität erreicht werden (Moser-Opitz 2009, S. 295).

Für die Nutzung von Darstellungsmitteln formuliert Moser-Opitz (a. a. O., S. 296), dass primär bekannte Arbeitsmittel (wie zum Beispiel Zahlenstrahl und Hundertertafel) genutzt werden sollen, da sonst unter Umständen nur die Kenntnis des Arbeitsmittel getestet wird, nicht aber das inhaltliche Verständnis vom mathematischen Kern der Aufgaben.

Über die Eignung von Aufgaben zum Diagnostizieren formulieren Hußmann, Leuders und Prediger (2007, S. 7) folgende drei Punkte:

---

[3] Häsel-Weide und Prediger 2017, S. 167

1. Im Fokus sollten immer nur bestimmte Kompetenzaspekte stehen, dies macht das anschließende Interpretieren leichter. Werden beispielsweise Argumentationsfähigkeiten diagnostiziert, sollten die inhaltlichen Anforderungen nicht zu anspruchsvoll sein.

2. Die Bearbeitung der Aufgaben sollte auf verschiedenen Niveaus möglich sein, um nicht in die Situation zu kommen, dass die Interviewten die Aufgaben entweder lösen können oder nicht. Dies lässt sich mit einer hinreichend offenen Aufgabenstellung umsetzten.

3. Im Rahmen der Aufgabenstellung sollten die Interviewten zur Produktion angeregt werden, sodass der Lösungsweg dokumentiert ist.

Mit diesen Anforderungen lässt sich eine Brücke zum anfangs beschriebenen Themenkomplex Lernumgebung schlagen. Gerade das Arbeiten auf verschiedenen Niveaus und die Anregung zur Produktion sind Leitlinien, die auch den dieser Arbeit zugrundeliegenden Aufgaben unterstehen. Das Öffnen von Aufgaben ist zudem eine Anforderung, der sowohl Lernaufgaben als auch Diagnoseaufgaben unterstehen sollten.

Damit lässt sich insgesamt sagen, dass die Kriterien für gute Diagnoseaufgaben weitgehend mit den Gütekriterien für substanzielle Lernumgebungen übereinstimmen, weshalb sie an die später dargestellten Aufgaben dieser Arbeit als Maßstab angelegt werden

4.1.3 Überarbeitung der Aufgaben der Interviews

Da sich diese Studie dem Design Research zuordnet, wurden die Aufgaben während der Erprobung in Zyklen überarbeitet.. Im Folgenden werden die verschiedenen Stadien der Überarbeitung dargestellt. Dabei handelte es sich jeweils um Pilotstudien, die keiner vollständigen Analyse unterzogen wurden. Zur besseren Nachvollziehbarkeit soll kurz auf die Gründe der Veränderung eingegangen werden.

Pilotstudie 1
Zu Beginn wurde den Schüler die in Abbildung 4.2 dargestellte Aufgabenserie vorgelegt.

Diese Aufgabenserie wurde im Sinne des operativen Prinzips kreiert. Mit ihr soll untersucht werden, ob die Schüler in der Lage sind, die additiven Strukturen der Serie zu erkennen und zu begründen. Die Aufgaben bieten den Schülern durch die Päckchenstruktur die Möglichkeit, die Struktur des Distributivgesetzes in der

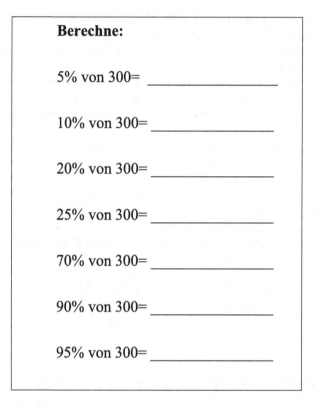

Abbildung 4.2 Operative Aufgabenserie 300

Prozentrechnung zu erkennen und zu nutzen, wie in den fachlichen Überlegungen zur Prozentrechnung gefordert.

Aufbauen auf der ersten Serie wurde bei einer zweiten operativen Aufgabenserie, s. Abbildung 4.3, der Grundwert operativ variiert. Damit sollte überprüft werden, ob erstens die Erkenntnisse aus der ersten Aufgabenserie genutzt wurden, und ob zweitens die Interviewten in der Lage sind, den Zusammenhang zwischen der ersten und zweiten Aufgabenserie zu nutzen.

Probleme wurden vor allem bei den fachlichen Argumentationen der Interviewten erkennbar. Die Interviewten konnten zwar weitestgehend formulieren, dass sich Prozentsätze unter der Bedingung des Bezugs zum gleichen Grundwert addieren lassen. Dies wurde aber nicht ausreichend begründet, weshalb

Berechne:

5% von 600= _____

10% von 600= _____

20% von 600= _____

25% von 600= _____

70% von 600= _____

90% von 600= _____

95% von 600= _____

Abbildung 4.3 Operative Aufgabenserie 600

keine Informationen über die Denkstrukturen der Schüler gewonnen werden konnten. Der Dreisatz bzw. die Proportionalität der Prozentrechnung hätten an dieser Stelle beispielsweise hilfreich sein können: Da der Zuwachs um 1 % an jeder Stelle einen Zuwachs um 3 bedeutet, können Prozente addiert werden. Um einen weiteren Zugang zu dieser Aufgabe zu ermöglichen und die Argumentation zu vereinfachen, entstand der Plan, das Hunderterfeld zu implementieren.

Der zweite Teil der Erhebung hatte zum Ziel, die Argumentationen und Denkmuster im Rahmen der zwei weiteren Grundaufgaben der Prozentrechnung zu beleuchten. Zwar existieren viele quantitative Untersuchungen zu den Lösungsquoten. Die Denkstrukturen von Schülern sind allerdings noch nicht ausreichend untersucht worden Abbildung 4.4 zeigt, wie dies umgesetzt wurde.:

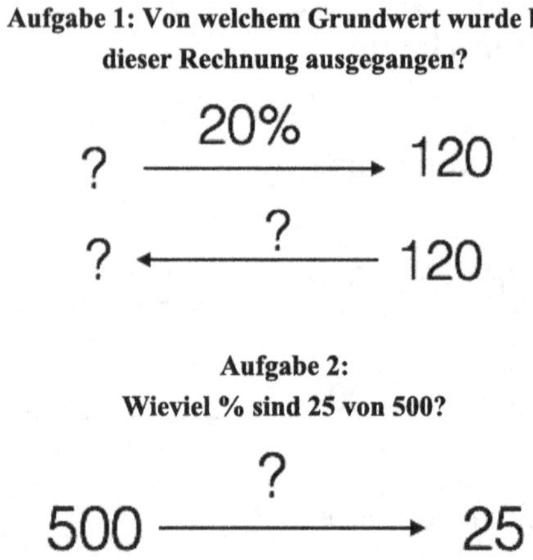

**Aufgabe 1: Von welchem Grundwert wurde bei
dieser Rechnung ausgegangen?**

$$? \xrightarrow{\ 20\%\ } 120$$

$$? \xleftarrow{\ ?\ } 120$$

**Aufgabe 2:
Wieviel % sind 25 von 500?**

$$500 \xrightarrow{\ ?\ } 25$$

Abbildung 4.4 Prozentwert und Prozentsatz gesucht

Die Darstellung der Aufgaben sollte die Operatormethode hervorheben, da diese in der Mathematikdidaktik als erfolgversprechendste Lösungsmethode angesehen wird (s. Unterkapitel 2.1.4). Dieses Ziel konnten mit der dargestellten Aufgabe nicht erreicht werden, da die Operatordarstellung den Interviewten nicht bekannt war. In dieser Phase driftete das Interview in eine Lernphase ab, was nicht den Zielen der Erhebungen entspricht. Infolge dieser Beobachtung habe ich die weiteren Grundaufgaben der Prozentrechnung nicht weiter erforscht, sondern mich entschieden, die Denkmuster durch andere Aufgaben zu erschließen, die sich auf die weiteren Grundaufgaben der Prozentrechnung übertragen lassen.

Pilotstudie 2
Im zweiten Aufgabenzyklus wurden den Schüler zusätzlich zu den bereits oben dargestellten Abbildungen 4.2 und 4.3 ein Hunderterfeld vorgelegt (Abbildung 4.5).

Die Interviewten erhielten den Auftrag, anhand des Hunderterfelds die Struktur der vorgegebenen Serien zu erläutern. Im Rahmen der Auswertung zeigte sich, dass die Interviewten Probleme mit der Deutung des Hunderterfelds hatten. Die Kreise des Hunderterfelds waren als Darstellung von Prozentsätzen intendiert, die Anzahl der Kreise sollte also der jeweiligen Prozentanzahl entsprechen. Der Inhalt eines Kreises sollte je nach Aufgabe angepasst werden und als Prozentwert gedeutet werden. Am Beispiel eines Grundwerts von 300 würde jeder Kreis also

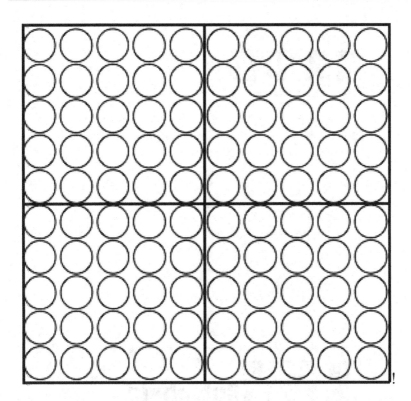

Abbildung 4.5 Hunderterfeld

den Wert 3 repräsentieren. Die Interviewten deuteten die Anzahl der Kreise aber bereits als Prozentwert, was nur eine Deutung im Sinne eines Grundwerts 100 ermöglichen würde. Um den Unterschied zwischen der Anzahl der Kreise und dem Inhalt eines Kreises besser zu verdeutlichen, wurde daher in der nächsten Pilotstudie das Hunderterfeld mit Geld „befüllt".

Im weiteren Verlauf des Interviews wurde eine Aufgabe vorgelegt, die durch einen hohen Alltagsbezug die Interviewten zu Argumentationen animieren sollte (Abbildung 4.6).

Zu diesem Zweck wurde den Befragten ein Kassenbon vorgelegt, der den Preis einer Playstation zeigte, und ein Gutschein mit zwei Auswahlmöglich-keiten: Entweder 5 % Rabatt oder 15€ Preisnachlass. Die Interviewten sollten begründen, für welche Gutscheinvariante sie sich entscheiden würden. Durch

Abbildung 4.6 Kassenzettel und Gutschein

dieses Setting wurde versucht, ein Zugzwang (Voigt 1984) zu erzeugen, um so Argumentationsprozesse zu initiieren.

In einem zweiten Schritt sollten die Interviewten ausloten, unter welchen Umständen sie sich für den jeweils anderen Gutschein entschieden hätten. Hier bestand die Hoffnung, dass die Schüler die gegebenen Angaben operativ variieren und umso entweder den Prozentsatz (die Prozentangabe des Gutscheins) oder den Grundwert (den Preis der Playstation) anpassen würden.

Das einfache Berechnen des Anteils von 5 % gelang den Schülern. Sie konnten aber nicht ausarbeiten, weshalb sie auf diese Weise vorgegangen waren. Der zweiten Teil der Aufgabe (die Anpassung des Gutscheins) kamen die Interviewten nur durch Ausprobieren nach. Da in diesem Vorgehen keine Systematik zu erkennen war, die auf zugrundeliegende Denkmuster hätten schließen lassen können, wurde die Aufgabe vollständig verworfen.

Pilotstudie 3

Zu Beginn dieser Interviewreihe erhielten die Interviewten beide Aufgaben: Zum einen die bereits dargestellte Aufgabenserie aus Abbildung 4.2, zum anderen das Aufgabenblatt der Abbildung 4.7 samt befülltem Hunderterfeld.

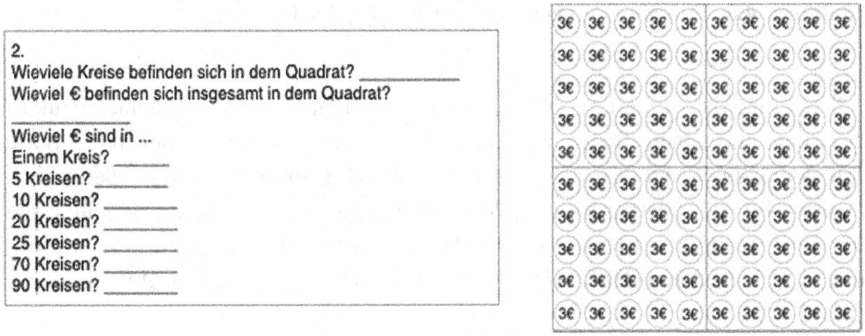
2.
Wieviele Kreise befinden sich in dem Quadrat? ________
Wieviel € befinden sich insgesamt in dem Quadrat?
____
Wieviel € sind in ...
Einem Kreis? _____
5 Kreisen? _____
10 Kreisen? _____
20 Kreisen? _____
25 Kreisen? _____
70 Kreisen? _____
90 Kreisen? _____

Abbildung 4.7 Aufgabenzettel samt befülltem Hunderterfeld

Da bei beiden Teilaufgaben dieselben Ergebnisse zu Stande kommen sollten, bestand die Hoffnung, eine produktive Irritation bei den Interviewten auszulösen. Eine produktive Irritation ist, in Anlehnung an Piagets (1985) Konflikt, ein innerer Dissens, den es durch Argumentationen aufzulösen gilt. Produktive Irritation versucht man in Lernsituationen zu erzeugen, da sie eine Neuordnung des Wissens nach sich ziehen soll (Nührenbörger und Schwarzkopf 2013, S. 718 f.). Da es in diesem Interview aber nicht um das Lernen geht, sondern um die Diagnostik, kann nur davon ausgegangen werden, dass das bestehende Wissen erschüttert werden kann. Im Anschluss sollte, die zuvor bereits beschriebene, Aufgabenserie mit dem Grundwert 600€ mit Hilfe eines befüllten Hunderterfelds (Abbildung 4.8) gelöst werden.

Berechne:
1% von 600€= ___________
5% von 600€= ___________
10% von 600€= ___________
20% von 600€= ___________
25% von 600€= ___________
70% von 600€= ___________
90% von 600€= ___________
95% von 600€= ___________

6€	6€	6€	6€	6€	6€	6€	6€	6€	6€
6€	6€	6€	6€	6€	6€	6€	6€	6€	6€
6€	6€	6€	6€	6€	6€	6€	6€	6€	6€
6€	6€	6€	6€	6€	6€	6€	6€	6€	6€
6€	6€	6€	6€	6€	6€	6€	6€	6€	6€
6€	6€	6€	6€	6€	6€	6€	6€	6€	6€
6€	6€	6€	6€	6€	6€	6€	6€	6€	6€
6€	6€	6€	6€	6€	6€	6€	6€	6€	6€
6€	6€	6€	6€	6€	6€	6€	6€	6€	6€
6€	6€	6€	6€	6€	6€	6€	6€	6€	6€

Abbildung 4.8 Operative Aufgabenserie 600€ samt Hunderterfeld

Die Frage ist weiterhin, ob die Interviewten die zu vor bekannte Struktur anwenden und einen Bezug zwischen der ersten und der vorliegenden Serie schließen können. Um zu überprüfen, ob das Hunderterfeld anschließend auch eigenständig für Aufgaben der Prozentrechnung genutzt wird, erhielten die Interviewten ein leeres Hunderterfeld. Dazu erhielten sie farbige Streifen (Abbildung 4.9) mit deren Hilfe sie die jeweils betrachtete Kreisanzahl markieren sollten.

Die Intention hinter den markierten Streifen war, zu überprüfen, ob die damit dargestellte 10er-, bzw. 5er-Struktur von den Interviewten erkannt und genutzt wird.

Die Grundwerte der Aufgabenserie (Abbildung 4.9) wurden bewusst so gewählt, um zu überprüfen, ob die Interviewten das Hunderterfeld auch nutzen, wenn der Grundwert kein multiplikatives Vielfaches von 100 ist.

Die Interviewten nutzten das ausgefüllte Hunderterfeld zur Argumentation der Struktur der Aufgabenserien. Im zweiten Interviewabschnitt kam es aber erneut zu dem Problem, dass die Interviewten die Kreise des leeren Hunderterfelds als Prozentsatz interpretierten. Sie füllten die Kreise also nicht imaginär mit 1,50€ (bzw. 2,20€ und 7,50€). Auf Basis dieser Analyse wurde das Hunderterfeld schlussendlich in einem gänzlich anderen Kontext, wie im nächsten Teilkapitel dargestellt, eingesetzt.

Berechne:

20% von 150€: _____

25% von 150€: _____

45% von 150€: _____

20% von 220€: _____

25% von 220€: _____

45% von 220€: _____

20% von 750€: _____

25% von 750€: _____

45% von 750€: _____

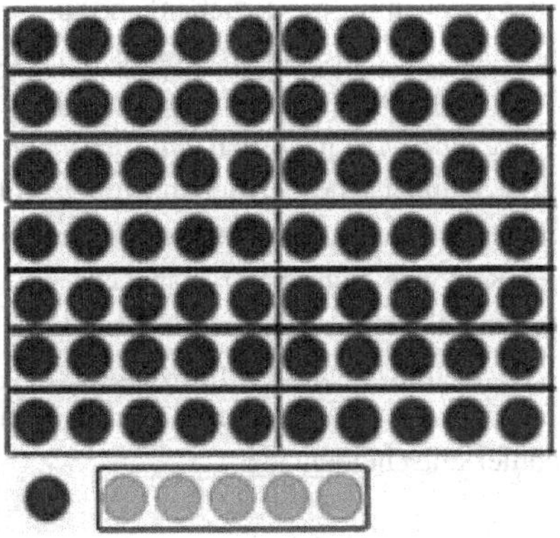

Abbildung 4.9 Aufgabenserie und farbige Streifen

Die Aufgaben der nächsten Pilotstudie sind dann jene Aufgaben, die in der vorliegenden Arbeit analysiert werden. Sie werden im folgenden Teilkapitel zusammenfassend dargestellt.

4.1.4 Die Interview-Aufgaben

In diesem Teilkapitel werden die meiner Analyse zugrundeliegenden Aufgaben dargestellt und begründet. Dies soll anhand eines Dreischritts erfolgen: Nach der Vorstellung der Aufgabe werden zunächst die methodischen Überlegungen und anschließend der zugrunde liegende Forschungsstand dargelegt und abschließend mögliche Probleme aufgezeigt.

4.1.4.1 Erste Aufgabe

Während der ersten Phase des Interviews besteht ein übergeordneter Aufgaben-kontext:

5 % aller Schülerinnen und Schüler einer Schule gehen zu Fuß zur Schule, was bedeutet das? Entscheide dich immer für alle richtigen Karten.

Schrittweise werden den Interviewten zu dieser Aussage Antwortmöglichkeiten in Form von Karten vorgelegt, zwischen denen sie sich entscheiden müssen und deren Auswahl sie begründen sollen. Bei diesen Antwortmöglichkeiten handelt es sich um eine Bruchangabe, um eine quasiordinale Angabe und um eine Zahlenangabe, die im Verhältnis angegeben wird. Im weiteren Verlauf dieser Arbeit werden sie Darstellungsformen von Anteilen genannt.

Organisatorisch werden den Interviewten drei Schilder ausgehändigt, jedes einzelne Schild ist beschriftet mit einer Antwortmöglichkeit: a), b) oder c). Zuerst sollen sich die Interviewten jeweils alleine für eine Antwort entscheiden und das entsprechende Schild vor sich verdeckt hinlegen, um Imitation und Absprache auszuschließen.

Im Rahmen der ersten Unteraufgabe sollen sich die Interviewten zwischen den Antwortmöglichkeiten a) $\frac{1}{5}$ aller Schüler, b) $\frac{1}{20}$ aller Schüler und c) $\frac{15}{100}$ aller Schüler entscheiden.

Methodische Überlegungen
Durch die Aufforderung, sich zwischen diesen Antwortmöglichkeiten zu entscheiden, sollen die Interviewten unter Zugzwang (Voigt 1984) gesetzt werden. Mit dem Zwang der Auswahl und der Aufforderung, die Auswahl zu begründen, sollen Argumentationsanlässe geschaffen werden. Aus diesen Argumentationen, so die Zielsetzung, kann das Verständnis der Interviewten vom Umwandeln als einer der vier Oberaufgaben der Prozentrechnung (Parker und Leinhardt 1995, S. 424) rekonstruiert werden. Mit dem Umwandeln ist das Übersetzen verschiedener Darstellungen von Anteilsangaben gemeint, hier von Brüchen in Prozentangaben. Padberg und Wartha (2017, S. 286) betrachten als notwendige Voraussetzung für das Umwandeln bereits bekannte (symbolische) Darstellungsformen von Anteilen in der Prozentrechnung wieder aufzugreifen und sie mit dem vorhandenen Wissen zu vernetzen.

Zugrundeliegender Forschungsstand
Der gesamte Aufgabenblock ist an die Forschung Sills (2010) angelegt, der im Rahmen einer quantitativen Forschung Schüler ankreuzen ließ, welche der in Abbildung 4.10 gezeigten Anteile 5 % entspricht.

Blickt man detailliert auf Sills Ergebnisse, fällt auf, dass es den Befragten am besten gelang die falschen Antworten zu identifizieren. Entsprachen die Angaben 5 %, war der höchste prozentuale Anteil an richtigen Antworten bei der Antwortmöglichkeit $\frac{1}{20}$ wiederzufinden (60 %). Das Aufgabensetting zeigt also zum einen, dass „bei der Interpretation von Prozentangaben viele Defizite" (Sill

2010, S. 12) vorherrschen. Zum anderen stellt sich im Anschluss die Frage, welche Vorstellungen Schüler nutzen um die Gleichheit zwischen zwei Angaben zu begründen.

	Antworten	FGy Technik	BG Technik	FGy Wirtschaft	BG Wirtschaft
(1)	5 von 10 Bürgern	95	99	96	93
(2)	jeder 5. Bürger	100	81	78	74
(3)	$\frac{1}{5}$ der Bürger	100	93	78	63
(4)	jeder 20. Bürger	55	44	57	39
(5)	$\frac{1}{20}$ der Bürger	55	60	30	37
(6)	das 0,05-Fache der Anzahl der Bürger	40	49	9	43
(7)	einer von 20 Bürgern	40	51	30	33
	Summe	**69**	**68**	**54**	**54**

Tabelle 1: Anteil der richtigen Antworten, Angaben in Prozent
(FGy ... Fachgymnasium, BG ... Bildungsgang)

Abbildung 4.10 Forschungsergebnisse von Sill (2010, S. 148)

Hafner (2011) benennt das Umwandeln als allgemeines Problem von Schülern im Rahmen der Prozentrechnung. In mehreren Untersuchungen (vor allem zu Lösungsquoten) waren Umwandlungsfehler einer der Faktoren für fehlerhafte Lösungen. Die dabei zugrundeliegenden Denkprozesse der Schüler wurden aber noch nicht tiefergehend analysiert. Im Rahmen dieser Arbeit soll diese Forschungslücke geschlossen werden.

Antizipierte Probleme
Es besteht Anlass zur Sorge, dass die Interviewten das algorithmische Erweitern nutzen um die Umformung von $\frac{1}{5}$ zu $\frac{5}{100}$ begründen. Auch Nachfragen, warum durch das Erweitern zwei äquivalente Angaben entstehen, können mit einem Verweis auf die zugrundeliegende Multiplikation abgetan werden. Durch diesen Verweis würden keine neuen Informationen generiert werden.

4.1.4.2 Zweite Aufgabe

Aufbauend auf den antizipierten Problemen der vorherigen Aufgabe werden die Interviewten in einem ersten Schritt aufgefordert, eine ikonische Darstellung ihrer gewählten Lösung der vorherigen Aufgabe zu erzeugen. Im zweiten Schritt sollen sie erläutern, warum und an welcher Stelle die Gleichheit mit 5 % in der Darstellung wiederzufinden ist.

Methodische Überlegungen
Dieser Aufgabe liegen zwei methodische Überlegungen zugrunde:

1. Zum einen soll durch die Aufforderung, eine eigene Darstellung zu erzeugen, dem zuvor beschriebenen Problem der vorherigen Aufgabenstellung entgegengewirkt werden. Sollte bei der vorherigen Aufgabe zum Beispiel nur das algorithmische Erweitern genutzt werden, entsteht in dieser Situation die Notwendigkeit, die eigenen Vorstellungen dieses Vorgangs zu offenbaren. Vor allem Fehlvorstellungen können in diesem Arbeitsschritt herausgearbeitet werden. Mit Verweis auf die möglichen fehlerhaften Grundvorstellungen (vgl. Teilkapitel 2.2.6) könnte sich hier beispielsweise zeigen, dass die Interviewten zur Darstellung von Prozenten immer 100 Objekte benötigen, ohne den Anteilsgedanken ausreichend zu bedenken. Insbesondere die Begründung der Gleichheit mit 5 % ist für die Ergründung der Denkstrukturen der Interviewten besonders interessant. Aus den Argumentationen, und ggf. den Überarbeitungen, könnten sich die zugrundeliegenden Denkprozesse der Interviewten rekonstruieren und kategorisieren lassen.
2. Der zweite Grundgedanke entspricht den Anforderungen an diagnostische Aufgaben. Wie bereits in den theoretischen Überlegungen dargelegt, fordert Moser-Opitz (2009, S. 296), dass im Rahmen von diagnostischen Interviews nur bekannte Darstellungsmittel genutzt werden sollen. Durch den Auftrag, ein eigenständiges Darstellungsmittel zu wählen, wird dieser Forderung Rechnung getragen.

Zugrundeliegender Forschungsstand:
Mehrere Studien (vor allem Pöhler 2018; Dole et al. 1997; Scherer 1996a) zeigen, dass sich ikonische Darstellungen positiv auf die Lösungsquote von Aufgaben der Prozentrechnung auswirken. In diesen Studien wurden Darstellungen aber nur vorgegeben. Hieraus ergibt sich die Anschlussfrage, welche Darstellungen Schüler nutzen, wenn sie ohne Vorgabe selbst aktiv werden müssen. Antizipiert werden vor allem Rechtecke und Kreise, die unterteilt wurden, da sie im Unterricht

zumeist als ikonische Darstellung genutzt werden (Wartha und Padberg 2017, S. 28).

Antizipierte Probleme:
Neben Problemen bei der Deutung des Auftrags, den Sachverhalt darzustellen, könnte vor allem die Darstellung zweier gleichwertiger aber unterschiedlicher Anteile den Interviewten Probleme bereiten. Beispielsweise könnte es sein, dass es den Schülern nicht gelingt die Darstellung von $\frac{1}{20}$ in die Darstellung von 5 % zu überführen.

4.1.4.3 Dritte Aufgabe
Anschließend werden den Interviewten, Bezug nehmend auf den vorherigen Kontext, die Auswahlmöglichkeiten a) jeder zwanzigste Schüler oder b) jeder fünfte Schüler vorgelegt. Anschließend sollen die Interviewten ihre Auswahl begründen.

Methodische Überlegungen
Durch die Wiederaufnahme der Zahlen 5 und 20 aus der letzten Aufgabe soll geprüft werden, ob die zuvor quasikardinale Angabe in einen quasiordinalen Kontext eingeordnet werden kann. Sollte an dieser Stelle nur das Beispiel 100 genutzt und an diesem abgezählt werden, dann erfolgt die Nachfrage, ob auch bei Anzahlen ungleich 100 jeder Zwanzigste 5 % entspricht. Da sich im gesamten Kontext keine Angabe eines Bezugswerts finden lässt, ist diese explizite Lösung des Beispiels an dieser Stelle interessant. Sill (2010, S. 6) formuliert, dass Prozentangaben nur bei Wahrscheinlichkeiten und Wirkungsgraden ohne einen Bezugswert auskommen und dass Prozente in der Schule vor allem als Rechenvorschrift interpretiert werden. Eine Angabe ohne Bezugswert lässt sich am ehesten der Wahrscheinlichkeit zuordnen.

Zugrundeliegende Forschungsergebnisse
Zu quasiordinalen Aufgabenstellungen bestehen keine für diese Aufgabe relevanten Forschungsergebnisse.

Antizipierte Probleme
Vor allem die bereits angedeutete Diskontinuität zwischen Realität und Mathematik (vgl. Unterkapitel 2.3) spielt bei quasiordinalen Angaben stets eine große Rolle. So besagt die Angabe *jeder Zwanzigste,* dass an einer Grundgesamtheit gemessen jedem Zwanzigsten die gleiche Eigenschaft zugesprochen wird – in diesem Fall: „geht zu Fuß zur Schule". Dabei kann es aber zum Problem werden, wenn das Verhältnis von Grundgesamtheit und quasiordinaler Angabe

keine natürliche Zahl ist, auch wenn der Aufgabenkontext keine Grundgesamtheit vorgibt.

Dazu kommt, dass diese quasiordinalen Angaben schnell zu einer fehlerhaften Vorstellung führen können. Diese Angaben finden in der Statistik Anwendung, um Sachverhalte besser zu verdeutlichen. Jedoch erzeugen sie ein Modell, das nicht immer zutreffend sein muss. So bedeutet die Angabe „jeder sechste Mensch ist Chinese" nicht, dass bei jeder betrachteten Gruppe der Sechste Chinese sein muss. Es könnte sich als Problem darstellen, wenn allzu intuitive Modelle bei den Interviewten bei dieser Fragestellung Anwendung fänden.

4.1.4.4 Vierte Aufgabe

Im Anschluss an die argumentative Fragestellung, welcher quasiordinale Angabe 5 % entspricht, erfolgt die Bearbeitung dieser Frage auf der ikonischen Ebene. Zuerst sollen die Interviewten erläutern, ob jeder Zwanzigste in ihrer zuvor selbsterstellten Darstellung ebenfalls zu erkennen ist. Anschließend soll die Angabe in einem Hunderterfeld (vgl. Abbildung 4.5) dargestellt werden.

Methodische Überlegungen
Vorweg gilt es, erneut auf die Erläuterung Moser-Opitz (2009, S. 296) einzugehen, dass im Rahmen diagnostischer Interviews nur Darstellungsmittel, wie zum Beispiel das Hunderterfeld zu nutzen sind. Dieses sollte den Schüler aus dem Unterricht bereits bekannt sein.

Die Überlegung, das Hunderterfeld im Rahmen dieser Aufgabe einzusetzen, entstand aus der Intention heraus, primär empirische Argumentationen (wie zum Beispiel „Bei 100 Personen entspricht jeder Zwanzigste 5 %, weil ich in Zwanziger-Schritten abzählen kann.") auf ihre Allgemeingültigkeit zu prüfen. Des Weiteren soll untersucht werden, ob im Rahmen dieser Fragestellung das Problem der Pilotstudie (vgl. Teilkapitel 4.1.3), dass ein Kreis im Hunderterfeld nur als Prozentwert und nicht als Prozentsatz interpretiert wird, erneut auftritt.

Zu Beginn wird davon ausgegangen, dass die 100 Kreise sowohl als Prozentsatz als auch als Prozentwert interpretiert werden. Dann ließe sich mithilfe des Abzählens die Anzahl 5 ermitteln, womit die Gleichheit mit 5 % gezeigt wäre. Um diese primär anzahlbezogene Deutung zu überprüfen, wird gefragt, ob jeder Zwanzigste auch bei 120 Personen 5 % entspricht.

Ohne Bezugswert stellen die 100 Kreise bzw. die jeweils markierten Kreise nur einen Prozentsatz dar. Wenn zudem ein Bezugswert genannt wird, muss das Hunderterfeld theoretisch mehrdeutig interpretiert werden. Am Beispiel von 120 Schülern könnte die Interpretation lauten, dass in jedem Kreis 1,2 Schüler dargestellt oder aber 20 zusätzliche Kreise benötigt werden. Würde die erste

Interpretation gewählt werden, müssten die Interviewten 5•1,2 zur Bestimmung des Prozentwertes von 5 % berechnen. Bei der zweiten Interpretation der Kreise könnte wieder im Rahmen der empirischen Lösung in Zwanziger-Schritten abgezählt werden. Die Anzahl der Kreise (in diesem Fall 6) muss dann durch die Anzahl aller Kreise geteilt werden (in diesem Fall 120), um zu zeigen, dass es sich noch um 5 % handelt. Die bewusste Auswahl des Grundwerts 120 wurde gewählt, da hier die Anzahl 6 gerade 5 % entspricht.

Eine weitere Variation besteht in der Veränderung des Grundwerts auf 300 Schüler. Es handelt sich um eine multiplikative Variation des Grundwerts 100 im Rahmen der natürlichen Zahlen. Diese kann je nach vorherigem Verlauf des Interviews vor oder nach der Thematisierung von 120 Schüler besprochen werden. Besonders im Falle von zuvor empirischen Argumenten (wie zum Beispiel das Abzählen von zwanziger Schritten) wird zuerst das Beispiel 300 Schüler thematisiert, um zu überprüfen, ob die Argumentationen (und die Nutzung des Hunderterfelds) in sich konsistent bleiben.

Durch diese empirische Einbettung des Hunderterfelds sollen die beschriebenen Probleme der Pilotstudien behoben werden. Im gegebenen Kontext können die Interviewten das Arbeitsmittel eigenständig deuten. Ebenfalls lassen die unterschiedlichen Kontexte (120 bzw. 300 Schüler) eine individuelle theoretische Mehrdeutigkeit zu. Im weiteren Verlauf des Interviews können die Befragten eigenständig entscheiden, ob sie wieder auf das Darstellungsmittel Hunderterfeld zurückgreifen wollen.

Zugrundeliegender Forschungsstand
Studien (vor allem Dole et al. 1997; Scherer 1996a) zeigten einen positiven Effekt von ikonischen Aufgabenstellungen im Rahmen der Prozentrechnung.

Antizipierte Probleme
Es besteht zum einen die Gefahr, dass die Interviewten das Hunderterfeld nicht im Sinne der Prozentrechnung deuten können, was eine Bearbeitung der Aufgabe nicht möglich machen würde.

Zum anderen wurde bereits in den methodischen Überlegungen angedeutet: Es könnte passieren, dass sich die Interviewten bei der Variation des Grundwerts nicht davon lösen können, dass zwar weiterhin 100 Kreise dargestellt werden, dies aber nicht mehr dem Grundwert entspricht. Dies könnte dann zu Aussagen führen wie „jeder Zwanzigste entspricht bei 120 Personen 6 %". Dies darf aber im Sinne einer Diagnostik nicht als Problem verstanden werden, sondern sollte viel mehr als Chance wahrgenommen werden.

4.1.4.5 Fünfte Aufgabe

Die letzte Auswahlmöglichkeit für die Interviewten besteht zwischen den Antworten

a) 10 von 200 Schülerinnen und Schülern, b) 5 von 400 Schülerinnen und Schülern oder c) 50 von 1000 Schülerinnen und Schülern.

Methodische Überlegungen

Erwartet wird hier, dass die Interviewten primär rechnerisch argumentieren. So wird untersucht, ob typische Lösungsstrategien der Prozentrechnung in dieser unkonventionellen Aufgabe[4] Anwendung finden oder gänzlich andere Argumentationen bzw. Rechenverfahren zu Rate gezogen werden.

Diese Aufgabe wurde bewusst so konstruiert, da sie, im Gegensatz zu den vorherigen Aufgaben, zwei korrekte Lösungen besitzt, um anschließend zu thematisieren, warum hier mehrere Lösungen korrekt sein können, während zuvor nur eine Lösung korrekt war. Interessant ist vor allem die Frage, ob die Interviewten auch von sich aus darauf hinweisen, dass es zwar nur einen Stammbruch gibt, der 5 % entspricht, aber unendlich viele weitere Brüche, die ebenfalls 5 % repräsentieren. Die Zahlenangaben sind darüber hinaus so gewählt, dass es sich um multiplikative Vielfache (im Bereich der natürlichen Zahlen) von 100 handelt. Diese Aufgabe wird vor allem genutzt, um zu überprüfen, ob die Interviewten in ihren Argumentationen stringent bleiben.

Zugrundeliegender Forschungsstand

In Hafners (2011, S. 139 ff.) Interviewsetting formten Befragte absolute Größen in relative Anteile um, ohne einen Umrechnungsschritt vorzunehmen (beispielsweise 2 von 5 bestimmte der Interviewte als 2 bzw. als 2 % (ebd.)). Diesen Fehler kategorisierte er als Zuordnungsfehler bei Größen. Sie traten vor allem bei den Lösungsstrategien Dreisatz und Bruchgleichung auf (a. a. O., S. 298).

Antizipierte Probleme:

Bei dieser Aufgabe könnte der Modus der beiden vorherigen Auswahlmöglichkeiten Probleme bereiten, da zuvor immer nur eine richtige Antwort korrekt war. Sollten die Interviewten jeweils nur eine Antwort auswählen, muss die Frage nach dem Ausschluss der anderen Aufgaben angeschlossen werden. Dabei ist es nicht das

---

[4]Das Aufgabensetting entspricht keiner der dargestellten Grundaufgaben der Prozentrechnung, da alle benötigten Werte angegeben sind. Man könnte es am ehesten als eine Art Probe beschreiben.

Ziel, korrekte Antworten zu forcieren, sondern die Argumentationen zur möglichen Korrektheit mehrere Lösungen zu initiieren.

4.1.4.6 Sechste Aufgabe

Auch bei dieser Aufgabe soll der vorherige Kontext auf ikonischer Ebene darge-stellt werden. Dafür wird den Interviewten ein Zahlenstrahl vorgelegt. An diesem soll dargestellt werden, warum sowohl 10 von 200 als auch 50 von 1000 5 % entsprechen.

Methodische Überlegungen
Padberg und Wartha (2017, S. 171 f.) fordern, zur Darstellung von Bruchangaben nicht nur flächige Repräsentationen zu nutzen. Sie verweisen auf Studien, die gezeigt hätten, dass der Zahlenstrahl vor allem für leistungsschwache Schüler eine geeignete Darstellungsform ist. Ebenfalls zeigt ein Blick in die Schulbücher (vgl. beispielsweise Mathewerkstatt 7, Mathelive 7), dass dieses Darstellungsmittel dort häufig aufgegriffen wird.

Wie die Interviewten den Zahlenstrahl nun beschriften, liegt in ihrer Hand. Es wurden bewusst nicht 10 Striche eingezeichnet, um eine einseitige Interpretation zu verhindern.

Grobe Lösungsansätze wären die Darstellung als doppelt skalierte Zahlen-gerade (oben werden beispielsweise 200 und unten 1000 Schüler eingetragen); als Prozentmaßband (es werden nur Prozentsätze eingetragen und die jeweiligen Werte gesondert aufs Blatt geschrieben); sowie das Einzeichnen der Werte 10, 50, 200 und 1000, begleitet von der Begründung, dass es sich paarweise um den 20-fachen Abstand handelt, womit gezeigt wäre, dass 5 % gegeben sind.

Da zu Beginn der Interviewreihe ein doppelt skalierte Zahlengerade hergestellt wurde, entschieden wir uns im Forscherteam diese Lösung anderen Interview-ten vorzulegen, um zu überprüfen, ob diese in der Lage sind, sie im Sinne der theoretischen Mehrdeutigkeit zu interpretieren.

Auch an dieser Stelle sei auf die Forderung von Moser-Opitz (2009) verwiesen, dass für diagnostische Zwecke nur ikonische Darstellungsmittel verwendet wer-den sollen, die bereits im Unterricht behandelt wurden. Der Zahlenstrahl (oder auch Zahlengrade) ist eines der Beispiele, das Moser-Opitz selbst anführt.

Zugrundeliegender Forschungsstand
Zur Darstellung von Prozenten anhand des Zahlenstrahls lassen sich keine direk-ten Forschungsergebnisse festmachen. Pöhler (2018) nutzt aber zum Beispiel den Prozentstreifen, der als Abwandlung des Zahlenstrahls verstanden werden kann,

im Rahmen ihrer Untersuchungen. Die Ergebnisse zeigen, dass dieses Darstellungsmittel den Lernerfolg der Befragten im Rahmen der Prozentrechnung positiv
beeinflusst.

Antizipierte Probleme
Bei dieser Aufgabe kann sich vor allem die Darstellung von zwei Ergebnissen
auf einer Zahlengerade als Problem erweisen. Zwar sollte es kein Problem darstellen, den Zahlenstrahl entsprechend zu markieren. Die Argumentation aber,
warum beide Angaben 5 % sind kann sich im Rahmen eines Zahlenstrahls als
Problem erweisen.

4.1.4.7 Siebte Aufgabe
Im zweiten Aufgabenblock wurde den Befragten die, bereits im Rahmen der
Interviewüberarbeitung dargestellte, operative Aufgabenserie 300 (vgl. Abbildung 4.11) vorgelegt. Dabei erfolgte der Auftrag, die einzelnen Aufgaben zu lösen
und die Beziehungen zwischen den einzelnen Ergebnissen zu verdeutlichen.

Berechne:

5% von 300€= _____

10% von 300€= _____

20% von 300€= _____

25% von 300€= _____

70% von 300€= _____

90% von 300€= _____

95% von 300€= _____

Abbildung 4.11 Operative Aufgabenserie 300€

Methodische Überlegungen
Die Konzeption der Aufgabe erfolgte gemäß der Fragestellung, ob die Interviewten in der Lage sind, operative Strukturen im Rahmen der Prozentrechnung zu
aktivieren. Es soll vor allem die Struktur der Aufgaben genutzt werden, indem
die Befragten die vorherigen Ergebnisse als Ausgangspunkt zur Berechnung der
weiteren Ergebnisse nutzen.

Daran anschließend sollen die Interviewten, symbolisch gesprochen, begründen, warum das Distributivgesetz in dieser Aufgabenserie gültig ist. Dabei geht es nicht um die Nutzung des Wortes Distributivgesetz, sondern um die Erläuterung des funktionalen Zusammenhangs $f_{(x)} + f_{(y)} = f_{(x+y)}$ in den eigenen Worten. Zusätzlich wird den Interviewten das Hunderterfeld zur Argumentation angeboten.

Zugrundeliegende Forschungsergebnisse
Der Forschungsstand (vor allem Parker und Leinhardt 1995), dass Schüler Prozente in nicht additiven Situationen dennoch addieren kann hier stellvertretend genannt werden. Mit dem Aufbau dieser Serie soll ein Argumentationsanlass geschaffen werden, um über die Situationen zu sprechen, in denen ein additives Vorgehen möglich ist.

Antizipierte Probleme
Zum einen könnte das bereits beschriebenen Problem (vgl. Teilkapitel 4.1.3) auftreten, dass die Befragten zwar artikulieren können, dass die einzelnen Prozentwerte addiert werden können, den Zusammenhang aber nicht begründen können. Zum anderen könnte für manche Befragten diese Aufgabe zu einfach sein, so dass sich keine Argumentationsanlässe ergeben.

4.1.4.8 Achte Aufgabe
Auch im Rahmen dieser Erhebung wurde den Interviewten anschließend die operative Serie mit dem Grundwert 600 vorgelegt (vgl. Abbildung 4.12).

Berechne:

5% von 600€= _____

10% von 600€= _____

20% von 600€= _____

25% von 600€= _____

70% von 600€= _____

90% von 600€= _____

95% von 600€= _____

Abbildung 4.12 Operative Aufgabenserie 600€

Methodische Überlegungen:
Ziel dieser Aufgabe ist die Überprüfung, ob die Interviewten die Erkenntnisse der vorherigen Aufgabe nutzen und auf diese Aufgabe übertragen bzw.
den Zusammenhang zwischen den beiden vorgegebenen Grundwerten ausnutzen und argumentieren können, warum jedes Einzelergebnis das Doppelte der
entsprechenden Ergebnisse der vorherigen Aufgabe ist.

Hinsichtlich des *Zugrundeliegenden Forschungsstand* und auch bezüglich der
zu *antizipierenden Probleme* sei auf das Teilkapitel 4.1.3 zu den überarbeiteten
Aufgaben verwiesen, da sie inhaltlich den gleichen Fragestellungen unterstehen.

4.1.4.9 Neunte Aufgabe

Die neunte und letzte Aufgabe bezieht sich auf Aufgabe 7. Im Rahmen dieser
Aufgabe sollen die Interviewten Bruchanteile vom Grundwert 300 berechnen (vgl.
Abbildung 4.13).

Berechne:

$\frac{1}{5}$ **von 300€:** _____

$\frac{1}{4}$ **von 300€:** _____

$\frac{9}{20}$ **von 300€:**_____

Abbildung 4.13 Übertragung auf die Bruchrechnung

Methodische Überlegungen
Hier werden den Interviewten die vorherigen Aufgaben (20 %, 25 % und 45 %
von 300€) noch einmal vorgelegt, nur dass die Prozentsätze jetzt als Bruch dargestellt werden. Die Konstruktion dieser Aufgabe unterliegt zwei Gedanken: Zum
einen kann über die Beziehungen zwischen den Brüchen und der Prozentrechnung
gesprochen werden. Damit geht die Frage einher, ob die Interviewten in der Lage
sind zu erkennen, dass es sich wieder um dieselben Werte handelt und ob sie dies
begründen. Daran schließt die Frage an, warum bei den Prozenten unter Umständen schneller zu erkennen war, warum die Addition der Prozentwerte von 20 %
und 25 % dem Prozentwert von 45 % entspricht. Zum anderen soll der Aspekt
der Variation der Darstellungsformen von Anteilen im Rahmen von Rechnungen
vertieft werden.

Das einfache Addieren und Subtrahieren von Prozenten ist einer der größten Vorteile des Prozentbegriffs (Appell 2004). Thematisiert wird zudem der von-Ansatz (Padberg und Wartha 2017, S. 20) als Möglichkeit, mit Brüchen zu multiplizieren.

Zugrundeliegende Forschungsergebnisse
Hier lässt sich auf Aufgabe 1 verweisen, da dort das Umwandeln von Brüchen und Prozenten thematisiert wurde. Die Forschungsergebnisse zu Berechnungen von Anteilen mithilfe von Brüchen wird in dieser Arbeit nicht thematisiert.

Antizipierte Probleme
Die Bruchrechnung als eine der Hürden im Mathematikunterricht kann dazu führen, dass sich die Interviewten nicht in der Lage sehen, die Aufgaben zu berechnen, obwohl sie diese eigentlich bereits gelöst haben sollten.

Sollten falsche Ergebnisse entstehen wäre der natürliche argumentative Anschluss zu der vorherigen Aufgabe so nicht mehr gegeben, da nicht die gleichen Ergebnisse zu sehen wären.

4.1.4.10 Zusammenfassung
Die an Lernumgebungen und Diagnoseaufgaben gestellten Anforderungen konnten mit den gewählten Aufgabenkonzeptionen in folgenden Punkten erfüllt werden[5]:

1. Der Voraussetzung, dass nur bekannte ikonische Darstellungen zur Diagnose genutzt werden sollen, wird entsprochen, da nur bekannte oder selbst zu erzeugende ikonische Darstellungen Teil der Aufgabenstellungen sind.
2. Da sich diese Arbeit vor allem dem inhaltlichen Schwerpunkt der Prozentrechnung widmet, werden hier die größten Kompetenzen abverlangt.
3. Zwar werden anschließend Argumentationen analysiert, die Auswertung dieser bildet aber nicht den Schwerpunkt dieser Arbeit. Damit wird der Kompetenzaspekt erfüllt.
4. Durch das Auswählen von Antwortmöglichkeiten und der anschließenden Begründung ist das Arbeiten auf verschiedenen Niveaus möglich.
5. Die ikonischen Darstellungen und Variationen der Aufgaben führen außerdem zur geforderten Produktion.

---

[5]Aspekte nach Prediger et al. 2007, S. 7 und Moser-Opitz 2009 s. Teilkapitel 4.1.2.

Den Anforderungen an Lernumgebungen wurde insofern Rechnung getragen, als dass es sich mit der Prozentrechnung als übergeordnetes Thema um einen zentralen Inhalt des Mathematikunterrichts handelt. Gleichzeitig wird durch die methodischen Variationen der Aufgabenstellungen eine Quelle für mathematische Aktivität geboten.

4.1.5 Halbstandardisierte Interviews

Die dargestellten Aufgaben wurden im Rahmen einer Interviewstudie mit Schülern erprobt. In diesem Teilkapitel sollen die Kriterien der Auswahl einer Interviewmethode diskutiert werden. Anschließend wird die Entscheidung für das klinische Interview begründet, abschließend werden Chancen und Gefahren dieses Vorgehens diskutiert.

Interviews können unterschiedlich ausgeprägt sein. Die einzelnen Entscheidungsdimensionen (Beck und Maier 1993, S. 149 ff.) werden nicht alle detailliert vorgestellt, sondern nur die jeweiligen dem Interview zugrundeliegenden (diese werden im folgenden fettgeschrieben). Da typische Lern- und Verstehensprozesse herausgearbeitet werden sollen, wurde eine **Einzelfallstudie** durchgeführt (a. a. O., S. 153). Interviewt wurden dabei Schüler der siebten und achten Klasse, da der Prozentbegriff im Unterricht bis zu dieser Klassenstufe bereits behandelt wurde. Insgesamt wurden 12 Interviews durchgeführt, in denen die Interviewten zu gleichen Teilen aus Oberschulen und Gymnasien stammen. Die Interviews wurden nicht mit einzelnen Schülern, sondern mit **Paaren** durchgeführt, um eine angenehmere Situation für die Befragten zu erzeugen, den Austausch unter den Jugendlichen natürlicher erscheinen und die Gedankengänge expliziter werden zu lassen.[6] Insgesamt wurde damit versucht, eine größere Nähe zum Unterricht zu erzielen und Möglichkeiten für gegenseitige Hilfe zu schaffen, als es in Einzelinterviews möglich gewesen wäre (Selter und Spiegel 1997, S. 106 f.).

Im Rahmen von halbstandardisierten Interviews wird dem Interviewer Platz zur Modifizierung des Interviewverlaufs gelassen, dies wird zusammengefasst unter der Bezeichnung Interaktivität. Um dieses individuelle Gestaltungspotenzial möglichst intensiv ausnutzen zu können, wurden die Interviews vom Verfasser dieser Arbeit selbst durchgeführt. Das Interview wird des Weiteren in mehreren unterschiedlichen Phasen ausgeführt und umfasst ca. 90 Minuten. Aufgezeichnet wird das Interview mithilfe einer Kamera (Maier und Beck 1993, S. 154 f.).

---

[6]Der Interviewer kann zum Beispiel die zu Interviewenden auffordern sich gegenseitig zu erklären, wie vorgegangen wurde.

Zusammengefasst verfolgt das Interview das Ziel „die Gedankengänge der Schüler" im Rahmen der Prozentrechnung zu offenbaren. Daher empfiehlt sich ein **qualitatives** Vorgehen[7]. Dieses zeichnet sich durch eine „nicht-standardisierte, interaktive, wenig strukturierte [Gestaltung]" (a. a. O., S. 166) aus.

Im Rahmen von mathematikdidaktischen Untersuchungen wird bisweilen ohne weitere Erklärung auf das klinische Interview als genutzte Methode verwiesen, bei genauerem Blick erweist sich dies aber als nicht zutreffend (a. a. O., S. 148). Da diese Arbeit das Ziel verfolgt, Denkprozesse von Interviewten zu analysieren, empfiehlt sich Piagets revidierte klinische Methode. Sie zeichnet sich durch einen Mittelweg zwischen der „Zielgerichtetheit standardisierter Tests und der Offenheit der Beobachtungsmethode" (Selter und Spiegel 1997, S. 101) aus. Sie zielt darauf, die Gedankengänge von Kindern freizulegen und beschränkt sich nicht nur auf eine Frage-Antwort-Situation, sondern bezieht auch den Umgang mit Material in diese Überlegungen ein (ebd.).

Die klinische Methode „trägt sowohl der Unvorhersagbarkeit der Denkwege durch einen nicht im Detail vorherbestimmten Verlauf als auch dem Kriterium der Vergleichbarkeit durch verbindlich festgelegte Leitfragen bzw. Kernaufgaben Rechnung" (ebd.).

Sowohl das Ziel des Freilegens der Gedanken der Interviewten als auch der Zwischenweg aus Vergleichbarkeit und Individualität der Interviews entspricht den Anforderungen, die an die Interviews dieser Arbeit gestellt werden. Ziel ist es dabei nicht, die Interviewten möglichst schnell zur richtigen Lösung von Aufgaben zu bewegen, sondern durch „bewusste Zurückhaltung" (ebd.) eine angenehme Interviewatmosphäre zu erschaffen. Durch ein zu schnelles Drängen auf eine Antwort besteht die Gefahr, dass es nur zum Wiedergeben von gelernten, kalkülorientierten Handlungen kommt.

Um die Gedankengänge von Interviewten bewusst zu machen, gilt es, den Interviewten zu Beginn auf diese Intention hinzuweisen. Hiermit soll eine weitere Auflockerung der Gesprächsatmosphäre erreicht werden. Die Atmosphäre ist ein wichtiger Faktor für einen positiven Verlauf des Interviews, dies ist vor allem bei Nachfragen zu bedenken (a. a. O., S. 102).

Dementsprechend sind der Umgang mit dem Schweigen und die Reaktion auf Fehler zwei weitere zu antizipierende Schlüsselfaktoren. So ist es wichtig, dem Interviewten das richtige Maß an Zeit zu lassen, um Lösungswege und Begründungen zu finden. Dies ist auch wichtig, wenn die Interviewten fehlerhafte Argumentationen entwickeln. Zum einen sollten diese nicht unkommentiert

---

[7]Ein Überblick über die gängigen Varianten von Interviews geben Bortz und Döring (2006, S. 315)

stehen bleiben, zum anderen hat das klinische Interview nicht die Aufgabe, dem Jugendlichen etwas beizubringen. Ein guter Mittelweg ist die neutral formulierte Frage nach dem Zustandekommen eines Ergebnisses, in der Hoffnung, auf diese Weise kognitive Konflikte auszulösen, die die Jugendlichen anschließend zu lösen versucht. (a. a. O., S. 103 f.)

Diese beiden Schlüsselfaktoren führen zu der Forderung, die eigene Mitteilsamkeit zu bezähmen, damit den Interviewten möglichst keine Antworten suggeriert werden. Ebenfalls dürfen die Redeanteile des Interviewers aber auch nicht zu gering sein, da sonst die Gefahr besteht, dass Details der zu erforschenden Denkwege im Dunkeln verborgen bleiben (a. a. O., S. 104). Trotz aller Vorüberlegungen und Planungen muss sich der Interviewer bewusst sein, dass es prinzipiell unmöglich ist, einen Gesprächspartner gar nicht zu beeinflussen – Interviewte werden mehr oder weniger bewusst versuchen, die von ihnen unterstellten Antworterwartungen zu befriedigen (a. a. O., S. 105 f.).

Selter und Spiegel (ebd.) formulieren zehn Leitprinzipien für klinische Interviews, die kurz zusammengefasst werden: Es soll 1. ein flexibler Leitfaden erstellt werden, der zur individuell anpassbaren Handhabung genutzt und nicht als starres Muster verstanden werden soll. Damit kann den dargestellten Anforderungen Wittmanns an die Erprobung von Lernumgebungen Rechnung getragen werden. 2. Eine angenehme Gesprächsatmosphäre stellt die Basis für ein positives Gelingen dar, dazu gehört zum Beispiel das Starten mit einer einfachen Frage. Der Schüler soll verstehen, dass es sich nicht um eine Prüfung handelt, sondern dass der Interviewer von ihm lernen will, damit soll eine 3. Transparenz geschaffen werden. Traditionelle Verhaltensweisen, wie zum Beispiel das suggestive Fragen bei falschen Antworten, sollten vermieden werden. Ziel des Interviewers soll es sein, Fragen so zu stellen, dass sie gleichzeitig einfach und verständlich sind, aber dennoch 4. herausfordernden Charakter haben. Die Forderung nach der 5. Annahme von Rationalität bedeutet, dass den Interviewten auch bei falschen Antworten Raum gegeben wird, da falsche oder unverständliche Antworten immer Ausdrucksformen der jeweiligen Denkprozesse sein können. Durch Gruppeninterviews können vor allem Fehler durch die 6. Erzeugung (sozio-)kognitiver Konflikte aufgelöst werden. Als Interviewer gilt es, die 7. Langsamkeit zu entdecken, indem man den Jugendlichen ausreichend Zeit lässt. Insgesamt sollten möglichst 8. keine Gesprächsroutinen wie beispielsweise Suggestionen aufkommen. Mit der 9. Relativität der Information werden vor allem interpretative Aspekte angesprochen, die im nächsten Abschnitt (4.2) genauer erläutert werden. Insgesamt gilt es, immer 10. das Design des Interviews zu reflektieren. (a. a. O., S. 106 ff.)

Diese zehn Leitprinzipien waren die Grundlage bei der Konzeption meines Interviewleitfadens, der sich im Anhang der vorliegenden Arbeit befindet.

4.2 Rekonstruktive Überlegungen

In diesem Unterkapitel werden die theoretischen Grundlagen der rekonstruktiven Methode dargelegt, die in der vorliegenden Arbeit angewendet wird. Nach einer kurzen Darstellung der interpretativen Unterrichtsforschung wird die Theorie des abduktiven Schließens erläutert. Abschließend werden die genutzten Methoden Transkription und die Argumentationsanalyse nach Toulmin dargelegt.

4.2.1 Interpretative Unterrichtsforschung

Mit dem Ziel einer theorieentwickelnden Rekonstruktion von Unterrichtsgeschehen als Forschungsgegenstand wirkte die interpretative Unterrichtsforschung den Reformbestrebungen der Implementierungsforschung entgegen (Krummheuer 2004, S. 112). Damit ging eine Veränderung der Deutungsperspektive von einem „Verändern[s]-wollen" zu einem „Verstehen[s]-wollen" (a. a. O., S. 113) einher. Zwar ist das übergeordnete Ziel der interpretativen Unterrichtsforschung auch weiterhin die Verbesserung des Mathematikunterrichts. Der Fokus liegt aber hier nicht mehr auf der Erstellung und dem Bewerten von fertigen Unterrichtskonzepten, sondern darauf, Merkmale und Situationen im Unterricht aufzudecken und zu erklären. Erst im zweiten Schritt sollen die Ergebnisse genutzt werden, um das Unterrichtsgeschehen praktisch zu verbessern (Krummheuer und Naujok 1999, S. 23 ff.).

Anstelle der bisherigen, primär quantitativen Forschung im Rahmen der Mathematikdidaktik war es nun das Ziel, die Interaktionsprozesse im Mathematikunterricht in den Fokus der Betrachtung zu rücken:

> „Mathematikunterricht wird nicht als ein quasi naturwissenschaftlicher Prozeß betrachtet, sondern als ein Ort der Sinnherstellung, als ein Ort subjektiver Konstruktionen und sozialer Konstitutionen mathematischer Bedeutungen." (Voigt 1995, S. 6).

In diesem Forschungsansatz wird die Frage gestellt, wie soziale Interaktionen im Rahmen des Mathematikunterrichts ablaufen (Krummheuer 2004, S. 113).

Daraus ergibt sich wiederum die Frage, wie Zeichen und Begriffe von den Beteiligten des Unterrichtsgeschehens jeweils mit Bedeutung gefüllt werden, ohne
dass diesen Zeichen zuvor schon ein Sinn oder eine Bedeutung zugesprochen
wird. Es bedarf also einer Reinterpretation der interpretierten Wirklichkeit der
Unterrichtsteilnehmer (Voigt 1995, S. 6 f.).

Die interpretative Unterrichtsforschung lässt sich in fünf Charakteristika darstellen, wobei die ersten beiden eher der allgemeinen Unterrichtsforschung
zugeschrieben werden können. Unterrichtsforschung steht unter einem erstens
„diffusen Erwartungsdruck" der öffentlichen Wahrnehmung, da sie einen großen
Teil der Bevölkerung zumindest indirekt betrifft (Krummheuer und Naujok 1999,
S. 13). Dieser Fakt betrifft auch zweitens die Adressaten der Ergebnisse sind vor
allem Lehrer, da die Forschungen letztlich eine Verbesserung von Unterricht zum
Ziel haben (a. a. O., S. 14). Krummheuer und Naujok weisen auf die Gefahr hin,
dass es zu einer zu starken Verkürzung der Darstellung der Ergebnisse kommen
kann, da das Bestreben besteht, einen möglichst großen Leserkreis zu erreichen (ebd.). Die nächsten zwei Charakteristika können wie folgt zusammenfasst
werden:

Im Fokus der interpretativen Unterrichtsforschung stehen alltägliche Unter-
richtsprozesse, die aus rekonstruktivistischer Perspektive betrachtet werden
(a. a. O., S. 15). Krummheuer und Naujok (1999, S. 62) fordern, das zu
interpretierende Datenmaterial aus einem möglichst unberührten alltäglichen
Unterrichtsgeschehen zu generieren.

Da der vorliegenden Arbeit aber sowohl ein rekonstruktives als auch einem
konstruktives Forschungsinteresse zugrundeliegt, wurden Schülerpaare in einem
halbstandardisierten Verfahren interviewt, dabei gefilmt und die benutzten
Arbeitsmaterialien eingesammelt. Dies entspricht den wissenschaftlichen Standards der interpretativen Unterrichtsforschung, da die reine rekonstruktivistische
Perspektive in der Forschungslandschaft nicht unwidersprochen (Jungwirth 2003;
Voigt 1995) ist.

Das fünfte Charakteristikum ist die theoretische Grundannahme, dass Lernen,
Lehren und Interagieren konstruktive Prozesse sind (Krummheuer und Naujok
1999, S. 15). Die konstruktivistischen Annahmen dieser Arbeit wurden bereits in
Unterkapitel 4.1 näher erläutert.

4.2.2 Abduktives Schließen

Das Ziel der interpretativen Unterrichtsforschung ist das Generieren von Hypothesen zur Erklärung von Phänomenen des Lehrens und Lernens. Dieses Gewinnen

von Hypothesen wird wissenschaftstheoretisch als eine Abduktion verstanden, die zurückgeht auf den Philosophen Pierce und als dritte[8] elementare Schlussform in der Wissenschaft etabliert ist. Pierce selbst bezeichnet sie als die „perfectly definite logical form" (Pierce 5.188 zitiert nach Meyer 2009, S. 306). Der Ausgangspunkt einer Abduktion liegt in der Beobachtung eines Phänomens. Anschließend wird mithilfe eines Gesetzes versucht, einen allgemeinen Fall zu entwickeln, der die Ursache des Phänomens beschreibt. Durch ein Gesetz soll ein Phänomen als ein Resultat verstanden werden. Der Fall soll die Ursache des Phänomens klären, dieses wird nicht mehr nur konstatiert, sondern als ein allgemeines Gesetz verstanden. Dieses Gesetz ist aber nur versuchsweise zu verstehen, es handelt sich also um einen hypothetischen Schluss (a. a. O., S. 306 f.).

„Bei einer Abduktion setzen wir also Ideen unseres Hintergrundwissens zusammen und generieren auf diese Weise eine neue erklärende Idee, die vermittelt durch Phänomene einen Anhalt an der Wirklichkeit findet."[9]

Als Beispiel soll der schon skizzierte Fall der deskriptiven (Fehl-)Vorstellung Prozente als Zahlen dienen: Zur Darstellung von beispielsweise 5 % müssen immer 5 Einheiten betrachtet werden. Aufgrund einer möglichen Überbetonung des Umstandes, dass Prozente die ordinale Ordnung von Anteilen ermöglichen, kommt es zum Aufbau der Fehlvorstellung: Diese Überbetonung führt zu der Verfestigung der Vorstellung, dass mit Prozenten, unabhängig vom Grundwert, immer 100 Einheiten verbunden sind, und dass somit der Prozentwert auch dem Prozentsatz entsprechen muss.

Der Begriff des Gesetzes ist in diesem Fall nicht mathematisch zu verstehen. „Die einzigen Bedingungen, denen Gesetze bei der Abduktion genügen müssen, sind, dass sich das konkrete Resultat logisch aus ihnen ableiten lässt"[10]

Der logische Aufbau der Abduktion macht klar, dass die Gewinnung einer Hypothese prinzipiell nur als plausibel und nicht sicher bezeichnet werden kann (Meyer 2009, S. 307).[11] Neben der Hypothesengewinnung kann die Methode der Abduktion auch genutzt werden, um beobachtete Phänomene bekannten Gesetzten

---

[8]Zur Abgrenzung von den anderen beiden elementaren Schlussformen Induktion und Deduktion sei hier auf Meiers (2009) Ausarbeitung verwiesen.

[9](a. a. O., S. 310)

[10]Meyer 2015, S. 16.

[11]Diese fehlende Sicherheit ist vor allem dann zu bedenken, wenn beispielsweise von analysierten Denkwegen gesprochen wird. Niemand kann mit Sicherheit analysieren, was ein Mensch gedacht hat. Ziel des abduktiven Schließens ist nur, logische Schlüsse über ein Verhalten zu ziehen.

zuzuordnen (ebd.). Als Beispiel sei in Bezug auf die formulierte Aufgabe der vorliegenden Arbeit das Erweitern als Verfeinern als idealtypischer Vorgang genannt.
Dabei geht die Abduktion über das Bekannte hinaus, indem zusätzliche Phänomene gebildet werden. So wird neues Wissen mit bereits Bekanntem verbunden
(Jungwirth 2003, S. 193). In diesem Punkt unterscheidet sich die Abduktion
von der Induktion, die vor einer Analyse bereits ein Gesetz formuliert, was den
Zusammenhang zwischen Resultat und Fall beschreibt. Dieser wird im Rahmen
der Induktion überprüft (Meyer 2009, S. 307).

Ein Beispiel für ein induktives Vorgehen wäre am Beispiel der Prozentrechnung die Formulierung von Fehlerkategorien, denen die Schülerlösungen im
Rahmen der Auswertung zugeordnet werden würden.

Zusammengefasst lässt sich sagen, dass im Rahmen der Abduktion von einem
Resultat auf einen Fall geschlossen wird, dieser Schluss kann assoziierender oder
generierender Natur sein. Mit assoziierender Abduktion ist die Zuordnung des
Falls zu einem bekannten Gesetz gemeint, während im Rahmen der generieren-
den Abduktion neue Hypothesen genutzt werden. Nun kommt es im Rahmen der
interpretativen Unterrichtsforschung zu einer sogenannten Abduktion über eine
Abduktion (Abduktion zweiten Grades), da die analysierten Schüleräußerungen
bereits ihre Aussagen im Rahmen einer Abduktion gebildet haben. (a. a. O.,
S. 312)

4.2.3 Transkription

Der erste rekonstruktive Arbeitsschritt ist das Festlegen auf zur Analyse geeignete
Episoden der Interviews, diese werden anschließend transkribiert. Dabei handelt
es sich bereits um einen ersten interpretativen Schritt, bei dem der interpretative Anteil aber so klein wie möglich gehalten werden sollte (Krummheuer &
Naujok 1999, S. 64 ff.). Die geführten Interviews wurden mit zwei Kameras aufgenommen. Eine Kamera filmte die Interviewten frontal, um mögliche Gesten
einzufangen und diese so objektiv wie möglich ins Transkript einzuarbeiten, wenn
beispielsweise an den ikonischen Darstellungen etwas erläutert wurde. Die zweite
Kamera filmte die Interviewten von der Seite. Streng genommen handelt es sich
bei der Auswahl der Kamerapositionen schon um einen rekonstruktiven Arbeitsschritt, da die Position der Kamera auf alle weiteren Rekonstruktionen Einfluss
nimmt.

Im zweiten Schritt wurde das Interview in Episoden eingeteilt, die wiederum
in Szenen unterteilt wurden. In einer noch feineren Gliederung wurden die Szenen in Phasen unterteilt. Diese Phasen sollen zur besseren Vergleichbarkeit in

allen Interviews die gleichen Aufgabenstellungen enthalten (beispielsweise geht es bei der Phase 1.2.2. immer um die ikonische Darstellung von $\frac{1}{20}$). Die Transkripte sollen wissenschaftlichen Standards genügen (Fuß und Karbach 2014, S. 20). Ein Beispiel für die Bedingungen an ein wissenschaftliches Transkripts ist die fehlende Glättung von Gestammel. Dies unterliegt dem Ziel, eine möglichst interpretationsfreie Deutung zu ermöglichen.

4.2.4 Die Argumentationsanalyse nach Toulmin

Um die genutzten Argumentationen der Interviewten zu rekonstruieren und darauf aufbauend abduktiv ein Kategoriensystem zu gewinnen, bedarf es einer geeigneten Analysemethode. Im Rahmen der Sichtung der Daten wurde hierzu die Argumentationsanalyse nach Toulmin (Toulmin 2003, S. 99) gewählt. Dies geschah im Hinblick auf die von dieser Methode gewährten Möglichkeit, ein Argument systematisch darzustellen. Diese Analysemethode wurde bereits in anderen mathematikdidaktischen Studien angewendet (beispielsweise Schwarzkopf 2000, 2001; Krummheuer & Fetzer 2005, S. 36 ff.; Meyer 2009).

Um zu prüfen, ob ein Argument als gültig angenommen werden kann, wird im Rahmen der Analyse dieses Argument in fünf Bestandteile aufgeteilt. Da vor allem die einzelnen Aussagen der Interviewten mit Blick auf ihre Funktion untersucht werden, wird auch von einer „funktionalen Argumentationsanalyse" gesprochen (Kopperschmidt 1989, S. 123).

Um eine Argumentation zu unterstellen, bedarf es nach Schwarzkopf (2000) dem Aufzeigen eines Begründungsbedarfs, den es zu befriedigen gilt.

Den Startpunkt einer Analyse nach Toulmin bildet die Behauptung, die es zu begründen gilt – auch als Konklusion bezeichnet. Diese muss nicht explizit genannt werden, vielmehr kann es sich auch um das Ziel der Beantwortung einer Frage handeln. Ein Beispiel aus der Prozentrechnung wäre das Auswählen eines Gutscheins, der 10€ Rabatt gewährt, in Abgrenzung zu einem Gutschein, der 5 % gewährt.

Diese Konklusion wird durch Fakten und Tatsachen zu begründen versucht, hierbei spricht man vom Datum. Dieses Datum ist, im Gegensatz zur Konklusion, unumstößlich. Bezogen auf das Beispiel wäre die Aussage „5 % von 100€ ist weniger als 10€" ein mögliches Datum.

Die Beziehung zwischen Datum und Konklusion kann in zwei unterschiedlichen Formen bestehen: Entweder wird aus dem Datum eine Konklusion geschlussfolgert, kurz gesagt: „Datum, deshalb Konklusion", oder die Konklusion erhält ihre Gültigkeit aufgrund des Datums, kurz gesagt: „Konklusion, weil

Datum" (Toulmin 2003, S. 99). Des Weiteren kann es vorkommen, dass noch weitere Informationen in den Diskurs eingebracht werden, um die Rechtmäßigkeit des Schritts vom Datum zur Konklusion zu untermauern (Toulmin 1975, S. 89; 2003, S. 90 f.).

Die Verknüpfung zwischen Datum und Konklusion geschieht auf Basis der Argumentationsregel[12]. Diese bleibt zumeist implizit und liefert keine neuen Hypothesen für die Untermauerung der Konklusion. In dieser Arbeit wird nur die Kurzform der Argumentationsregel benutzt, die besagt „Wenn Datum, dann Konklusion" (Toulmin 1975, S. 89).

Neben der Notwendigkeit, die Gültigkeit des Datums zu begründen, besteht die Notwendigkeit der Begründung auch für die Argumentationsregel. Toulmin (a. a. O., S. 93) nutzt für diese Erläuterung der Plausibilität den Begriff der Stützung. Diese steht meist nicht in einem formal logischen Zusammenhang mit der Argumentationsregel. Das Hauptaugenmerk der Stützung liegt darauf, zu begründen, dass die Argumentationsregel immer als zulässig angenommen werden kann. Sie besteht zumeist aus impliziten, kategorischen Aussagen, deren Gültigkeit nicht bezweifelt werden dürfe. Eine Besonderheit der Stützung ist ihre Bereichsabhängigkeit. Entscheidend ist der jeweilige Kontext, bzw. die Rahmung, in der sie Anwendung findet. Beispielsweise können im Bereich der Mathematik andere Stützungen akzeptiert werden, als in der Psychologie (Toulmin 2003, S. 96).

Im Rahmen dieser Arbeit werden Stützungen unter einem mikrosoziologischen Aspekt verstanden. Entscheidend ist nicht der explizite Rahmen des Interviews, sondern viel mehr die eingenommene Rahmung der Beteiligten.

Neben dieser Reinform eines Arguments kommt es in der Praxis vor, dass „modale Operatoren" wie zum Beispiel: „wahrscheinlich" oder „voraussichtlich" die Stärke eines Arguments eindämmen (a. a. O., S. 92). In besonderen Fällen kann die fünfte Komponente des Argumentationsschemas zum Tragen kommen: die Ausnahmebedingung. Sie beschreibt Fälle, in denen die Argumentationsregel nicht gültig ist (a. a. O., S. 92).

Abbildung 4.14 zeigt schematisch die Argumentationsanalyse nach Toulmin.

---

[12]In der Übersetzung Toulmin (durch Ulrich Berk übersetzt) wird der Begriff Schlussregel verwendet (1975, S. 89 ff.). In der englischen Fassung wird der Begriff warrant genutzt. In dieser Arbeit wird die Übersetzung Schwarzkopfs (2001, S. 258) genutzt, der in dem Begriff Schlussregel das Problem sieht, dass dieser Begriff bereits in der formalen Logik auf eine andere, standardisierte Weise verwendet wird.

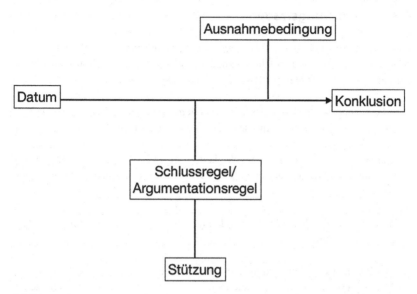

Abbildung 4.14 Argumentationsschema Toulmin (1975, S. 95) und Schwarzkopf (2001, S. 261)

4.2.5 Verzicht auf Aufgaben 7–9

Auf Grund der tiefgehenden Auswertung der ersten sechs dargestellten Aufgaben wurden die Aufgaben 7–9 nicht analysiert.

Dieser Entschluss basiert auf zwei Gründen. Zum einen stehen in der jetzigen Auswertung die Fragen nach der Nutzung der ikonischen Darstellungen durch die Interviewten im Vordergrund; diese hätten bei den drei weiteren Aufgaben gar keine Rolle mehr gespielt. So wäre an diesen Forschungszweig kein Anschluss mehr gefunden.

Der zweite Grund ist der Wechsel des betrachteten Objekts im Aufgabenblock 7–9. In den ersten sechs Aufgaben wurden Prozente ohne einen festen Bezugs-wert thematisiert, im zweiten Aufgabenblock stand der Bezug zum Grundwert im Vordergrund. Dieser Perspektivenwechsel hätte einen Bruch mit den zuvor ausge-werteten Denkmustern der Interviewten zu Folge gehabt, der aber den Ergebnissen der vorliegenden Arbeit keinen Mehrwert beschert.

4.3   Forschungsfragen

Die Paarung aus den ersten Ableitungen der Forschungsfragen (vgl. Unterkapitel 3.7) und den methodischen Überlegungen, zusammen mit den Konzeptionen der Aufgaben, führt zu folgenden Hauptforschungsfragen:

A1) Welche Vorstellungen werden aktiviert, wenn Jugendliche verschiedene Darstellungsformen von Anteilen miteinander vergleichen?

A2) Welche Chancen und Schwierigkeiten zeigen ikonische Darstellungen zur verständigen Auseinandersetzung mit verschiedenen Darstellungsformen von Anteilen?

A3) Welche Schlussfolgerungen können für das Vorgehen im Unterricht gezogen werden?

Da im Rahmen der Auswertung nur die Aufgaben 1–6 (vgl. Abschnitt 4.2.1.) analysiert wurden, stehen die Gleichheit zwischen 5 % und den verschiedenen Anteilsangaben im Vordergrund der Forschungsfrage A1). Die rekonstruierten Vorstellungen sollen kategorisiert werden. Aus diesem Vorgehen ergeben sich eine Reihe von untergeordneten Fragen:

A1a) Sind die Schüler in ihren Argumentationen über die verschiedenen Darstellungsformen hinweg stringent?

A1b) Inwiefern können die hier gewonnenen Kategorien als tragfähig oder problematisch im Sinne von normativen Grundvorstellungen der Prozentrechnung angesehen werden?

A1c) Eignen sich die Aufgaben, um Rückschlüsse auf die im Rahmen der Prozentrechnung aktivierbaren Vorstellungen zu ziehen?

Da im Rahmen des Interviews sowohl ikonische Darstellungen vorgegeben als auch eigene Darstellungen angefertigt werden, ergeben sich folgende Unterfragen für die zweite Forschungsfrage:

A2a) Welche Darstellungen nutzen Jugendliche von sich aus zur verständigen Klärung von Anteilsvergleichen?

A2b) Inwiefern können Jugendliche den Zahlenstrahl und das Hunderterfeld zur verständigen Klärung von Anteilsvergleichen nutzen?

Zu Forschungsfrage A3) stellen sich folgende nachgeordnete Fragen:

A3a) Inwiefern lassen sich unterschiedliche Kategorien von Vorstellungen im Unterricht diagnostizieren?

A3b) Lassen sich Anhaltspunkte dafür finden, wie man den problematischen Vorstellungen entgegen wirken kann?

Ergebnisse der empirischen Untersuchung

5

Um die Analyse der einzelnen Interviewverläufe strukturiert darzustellen, werden in diesem Kapitel die rekonstruierten Ausprägungen der Antworten dargestellt. Zu Beginn der Darstellung einer jeden hier dargestellten Fragestellung wird erläutert, unter welchen Aspekten die einzelnen Antwortkategorien ausdifferenziert wurden. Für jede einzelne Antwortkategorie wird anschließend die zugrunde liegende Literatur genannt (sofern vorhanden). Da nicht alle rekonstruierten Kategorien in der dargestellten Form in der Fachliteratur zu finden sind, erfolgt in den entsprechenden Fällen eine theoretische Ausführung über die Merkmale, der die jeweiligen Argumentationen unterliegen. Alle gewonnenen Kategorien werden am Beispiel der im Interview gestellten Aufgaben erläutert.

Abschließend wird für die verschiedenen Kategorien der ikonischen Darstellungen ein idealtypischer Interviewverlauf gezeichnet.

5.1 Darstellung der rekonstruierten Antworten

Im Folgenden werden strukturiert nach Aufgabenreihenfolge, alle rekonstruierten Antwortkategorien dargestellt.

Elektronisches Zusatzmaterial Die elektronische Version dieses Kapitels enthält Zusatzmaterial, das berechtigten Benutzern zur Verfügung steht
https://doi.org/10.1007/978-3-658-32447-6_5.

© Der/die Autor(en), exklusiv lizenziert durch Springer Fachmedien Wiesbaden GmbH, ein Teil von Springer Nature 2021
P. Gudladt, *Inhaltliche Zugänge zu Anteilsvergleichen im Kontext des Prozentbegriffs*, Perspektiven der Mathematikdidaktik,
https://doi.org/10.1007/978-3-658-32447-6_5

5.1.1 Bruchangabe

Zu Beginn des Interviews mussten die Schüler entscheiden, ob die Prozentangabe 5 % dem Bruch $\frac{1}{20}$, $\frac{1}{5}$ und/oder $\frac{15}{100}$ entspricht. Die aufbauenden Begründungen für die getroffene Wahl lassen sich in zwei Hauptstränge unterteilen, die sich jeweils noch weiter ausdifferenzieren lassen. In Abbildung 5.1 werden die verschiedenen möglichen Antwortkategorien mithilfe eines Baudiagramms dargestellt. Die tatsächlich getätigten Schülerlösungen finden sich dabei nur in der letzten Ausprägung eines jeweiligen Astes wieder.

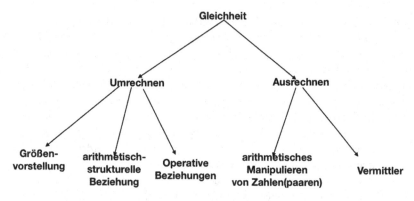

Abbildung 5.1 Ausprägungen der Bruchgleichheit

In Anlehnung an Nührenbörger und Schwarzkopf (2013) wurde im ersten Schritt unterschieden, ob die Schüler *ausrechnend* oder *umrechnend* argumentieren. Zurückgehend auf Winters (1982) Aufgabe-Ergebnis Deutung, unterliegen die Argumentationen des Typs Ausrechnen dem Verständnis des Gleichheitszeichens als Aufforderung, einen Term auszurechnen. Links vom Gleichheitszeichen ist eine operative Tätigkeit durchzuführen, rechts davon ist ein Ergebnis aufzuschreiben. Eine umrechnende Argumentation interpretiert das Gleichheitszeichen dem gegenüber im Sinne eines symmetrischen Relationszeichens.

Bezogen auf die zu zeigende Gleichheit zwischen der Prozent- und der Bruchangabe, stehen im Umrechnen also nicht die Ergebnisse im Vordergrund, sondern das Verständnis, dass die Angaben strukturell gleich sind. Diese strukturelle Gleichheit kann auf verschiedene Weisen aufgezeigt und begründet werden.

Argumentationen des ausrechnenden Charakters wurden im Rahmen der Auswertung in zwei unterschiedlichen Ausprägungen rekonstruiert: das **arithmetische**

Manipulieren von Zahlen(-paaren) und die Bestimmung mithilfe eines *Vermittlers*. Diese beiden Ausprägungen werden in den folgenden beiden Abschnitten diskutiert

5.1.1.1 Arithmetisches Manipulieren von Zahlen(-paaren)

Ein typisches Beispiel für das *arithmetische Manipulieren von Zahlen(-paaren)* ist das klassische, algorithmische Erweitern. Eine entsprechende Argumentation für die Gleichheit zwischen $\frac{1}{20}$ und 5 %, bedarf der Interpretation von 5 % als $\frac{5}{100}$. Beginnend bei dem Bruch $\frac{1}{20}$ werden sowohl der Nenner als auch der Zähler mit derselben Zahl multipliziert. In diesem Fall: $1 \bullet 5 = 5$ und $20 \bullet 5 = 100$. Die jeweiligen Produkte bilden die neuen Zähler und Nenner des erzeugten Bruchs. Die Einordnung ins Ausrechnen erfolgt auf Basis der Betonung des algorithmischen Operierens mithilfe der Multiplikation. Die Ergebnisse werden als neu geschaffene Werte gesehen, ohne dass die strukturelle Verbindung zwischen den jeweiligen Angaben begründet wird.

Neben dem klassischen Erweitern, kürzten einige Schüler, auch hierbei wurde ein Zahlenpaar arithmetisch manipuliert. Beginnend bei $\frac{5}{100}$ wurde durch 5 dividiert. Definiert wird diese Kategorie durch das Nutzen der gleichen multiplikativen Operation auf zwei Objekte einer Anteilsangabe mit dem Ziel, eine Anteilsangabe in eine andere zu überführen. Dabei wird nicht über die Beziehung zwischen diesen Angaben argumentiert, sondern über die Korrektheit der Ergebnisse der einzelnen Rechenschritte, die im Sinne einer Aufgaben-Ergebnis-Deutung generiert wurden.

Diese Argumentation überführt zwei Anteilsangaben mithilfe einer multiplikativen Operation ineinander, bzw. sie generiert eine neue Bruchangabe. Im Bezug auf die Prozentrechnung argumentieren die Schüler, dass entweder ein Hundertstelbruch erzeugt, oder ein Hundertstelbruch gekürzt werden muss.

5.1.1.2 Ausnutzen eines Vermittlers

Das Ausnutzen eines *Vermittlers* zur Begründung der Gleichheit beinhaltet ebenfalls die Gleichsetzung von $\frac{5}{100}$ und 5 %. Darauf aufbauend wird der Bruchstrich als Aufforderung zur Division verstanden. Eine entsprechende Interpretation bedarf der Vorstellung eines Bruches als Verhältnis (beispielsweise Wartha 2009, S. 59). Die Schüler erzeugen so das Ergebnis 0,05 für den Bruch $\frac{5}{100}$. Dieses Ergebnis können sie mit den jeweiligen Quotienten der vorgelegten Brüche $\frac{1}{20}, \frac{1}{5}$ und/oder $\frac{15}{100}$ abgleichen. Die Gleichheit mit dem Bruch $\frac{1}{20}$ wurde gezeigt, da auch dieser das Ergebnis 0,05 erzeugt. Mit Hilfe der operativen Tätigkeit des Dividierens wurde die Gleichheit auf empirischer Basis gezeigt.

5.1.1.3 Größenvorstellung

Für Argumentationen im Rahmen des Umrechnens konnten drei Unterkategorien rekonstruiert werden. Die *Größenvorstellung* überträgt den mathematischen Sachverhalt auf eine andere Repräsentationsebene. Als Beispiel sei ein Kuchen angeführt. Wenn dieser in 20 Stücke zerschnitten wird, dann besitzt ein Stück dieses Kuchens den gleichen Anteil am ganzen Kuchen wie fünf Stücke desselben Kuchens, wenn er in 100 Stücke geschnitten wurde.

Unterstellt werden kann den Kindern hier das klassische Bild vom Erweitern als Verfeinern (Wartha 2011). Das Verständnis der Gleichheit ist in dieser Argumentation durch eine der intendierten Grundvorstellungen zum Erweitern von Brüchen geprägt. Im Fokus der Argumentation steht nicht eine algorithmische Operation, sondern der sich nicht verändernde Anteil an einem betrachteten Objekt.

5.1.1.4 arithmetisch-strukturelle Beziehungen

Eine weitere Unterkategorie des Umrechnens findet sich in der *arithmetisch-strukturellen Beziehung* wieder. Das Nutzen dieser Argumentation zeichnet sich durch das vorhandene Wissen über die Bedeutung des Nenners eines Bruches aus. So wird der Nenner als Aufforderung zum Dividieren verstanden.

Für die Aufforderung zum Dividieren können zwei verschiedene Begründungen unterstellt werden. Zum einen kann das Wissen über die Multiplikation in der Bruchrechnung so verankert sein, dass die Multiplikation mit einem Stammbruch als Division mit dem Nenner verstanden wird. Zum anderen kann es sich dabei um eine inhaltliche Gleichsetzung von 100 % mit 1 bzw. mit einem Bruch $\frac{n}{n}$ handeln, im gegeben Beispiel wäre dies $\frac{20}{20}$. Die Division durch n, sprich in diesem Fall die Division durch 20, entspringt der Absicht, einen Stammbruch zu generieren. Die Division ist ebenfalls mit 100 % durchzuführen und hat die Bestimmung des prozentualen Anteils des Stammbruchs zum Ziel. Der Quotient, in diesem Fall 5, zeigt, dass die Gleichheit des Bruchs $\frac{1}{20}$ und 5 % als gegeben angenommen werden kann. Symbolisch kann dies dargestellt werden, wie in Abbildung 5.2 gezeigt

Es muss die Einschränkung gemacht werden, dass in der Aufgabe nur der Vergleich einer Prozentangabe mit einem Stammbruch gefragt war. Ob die betreffenden Schüler diese Vorstellung auf eine Bruchangabe mit dem Zähler ungleich 1 übertragen könnten, bleibt unklar.

5.1.1.5 Operative Strukturen

Das Ausnutzen von *operativen Strukturen* in der Prozentrechnung zeichnet sich durch den geschickten Einsatz verschiedener Stützpunkte und der entsprechenden

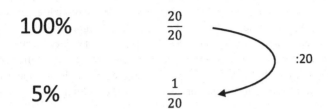

Abbildung 5.2 Tabellarische Darstellung der Gleichheit

Operation aus, beispielsweise über die Beziehung von Halbieren und 50 %. Diese basiert auf der Vervielfachungseigenschaft (Kirsch 1978, S. 399) der Proportionalität im Rahmen der Prozentrechnung. Wird der Prozentsatz halbiert, so muss auch die Ausgangsgröße halbiert werden. Im Beispiel von $\frac{1}{20}$ und 5 % wurde dem Wert 20 der Prozentsatz 100 % zugeordnet, und über das doppelte Halbieren und einmalige fünfteln wurde die Gleichheit von 5 % und $\frac{1}{20}$ gezeigt. Für diese Umformungsschritte muss die Beziehung zwischen 100 % und im besagten Fall 20 von 20 Objekten verinnerlicht worden sein. Die Argumentation ist somit geprägt von einer Anteilsvorstellung, da der prozentuale Anteil eines von zwanzig Objekten gesucht wurde.

Das zielgerichtete Einsetzen der Operationen und das damit verbundene Berechnen einzelner Prozentwerte für bestimmte Prozentsätze, lässt den Schluss zu, dass die betreffenden Schüler Stützpunkte für das Berechnen einzelner Prozentsätze (beispielsweise 50 %) aufgebaut haben.

Durch das Wissen über die Wirkungen der Operationen auf die Objekte und deren Eigenschaften, kann im Sinne Wittmanns (1985) ein operatives Verständnis unterstellt werden.

5.1.2 Ikonische Darstellung der Gleichheit

Die zuvor symbolisch erläuterte Gleichheit sollte anschließend durch eine von den Schülern selbst zu wählende ikonische Darstellung erläutert werden. Auf ikonischer und enaktiver Ebene gilt das Erweitern als Verfeinern stoffdidaktisch als idealtypischer Erweiterungsvorgang (Padberg und Wartha 2017, S. 191 f.). Darstellungen dieses Typs konnten bei den Schülern ausgemacht werden, darüber hinaus wurden drei weitere Antwortkategorien ausgemacht. Wie im Kapitel zur Konzeption der Aufgaben (vgl. 4.1.4) beschrieben wurde, hatte diese Aufgabe

zum Ziel die Vorstellungen des Prozentbegriffs weiter auszuschärfen, da die vorherige Aufgabe durch den einfachen Verweis auf ein algorithmisches Vorgehen
erfüllt werden konnte. Im Rahmen der Analyse der Interviews bestätigte sich
dies. Deshalb ist die ikonische Darstellung entscheidend für die Strukturierung
der Interviews. Durch die Aufforderung, ihre eigenen Vorstellungen darzustellen,
sind die Befragten im Zugzwang, ihre inhaltlichen Vorstellungen zu offenbaren.

5.1.2.1 Erweitern als Verfeinern

Schematisch bedeutet das Erweitern eines Bruchs das Vergrößern von Nenner
und Zähler um denselben Faktor. Das Verhältnis und damit auch der Anteil
bleiben dementsprechend gleich. Das *Erweitern als Verfeinern* stellt diesen Sachverhalt auf ikonischer Ebene dar, beispielsweise repräsentiert durch einen Kreis.
In diesem Zusammenhang steht der Anteilgedanke im Vordergrund: Auch, wenn
sich die Anzahl der Tortenstücke (der Zähler) erhöht, bleibt es doch derselbe
Anteil an einem Objekt. Das entsprechende Objekt wurde nur verfeinert, bzw.
kleiner unterteilt. Um einen gewünschten Anteil zu bestimmen, ist das Verhältnis der betrachteten Stücke zu der Gesamtzahl der Stücke entscheidend. Wie
fein die Unterteilung der jeweiligen Stücke dabei vorgenommen wurde, ist nicht
entscheidend.

Die Gleichheit zwischen $\frac{1}{20}$ und $\frac{5}{100}$ wird über die Gleichheit des Anteils
eines Stücks von 20 mit fünf von 100 Stücken begründet. Im Vordergrund der
Argumentation steht der Anteil der jeweiligen Stücke am Kreis, womit die Grundvorstellung von Prozenten als Anteil unterstellt werden kann. Eine mögliche
Zeichnung könnte wie Abbildung 5.3 aussehen.

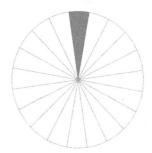 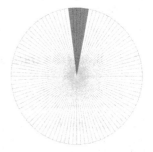

Abbildung 5.3 Mögliche Schülerlösung der Kategorie Erweitern als Verfeinern

Eine enaktive Bearbeitung im Sinne des Verfeinerns, wäre zum Beispiel das (wiederholte) Falten eines Rechtecks. So kann beispielsweise ein Papierblatt einmalig geknickt werden und eine Fläche schraffiert werden. Anschließend kann das Blatt noch einmal gefaltet werden. Streefland (1986) sieht zudem das Teilen einer Pizza als möglichen Zugang zur Bruchrechnung, der bereits in der Grundschule Anwendung finden kann.

Durch diesen Vorgang sollten die Schüler die Einsicht erlangen, dass sich zwar die Anzahl der markierten Flächen erhöht, nicht aber der Anteil am gesamten Blatt (a. a. O., S. 43).

5.1.2.2 Erweitern als Vervielfachen

Die Kategorie *Erweitern als Vervielfachen* beginnt mit einer ähnlichen Darstellung von $\frac{1}{20}$, wie das Erweitern als Verfeinern. Es werden 20 Objekte dargestellt, von denen ein Objekt markiert wird. Dies kann beispielsweise auf Basis eines Rechtecks geschehen, wie in Abbildung 5.4 gezeigt.

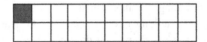

Abbildung 5.4 Darstellung 1/20 im Rechteck

Die Begründung für die Gleichheit mit 5 % unterscheidet sich vom Erweitern als Vervielfachen in der Darstellung von $\frac{5}{100}$. Zwar werden ebenfalls 100 Objekte dargestellt, nur erfolgt die Argumentation nicht mehr über die Gleichheit des Anteils der beiden Angaben, sondern rein über die Darstellung von 100 Objekten, dies zeigt Abbildung 5.5.

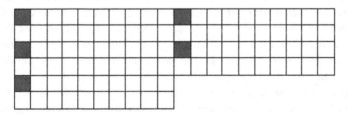

Abbildung 5.5 Darstellung 5 %

Begründet wurde dieser dynamische Vorgehensschritt ausschließlich über die Ausführung des algorithmischen Erweiterns. Eine inhaltliche Argumentation, warum diese Objekte immer noch als gleich anzusehen sind, zum Beispiel über die Quotientengleichheit der genutzten Brüche, erfolgte nicht. Diese Antwortkategorie lässt sich in dieser Form nicht in der Fachliteratur wiederfinden.

In den genutzten Argumentationen zeigte sich eine Betonung der Bedeutung von 100 Objekten, um die Prozentrechnung zu visualisieren. So besteht keine intuitive Gleichheit zwischen $\frac{1}{20}$ und 5 %. Erst, wenn tatsächlich 100 Objekte dargestellt werden, kann von Prozenten gesprochen werden. So lässt sich unterstellen, dass diese Vorstellung einhergeht mit der Grundvorstellung Prozente als Zahlen (Abschnitt 2.2.5). Wichtig ist es dabei, dass es keinen Bezug zum Ausgangswert, also zu den 20 Objekten gibt. Nach der Vervielfachung liegt der Fokus nur noch auf den 100 Objekten, in denen die ursprünglichen 20 Objekte enthalten sind. An den ursprünglichen Objekten kann nicht verdeutlicht werden, dass eins der 20 Objekte den selben Anteil hat, wie die 5 Objekte an 100.

5.1.2.3 Quasikardinaler Aspekt

Die folgende Kategorisierung der ikonischen Gleichheit unterliegt, im Gegensatz zu den vorherigen Darstellungen, einer statischen Ansicht. Es benötigt keine Veränderung der Ausgangsdarstellung, um die Gleichheit zwischen $\frac{1}{20}$ und 5 % aufzuzeigen. Zu Beginn dieses Abschnitts wird erst einmal der theoretische Rahmen des quasikardinalen Aspekts dargestellt, anschließend wird der Bezug zur ikonischen Fragestellung aufgeschlüsselt.

Der *quasikardinale Aspekt* von Brüchen findet sich in der Literatur als eine der Verwendungssituationen von rationalen Zahlen wieder. In dieser Interpretation wird ein Bruch $\frac{a}{b}$ als a Elemente der Sorte $\frac{1}{b}$ (Padberg und Wartha 2017, S. 21) verstanden, sprich a•$\frac{1}{b}$. Nach Griesel (1981) stehen bei dieser Interpretation von Brüchen nicht mehr Anteile im Vordergrund, sondern Bündel. Basis eines jeden Bruchs ist beim quasikardinalen Aspekt die Einheit $\frac{1}{b}$. Jeder Bruch der Art $\frac{a}{b}$ wird damit als eine kardinale Menge a der Einheit $\frac{1}{b}$ verstanden. Sobald die Bündelungsanzahl b erreicht ist, wird zu einer Einheit zweiter Ordnung gebündelt. Es bedarf an dieser Stelle einer kritischen Betrachtung des Bündelungsbegriffs, da er sich nicht vollständig mit dem Verständnis der Bündelung im dezimalen Stellenwertsystem deckt. Die nächst höhere Ordnung kann, im Gegensatz zum Bündeln im dezimalen Stellenwertsystem, nur einmal erreicht werden. Werden Brüche betrachtet, so kann immer nur zwischen zwei natürlichen Zahlen gebündelt werden und es besteht keine Notwendigkeit zu einer Bündelung nächsthöherer Ordnung. Betrachtet man den Bruch $\frac{17}{4}$, so erfolgt die erste Bündelung zu $1\frac{13}{4}$, die zweite zu $2\frac{9}{4}$, die dritte zu $3\frac{5}{4}$ und die vierte zu $4\frac{1}{4}$. Die Bündelungen sind nicht als unterschiedliche Ordnung zu interpretieren, da sie zwar wiederholt getätigt werden, aber nicht im Sinne einer fortgesetzten Bündelung.

Der Bezug zum Kardinalzahl-Aspekt findet sich in der Interpretation der Menge a wieder. Die natürlichen Zahlen werden kardinal als Mächtigkeit von Mengen definiert. Das letzte gezählte Element einer Menge gibt die Größe an. Dies lässt sich auf den quasikardinalen Aspekt der Bruchrechnung erweitern, da Elemente gezählt werden, die der selben Einheit $\frac{1}{b}$ unterstehen.In dieser Interpretation lässt sich der quasikardinale Aspekt deutlich von anderen Verständnisweisen abgrenzen, da nicht mehr Anteile im Vordergrund stehen, sondern eigenständige Objekte, mit denen weiter verfahren werden kann. Griesel schreibt dazu:

> „Beim quasikardinalen Aspekt kommt es also nicht mehr darauf an, dass die Teile der Repräsentanten der Größen gleich sind, entscheidend ist allein ihre Anzahl und daß gebündelt (zusammengefaßt) und entbündelt (zerlegt) werden kann."[1]

An dieser Stell muss das Konzept kritisch hinterfragt werden, denn die Teile müssen selbstverständlich gleich groß sein, da sie sonst nicht mehr derselben Einheit zugeordnet werden könnten. Gerade für den Sachbezug von Brüchen, wie beispielsweise Pizza, Schokolade usw., ist es wichtig, dass die Teile gleich groß sind. Jedoch steht dieser Aspekt des Bruches, im Gegensatz zu anderen Vorstellungen, nicht im Vordergrund, da es um die Anzahl der Objekte und nicht um den Anteil geht.

Addition und Subtraktion lassen sich bei der quasikardinalen Betrachtung von den natürlichen Zahlen adaptieren: Unterstehen zwei (oder mehr) Objekte der Einheit $\frac{1}{b}$ können die Zähler entsprechend der Vorgehensweise bei den natürlichen Zahlen addiert oder subtrahiert werden.

Im Bereich der Prozentrechnung sieht Griesel (a. a. O., S. 90) ebenfalls quasikardinale Elemente durch eine mögliche Interpretation von Prozenten als neue Einheit, die mit natürlichen Zahlen vervielfacht werden können. In diesem Zusammenhang wird die jeweilige Prozentzahl als ein neugeschaffenes Objekt angesehen. Bei der Prozentrechnung kommt es aber nicht zu einer Bündelung, da selbst dann, wenn der Wert 100 % erreicht wurde, keine höhere Ordnung existiert. Der einzig mögliche Zusammenhang zu einer Bündelung würde in der Interpretation von 100 % als 1 bestehen. Diese Verbindung kann gerade in der geringen Betonung des Anteilsgedankens im quasikardinalen Aspekt als sinnvoll eingestuft werden.

---

[1] a. a. O., S. 88

Problematisch ist in diesem Zusammenhang die fehlende Betonung des Grundwerts und die Nutzung der Multiplikation, denn das Adaptieren von Operationen im Sinne der natürlichen Zahlen auf Prozentzahlen ist an einen gemeinsamen Grundwert gekoppelt. Dies wird in der Analyse der Interviews noch einmal verdeutlicht werden.

In Bezug auf die Fragestellung des Interviews bedeutet dies, dass $\frac{1}{20}$ und 5 % der gleichen Bündelungsvorschrift unterliegen. Beide Objekte müssen zwanzigmal gebündelt werden, um zur nächst höheren Ordnung zu gelangen. Mit nächsthöherer Ordnung ist in diesem Fall 100 % bzw. 1 gemeint. Damit unterstehen beide Objekte der Bündelungsvorschrift 20. Um dies ikonisch darzustellen wird ein Kreis in zwanzig Stücke geteilt und in jedes Stück wird „5 %" eingetragen. Diese Darstellung ist somit, in Abgrenzung zu den zu vor thematisierten, statisch. Die Gleichheit zwischen $\frac{1}{20}$ und 5 % ist dabei nicht einsehbar, sondern wird primär über die Argumentation gezeigt.

5.1.2.4 Operatives Herleiten

Das *operative Herleiten* zeichnet sich durch ein gezieltes Ausnutzen von Operationen in der Prozentrechnung aus. So werden zur Ermittlung eines Prozentwertes Zwischenschritte genutzt. Dabei kann unterstellt werden, dass im Sinne Wittmanns (1985) Interviewte in der Lage sind, Operationen zielführend auf Objekte anzuwenden. Es benötigt eine Verinnerlichung, welche Wirkungen Operationen auf Eigenschaften und Beziehungen der Objekte haben.

Spezifiziert man diese Beschreibung für die Prozentrechnung, ist es sinnvoll mit den Operationen anzufangen. Operationen der Prozentrechnung beinhalten eine Vielzahl von Überschneidungen mit Operationen der rationalen Zahlen. Schüler sind zum Beispiel in der Lage, Stützpunkte (wie zum Beispiel 50 %, 10 %) eines Grundwerts durch passende Divisionsaufgaben zu berechnen. Um diese Operation auf die Objekte der Prozentrechnung zu übertragen, benötigt es eine enge Verzahnung von Wissen über die Bruch- und Prozentrechnung. Wer beispielsweise 50 % als $\frac{1}{2}$ identifiziert und eine Verbindung zum Halbieren zieht, kann dies auf einen beliebigen Grundwert übertragen. Weiterführend können zur Berechnung verschiedener Prozentwerte aufgebaute Stützpunkte genutzt und additiv zusammengefügt werden. Hierfür muss bei multiplikativer Verknüpfung das Distributivgesetz verstanden sein, um zum Beispiel zu wissen, dass die Stützpunkte von 50 % und 10 % zu 60 % addiert werden dürfen. Neben dem Distributivgesetz bedarf es der Verinnerlichung der Bedeutung der Proportionalität. Nur wenn Schüler verinnerlicht haben, dass eine Steigerung um 1 % des selben Grundwerts immer gleichwertig ist, kann die Addition zweckgebunden eingesetzt werden.

Die Objekte der Prozentrechnung dürfen dabei als vielschichtig verstanden werden. Um zu verstehen, wie sie konstruiert sind, müssen sich die Schüler der Verknüpfung des Prozentsatzes mit einem Grundwert bewusst sein. Es besteht also eine Wechselseitige multiplikative Verknüpfung zwischen einem Anteil und einem faktischen Wert. Wenn die Bruchrechnung bereits operativ hergeleitet wurde, können diese Erkenntnisse auf die Prozentrechnung übertragen werden.

Zusammengefasst bedarf es für das operative Herleiten im Rahmen der Prozentrechnung einer Verzahnung mehre Teilaspekte, um Operationen mit der gewünschten Wirkung zielführend einzusetzen. Die ikonische Darstellung dieses Vorgehens erfolgte über das schrittweise Anpassen, des jeweils zu betrachtenden Prozentwertes. Zu Beginn werden 20 Schüler dargestellt (Abbildung 5.6), dieser Schüleranzahl wird der Wert 100 % zugeordnet, da 20 von 20 Schülern betrachtet werden.

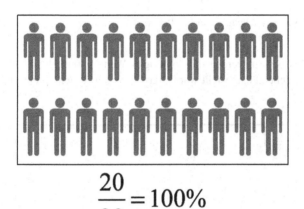

$$\frac{20}{20} = 100\%$$

Abbildung 5.6 Darstellung 20 von 20 Personen

Anschließend wird die Anzahl der betrachteten Schüler halbiert (Abbildung 5.7). Gleiches muss auch auf den entsprechenden Prozentsatz übertragen werden.

Diese Halbierung wird anschließend noch einmal vorgenommen, womit 5 von den ursprünglich 20 Schülern betrachtet werden. Dies entspricht dem Bruch $\frac{5}{20}$. Die Halbierung muss ebenfalls bei dem Prozentwert vorgenommen werden, womit der Anteil der 5 Schüler an den ursprünglich 20 Schülern 25 % ist.

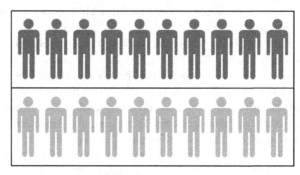

$$\frac{10}{20} = 50\%$$

Abbildung 5.7 Darstellung 10 von 20 Personen

Im letzten Schritt werden die vorherigen Werte gefünftelt (Abbildung 5.8). Womit abschließend dargestellt wurde, dass 5 % dem Bruch $\frac{1}{20}$ entsprechen.

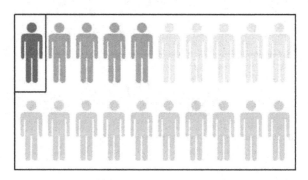

$$\frac{1}{20} = 5\%$$

Abbildung 5.8 Darstellung 1 von 20 Personen

5.1.3 Quasiordinale Angabe

In diesem Teilkapitel werden die Antwortkategorien dargestellt, die zur Beantwortung der Frage „entspricht 5 % jedem Zwanzigsten oder jedem Fünften?" genutzt wurden. Dabei ist vor allem die Fragestellung, ob die gewählte Angabe unabhängig vom Grundwert 5 % entspricht, für die Kategorisierung von Interesse gewesen, da viele Antworten nur durch ein Beispiel begründet wurden. Im Rahmen der dargestellten Kategorien basiert nur die Perlenkettenargumentation (s. 5.1.3.5) auf fachlicher Literatur.

5.1.3.1 Empirisches Bündeln

Die Gleichheit zwischen einer Prozentangabe und einer quasiordinalen Angabe kann über das *empirische Bündeln* geprüft und begründet werden. Zählt man in Sprüngen der Größe der entsprechenden quasiordinalen Angabe, (wenn möglich) bis 100 durch, so ist die Anzahl der gezählten Sprünge der entsprechende Prozentwert. Die 100 wird dabei als Verkörperung von Prozenten angesehen. Auf diese Weise kann beispielgeleitet der Prozentwert einer quasiordinalen Angabe bestimmt werden.

5.1.3.2 Rechenzahlaspekt

Um an mehreren Grundwerten die Gleichheit zwischen einer quasiordinalen Angabe und einer Bruchzahl aufzuzeigen, kann der *Rechenzahlaspekt* genutzt werden. So wird ausgehend von einem Stammbruch, der aus einer quasiordinalen Angabe generiert wird, fortlaufend erweitert bzw. der Stammbruch wird additiv hinzugefügt. Am Beispiel von jedem Zwanzigsten wird mit dem Bruch $\frac{1}{20}$ begonnen. Anschließend wird der Nenner in Zwanziger-Schritten erhöht und der Zähler entsprechend der Anzahl der Schritte angepasst. Beginnend bei $\frac{1}{20}$, wäre es nach dem ersten Schritt $\frac{2}{40}$, dies kann in beliebig vielen Schritten vorgenommen werden. In dieser Linie kann auch der Bruch $\frac{5}{100}$ begründet und erzeugt werden, mit dessen Hilfe die Gleichheit mit 5 % begründet ist.

Da die Brüche alle quotientengleich sind, kann beispielsweise argumentiert werden, dass jeder Zwanzigste immer 5 % entspricht. Dabei liegt die Betonung auf der Sicherstellung, dass die quasiordinale Angabe immer der gleichen Prozentangabe entspricht.

5.1.3.3 Nutzen der Bruchbeziehung

Während in den zuvor beschriebenen Kategorien ein fester Grundwert genutzt wird, erfolgt die Argumentation beim *Nutzen der Bruchbeziehung* ohne einen

festen Bezugswert. Die quasiordinalen Angabe wird in einen Stammbruch über-
führt. Da die Gleichheit zwischen diesem Stammbruch und der prozentualen
Angabe bereits in der vorherigen Aufgabe gezeigt wurde, muss ausschließlich die
Gleichheit zwischen der quasiordinalen Angabe und dem Stammbruch begründet
werden. Dieser Schritt kann beispielsweise auf sachlicher Ebene geschehen: Da
eine von zwanzig Personen 5 % entsprechen, muss auch jeder Zwanzigste 5 %
sein. So wird transitiv die Gleichheit zwischen jedem Zwanzigsten, einer von
zwanzig Personen, $\frac{1}{20}$ und 5 % begründet.

5.1.3.4 Blockbildung

Eine weitere strukturelle Argumentation findet sich in der *Blockbildung* wieder. Wieder wird die quasiordinale Angabe in eine konkrete Rechenoperation
übersetzt. Die quasiordinale Formulierung wird als Aufforderung zum Dividieren
verstanden, dabei entspricht die Zahlenangabe dem Divisor. Mit der Grundvorstellung des Aufteilens wird die Anzahl an Blöcken gesucht, die der quasiordinalen
Angabe bei einem bestimmten Grundwert entspricht. Durch die strukturelle Interpretation kann der Wert der quasiordinalen Angabe für jegliche Grundwerte
berechnet werden. Die Interpretation setzt ein Verständnis von Prozenten als
Anteil voraus, da die Anzahl an Blöcken einer bestimmten Größe bestimmt
wird. Durch die Bestimmung der Anzahl der Blöcke in Abhängigkeit zu einem
Grundwert untersteht diese Argumentation einer Vorstellung von Prozenten als
Anteile. Die multiplikative Verknüpfung zwischen der Größe der Blöcke und dem
Grundwert ermittelt einen Anteil, der sowohl dem prozentualen als auch dem
quasiordinalen Wert entspricht.

Am Beispiel von jedem Zwanzigsten bedeutet dies, dass ein beliebiger Grundwert in Blöcke der Größe 20 unterteilt wird. Die Anzahl der Blöcke entspricht
dem Wert von 5 % und jedem Zwanzigsten.

In diesem Zusammenhang kann herausgestellt werden, dass die Position des
ausgemachten Objekts mit einer entsprechenden Eigenschaft nicht im Vordergrund steht. Im Fokus steht nur das Wissen, dass im Rahmen eines Blockes ein
Objekt betroffen ist.

5.1.3.5 Perlenkettenargumentation

In Abgrenzung zur Blockbildung ist es bei der *Perlenkettenargumentation* von
Bedeutung, an welcher Position sich das Objekt befindet. Die Bezeichnung ist
angelehnt an Hefendehl-Hebeker (1996), die die ordinale Vorstellung eines Bruchs
mit einer Perlenkette visualisierte. Dabei wird beispielsweise $\frac{1}{20}$ durch die quasiordinale Angabe „jede Zwanzigste Perle einer Kette" verstanden. Im Vergleich
zur Blockvorstellung unterliegt diese Argumentation einer stärker empirischen

Begründung, da nur additiv in Zwanziger-Schritten argumentiert wird. Es kann nur abgezählt werden, um zu überprüfen, welchen Anteil an einem Grundwert die entsprechende quasiordinale Angabe hat.

5.1.4 Zahlenangaben

Die abschließende Frage des ersten Aufgabenblocks fordert die Schüler auf, auszuwählen, welcher der vorgegebenen Zahlenangaben 5 % entspricht. Im Anschluss sollen die Interviewten erläutern, warum bei dieser Aufgabe mehrere Antworten korrekt sein können.

Dabei wurden verschiedene mathematische Äquivalente zu 5 % als Bezugswert herangezogen, je nach Nutzung wurden die verschiedenen Argumentationen kategorisiert. Die gegebenen Zahlenangaben wurden vorwiegend als Brüche interpretiert. Dies wurde zwar nicht immer explizit erwähnt, aber spätestens, wenn mit der gleichen multiplikativen Erhöhung des Zahlenpaars argumentiert wurde, konnte auf eine Interpretation als Bruch geschlossen werden.

5.1.4.1 Erweitern/Kürzen

Wurde klassisch *erweitert*, nahmen die Interviewten den Bruch $\frac{5}{100}$ als Ausgangspunkt und erweiterten zu $\frac{10}{200}$ bzw. zu $\frac{50}{1000}$. Wenn gekürzt wurde, wurden die gegebenen Zahlen als Bruch dargestellt und aus diesen wurde die Beziehung, vor allem zu $\frac{1}{20}$ hergestellt. In der Fachliteratur lassen sich keine Belege dafür finden, dass Schüler vermehrt auf Stammbrüche kürzen. Der Ursprung kann in der zuvor bereits gezeigten Gleichheit von $\frac{1}{20}$ und 5 % liegen.

Im Rahmen dieser Argumentationen nutzten die Interviewten oft die Bezeichnungen multiplizieren bzw. dividieren anstelle von Kürzen beziehungsweise Erweitern. Nach Aufforderung, dies zu verschriftlichen, wurde mit einer Zahl multipliziert bzw. dividiert. Beispielsweise wurde das Kürzen mit 10 als $\frac{50}{1000}$: 10 $= \frac{5}{100}$ dargestellt. Das Argument des Erweiterns wurde dann ebenfalls genutzt, um zu begründen, dass bei dieser Aufgabe mehrere Angaben korrekt sein können. Hierbei erwähnten die Interviewten, dass Brüche im Prinzip auf unendlich viele verschiedene Weisen erweitert werden können.

5.1.4.2 Bündelungsaspekt

Äquivalent zum *Bündelungsaspekt* des quasikardinalen Aspekts nutzen Interviewte die Bündelungszahl 20, um zu begründen, dass die jeweiligen angegebenen Anteile 5 % entsprechen. Am Beispiel von 50 von 1000 wurde 1000 durch 20 geteilt oder 10 mit 20 multipliziert, um zu begründen, dass es sich jeweils um 5 % handelt. Bei dieser Argumentation steht die Beziehung zwischen den angegebenen Zahlen im Vordergrund, während beim Erweitern bzw. Kürzen die Beziehungen zwischen den beiden Nennern und Zählern im Vordergrund steht.

Im Rahmen der Auswertung der Aufgabe war besonders auffällig, dass die Interviewten den Bündelungsaspekt nicht nutzten, um zu begründen, dass mehrere Antworten korrekt sein können.

5.1.4.3 Individueller Zweisatz

Der *individuelle Zweisatz* weist eine inhaltliche Nähe zum Bündelungsaspekt auf, ist aber deutlich stärker an Anzahlen als an einem Anteil orientiert. Am Beispiel von 50 von 1000 Schülern wird erläutert, dass 5 % bei 20 Personen Eins sei, nun müsse dies mit 50 multipliziert werden. Bezogen auf die Frage, warum bei dieser Aufgabe mehrere Antworten korrekt sind, wurde teilweise wieder mit dem Erweitern eines Bruchs argumentiert.

5.1.4.4 Multiplizieren

In Abgrenzung zur Methodik des Zweisatzes und zum klassischen Erweitern wurde zum Teil ohne Bezug zu einem Bruch oder Anteil *multipliziert*. Mit der Begründung, dass 5 % der Angabe 5 von 100(%) entsprechen, seien 10 von 200 Schülern immer noch 5 %, da beide Zahlen mit demselben Faktor (2) multipliziert worden seien. In dieser Argumentation spielt der Anteil keine Rolle mehr, sondern nur die tatsächliche Anzahl und das Nutzen desselben Faktors. Auf die Frage, warum mehrere Antworten korrekt sind, wurde mit der möglichen Nutzung unendlich vieler Faktoren argumentiert.

5.1.4.5 Quotientengleichheit

Eine Argumentation, die in den Interviewverläufen nur einmal am Rande auftrat, war die *Quotientengleichheit*. Teilt man die zwei Angaben durcheinander, entsprechen diese Angaben 5 %, wenn der Quotient 0,05 ist. Die Quotientengleichheit ist ein Kriterium der Proportionalität (Kirschner 1969) und kann ebenfalls als Argument für die Korrektheit mehrerer Antworten herangezogen werden.

5.1.5 Nutzung des Zahlenstrahls

Im Anschluss an die Argumentation sollten die Interviewten einen unmarkierten Zahlenstrahl so beschriften, dass zu erkennen ist, dass sowohl 50 von 1000, als auch 10 von 200 Schülern 5 % entsprechen. Die folgend dargestellten Argumentationen zeigten sich in diesem Zusammenhang.

5.1.5.1 Doppelte Skalierung

Im Sinne des Erweiterns als Verfeinern wurde der Zahlenstrahl **oberhalb** und **unterhalb** unterschiedlich **skaliert**. Dies hat vor allem den Vorteil, dass sich die Markierungen von 10 und 50 an der selben Stelle auf dem Zahlenstrahl befinden. In diesem Moment muss der Begriff des Zahlenstrahls kritisch betrachtet werden, da die doppelte Beschriftung eher für eine Deutung als Skala sprechen. Ein Strich hat je nach betrachteter Skala eine unterschiedliche Bedeutung. Diese doppelte Skalierung sollte im Unterricht thematisiert werden, da sie Voraussetzung für die korrekte Interpretation der Bruchstreifentafel ist (Prediger et al. 2011). Die Bruchstreifentafel listet unterschiedlich skalierte Zahlensträhle untereinander auf und bietet die Möglichkeit, verschiedene Brüche miteinander zu vergleichen.

5.1.5.2 Einfache Beschriftung

Wurde der Zahlenstrahl mit einheitlicher Skalierung durchgängig markiert, ergab sich das Problem, dass sich die jeweilige Markierung von 10 und 50 an unterschiedlichen Position befand. Dies wurde über die Argumentation des Bündelungsaspekts aufgelöst: Der jeweilige Abschnitt zwischen 0 und 10, bzw. zwischen 0 und 50 passt zwanzigmal in die 200 bzw. in die 1000.

5.1.5.3 Dezimalzahlen

Eine Beschriftung, die nicht primär auf den gegebenen Zahlen basierte, nutzte *Dezimalzahlen*. So wurden fortlaufend Dezimalzahlen an den Zahlenstrahl geschrieben und unter dem Wert 0,05 die Zahlen 10 und 50.

5.1.5.4 Der fortlaufende Dreisatz

Eine weitere Darstellung des Zahlenstrahls basierte auf der Interpretation des Zahlenstrahls als *„fortlaufendem Dreisatz"*. Oberhalb sind die jeweiligen Anteile von 5 % markiert, unterhalb der entsprechende Grundwert. Oberhalb wurde von Markierung zu Markierung um 5 erhöht und unterhalb um 100. Die Interviewten erläuterten, dass sich dabei jeweils, entsprechend dem Dreisatz, auf 1 bezogen werden müsse und anschließend zu der jeweilige Zahl multipliziert wurde.

5.2   Darstellung eines hypothetischen Interviewverlaufs

Da die eigenständig erstellten ikonischen Darstellungen das größte Potential zur Kategorisierung der Antworten der Interviewten bargen, wird im Folgenden ein hypothetischer Interviewverlauf gezeichnet. Die jeweilige Nutzung der ikonischen Darstellung stellte dabei das Auswahlkriterium dar. Darauf aufbauend werden die jeweils dazu passenden Kategorien zur Beantwortung der anderen Aufgaben dargestellt und die Zusammengehörigkeit begründet.

5.2.1   Erweitern als Verfeinern

Das *Umrechnen/Größenvorstellung* zur Begründung der Gleichheit zwischen $\frac{1}{20}$ und 5 % basiert in weiten Teilen auf der Argumentation des Erweiterns als Verfeinern. Beide Kategorien unterstehen der Argumentation über die Gleichheit zweier Anteile an einem Gegenstand, welcher unterschiedlich groß unterteilt wurde.

Die passende Argumentation im Rahmen der quasikardinalen Aufgabenstellung ist die *Blockbildung*. Die Blockbildung unterliegt der Vorstellung, einen Grundwert in Blöcke der Größe der quasiordinalen Angabe aufzuteilen. Dieser Vorgang des Aufteilens ähnelt dem Vorgang des Verfeinerns. Der Vorgang des Verfeinerns unterliegt primär nicht der Vorstellung des Aufteilens, die Gemeinsamkeit besteht im Vorgang der Einteilung eines Objekts nach einer Vorschrift.

Im Rahmen der vorgegebenen Zahlenangaben kann keine idealtypische Begründung aufgezeigt werden, am ehesten ist das Erweitern/Kürzen zu nennen, da es inhaltlich dem Verfeinerungsgedanken entspricht. Die Darstellung des doppelt skalierten Zahlenstrahls ist wiederum eine weitere Visualisierung des Erweiterns als Vervielfachens, da dasselbe Objekte unterschiedlich eingeteilt werden muss.

5.2.2   Erweitern als Vervielfachen

Um die Anzahl der vorzunehmenden Vervielfachungen zu bestimmen, kann *das Ausrechnen/Manipulieren von Zahlen(paaren)* dienen. Das Manipulieren von Zahlenpaaren, wie im Beispiel mit 5, lässt sich auf den ikonischen Vervielfachungsvorgang übertragen. Die Multiplikation auf der symbolischen Ebene, um den Nenner 100 zu erhalten, wird auf der ikonischen Ebene wiederaufgenommen, um die Gleichheit darzustellen. In diesem Zug zeigt sich die nächste Gemeinsamkeit auf: die fehlende inhaltliche Begründung der Gleichheit, sowohl auf der symbolischen, als auch auf der ikonischen Ebene. Letztendlich basiert die Begründung auf beiden Ebenen auf einer algorithmischen Begründung: Wenn sowohl Zähler (Anzahl der markierten Objekte) als auch Nenner (Anzahl der gesamten Objekte) um denselben Faktor vervielfacht werden, dann sind beide Darstellungen gleichwertig. Des Weiteren benötigen beide Argumentationen 100 zur Repräsentation von Prozenten.

Eine passende Argumentation bei der quasiordinalen Fragestellung wäre das *empirische Nachrechnen*. Hierbei liegt die Gemeinsamkeit vor allem in der Darstellung von 100 als Prozente. Eine weitere Möglichkeit wäre die *Perlenkettenargumentation*, da auf empirischer Basis die Länge der Kette vervielfacht wird. Auch hierbei liegt die Gemeinsamkeit in der Vervielfachung.

Im Rahmen der Zahlenangabe lässt sich das *Multiplizieren* als passende Argumentation anführen, da ausgehend von 5 von 100 beide Anzahlen um denselben Faktor vervielfacht werden müssen, um die Gleichheit zwischen 5 % und der jeweiligen Zahlenangabe aufzuzeigen.

Am Zahlenstrahl ist auf jeden Fall von einer *einfachen* Beschriftung auszugehen, da zuvor bereits der Anteilgedanke nicht ausreichend betont wurde. Die Begründung, dass die jeweiligen Werte 5 % des Grundwerts entsprechen dürfte den Interviewten schwerfallen.

5.2.3 Quasikardinaler Aspekt

Um die Bündelungsvorschrift zu bestimmen, kann das **Umrechnen/arithmetischstrukturelle Beziehung** als geeignet eingestuft werden. Wenn der Nenner eines Stammbruches als Aufforderung zum Dividieren verstanden wird, kann dieser Vorgang inhaltlich mit der Bündelungsvorschrift gleichgesetzt werden. Auf das Beispiel von $\frac{1}{20}$ und 5 % bezogen, bedeutet dies, dass die Division von 100 % durch 20 zur Bestimmung der prozentualen Angabe inhaltlich gleichzusetzen ist mit der Bündelungsvorschrift 20.

Von den dargestellten quasiordinalen Argumentationen kann dem *Nutzen der Bruchbeziehung* die größte Gemeinsamkeit mit dem quasikardinalen Aspekt unterstellt werden. Auf inhaltlicher Basis kann einer von Zwanzig gleichgesetzt werden mit der Bündelungsvorschrift 20. Dies kann ebenfalls auf symbolischer Ebene so interpretiert werden.

Der *Bündelungsaspekt* kann ebenfalls genutzt werden, um zu begründen, dass die jeweiligen Zahlenangaben 5 % des Grundwerts entsprechen. An einem *einfach beschrifteten* Zahlenstrahl kann ebenfalls mit Hilfe der Bündelungsvorschrift begründet werden, dass die jeweiligen Markierungen 5 % des Grundwerts ausmachen.

5.2.4 Operatives Herleiten

Sowohl die ikonische Darstellung des *operativen Herleitens*, als auch die symbolische Ebene *Umrechnen/operative Beziehungen in der Prozentrechnung* unterliegen der selben Grundvorstellung. Durch passende Stützpunkte werden Prozentwert und Prozentsatz auf den gewünschten Wert gebracht. Im Rahmen der quasiordinalen Fragestellung ließ sich keine direkt passende Argumentation finden.

Die betreffenden Schüler nutzten das *Ausnutzen der Bruchbeziehung*, die *Perlenkettenargumentation* und den *Rechenzahlaspekt*. Vor allem im *Ausnutzen der Bruchbeziehung* lässt sich im Sinne des operativen Prinzips eine Ähnlichkeit wiederfinden. Das Wissen über die Auswirkung der Operation auf die Objekte zeichnet das Ausnutzen der Bruchbeziehung aus.

Sollten die Operationen der Prozentrechnung vollständig operativ verinnerlicht sein, könnte mithilfe der *Quotientengleichheit* die Gleichheit zwischen einer Zahlenangabe und 5 % begründet werden. Eine idealtypische operative Darstellung am Zahlenstrahl scheint es so nicht zu geben.

Interviewverläufe

6

Die dargelegten Kategorien wurden aus den ausgewerteten Interviews gewonnen. Die einzelnen Interviewverläufe werden im Folgenden dargestellt und in Unterkategorien eingeteilt. Die Einordnung der Interviewverläufe in diese Unterkategorien fand auf Basis der jeweiligen gewählten ikonischen Darstellung der Interviewten statt. Zu Beginn eines jeden Kapitels erfolgt eine theoretische Begründung der jeweiligen Kategorie, anschließend werden die Interviewverläufe dargestellt. Abschließend erfolgt ein Vergleich der jeweiligen Interviews. Ein Interview konnte nicht zweifelsfrei zugeordnet werden, weshalb es am Ende gesondert dargestellt wird.[1]

6.1 Erweitern als Verfeinern

Wie in Abschnitt 5.1.2.1 aufgezeigt wurde, wird das Erweitern als Verfeinern stoffdidaktisch als idealtypisches Bild des Erweiterungsvorgangs interpretiert. Im Folgenden werden alle Interviews dargestellt, die das Erweitern als Verfeinern nutzten, um die ikonische Gleichheit aufzuzeigen.

---

[1]Die Transkriptionsregeln befinden sich im Anhang und orientieren sich an Schwarzkopf (2000, S. 263 f.).

Elektronisches Zusatzmaterial Die elektronische Version dieses Kapitels enthält Zusatzmaterial, das berechtigten Benutzern zur Verfügung steht https://doi.org/10.1007/978-3-658-32447-6_6.

© Der/die Autor(en), exklusiv lizenziert durch Springer Fachmedien Wiesbaden GmbH, ein Teil von Springer Nature 2021
125
P. Gudladt, *Inhaltliche Zugänge zu Anteilsvergleichen im Kontext des Prozentbegriffs*, Perspektiven der Mathematikdidaktik,
https://doi.org/10.1007/978-3-658-32447-6_6

6.1.1 Marvin und Sebastian

Als erstes wird der Interviewverlauf von Marvin und Sebastian dargestellt.

6.1.1.1 Bruchangabe

Auf die Frage, ob 5 % $\frac{1}{20}$, $\frac{1}{5}$ oder $\frac{15}{100}$ sei, antworteten Marvin und Sebastian wie folgt:

```
Szene 1.2.: Kontext: „5% aller Schülerinnen und Schüler einer Schule
gehen zu Fuß zur Schule, was bedeutet das? Entscheide dich immer für alle
richtigen Karten!"
Antwortmöglichkeit a)  1/5
Antwortmöglichkeit b)  1/20
Antwortmöglichkeit c)  15/100
```

```
Phase 1.2.1.: Entscheidung und Begründung
2  I   dann deckt ruhig jetzt auf, ihr habt beide b Marvin warum hast du
       b genommen'
3  M   wenn man das (zeigt auf Karte b) jetzt auf äh hundert erweitern
       würde dann würde da fünf hundertstel stehen und dann ist das null
       komma fünf null Komma null fünf und dann ist es fünf Prozent
4  I   boah das war so viel auf einmal was meinst du mit erweitern'
5  M   also wenn man äh die Zahlen mal fünf nimmt zwanzig dann kommt man
       auf hundert so und dann muss man die eins auch mal fünf nehmen
       und dann hat man fünf hundertstel
```

Die Schüler entscheiden sich für die korrekte Antwort $\frac{1}{20}$, begründet wird die Gleichheit mit 5 % in zwei Schritten: In Zeile 5 begründet Marvin, wie er beim Erweitern von $\frac{1}{20}$ zu $\frac{5}{100}$ vorgegangen ist. Die explizite Erläuterung des Vorgehens erfolgt erst auf Nachfrage des Interviewers, dennoch steht sie inhaltlich zu Beginn seiner Argumentation, da er seine Ausführung mit der Erweiterung auf *hundert*[2] *(Zeile 3)* beginnt. Er erklärt den Erweiterungsprozess in algorithmischer Form: Man muss die *Zahlen* (Zeile 5) beide mit 5 multiplizieren und gelangt zu $\frac{5}{100}$. Wichtig scheint hierbei vor allem der Nenner zu sein, da er diesen zuerst nennt und den Bezug zwischen 20 und 100 herstellt. Durch diesen Vorgang hat man einen Bruch mit Nenner 100 erzeugt, der wertegleich mit dem Ausgangsbruch $\frac{1}{20}$ ist. Für ihn benötigte es keine explizite Nennung des Vorgehens beim Erweitern, ebenfalls sah er keine Notwendigkeit, die Rechtmäßigkeit dieses Schrittes zu erläutern.

Eigenständig begründet er die Gleichheit zwischen $\frac{5}{100}$ und 5 % mit dem Vermittler 0,05. Hierbei spielt der Bruch $\frac{1}{20}$ keine Rolle mehr, Ziel ist es nur noch, die Gleichheit zwischen $\frac{5}{100}$ und 5 % zu begründen. Eine Erklärung, wie er auf

---

[2]Wörtliche Zitate der Interviewten im Fließtext werden in diesem Kapitel kursiv dargestellt

die Dezimalzahl und von der Dezimalzahl auf die Prozentangabe gekommen ist, liefert er nicht. Es liegt die Vermutung nahe, dass das Wissen um diese Gleichheiten einem Faktenwissen entstammt, da er in der Kürze der Zeit keine Rechnungen vorgenommen zu haben scheint.

Somit entsteht eine transitive Gleichungskette, die wie folgt aussieht: $\frac{1}{20} = \frac{5}{100} = 0{,}05 = 5\ \%$. In Abgrenzung zu dem *Umrechnen/ Erweitern durch Größenvorstellung* erfolgt keine explizite Erwähnung, dass der Bruchstrich als Aufforderung zur Division verstanden wird. Im Anschluss an das Erweitern werden schrittweise verschiedene Repräsentanten für $\frac{5}{100}$ genannt. Das Wissen, dass das Gleichheitszeichen ein symmetrisches Relationszeichen ist, ermöglicht ihm, die Gleichheit zwischen $\frac{1}{20}$ und 5 % zu begründen. Der erste Bearbeitungsschritt ist damit im *Ausrechnen/Arithmetischen Manipulieren von Zahlen(paaren)* zu verordnen. Die darauf aufbauende Argumentation unterliegt einer reinen Transitivität, die keiner eigenen Kategorisierung bedarf.

Daraus ergibt sich die in Abbildung 6.1 zweiteilige Argumentation für die Gleichheit zwischen $\frac{1}{20}$ und 5 %.

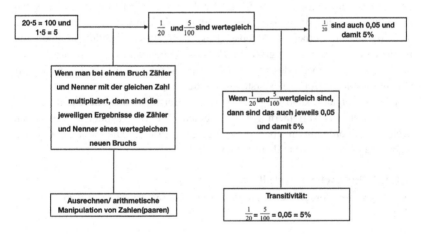

Abbildung 6.1 Toulminschema 1 Sebastian und Marvin

Daraufhin fordert der Interviewer Sebastian auf, zu erklären, warum so vorgegangen werden durfte.

```
6   I    warum darf man das so einfach machen Sebastian'
7   S    ähm man erweitert den Nenner und den Zähler glaub ich weiß
         immer nicht genau wie das heißt aber das darf man machen
         weil ein zwanzigstel ist jetzt sozusagen, wenn man ne Torte
         hat mit zwanzig Stücken sind das halt zwanzig äh gleich
         große Stücke und wenn man jedes Stück nochmal fünf mal
         teilen würde wären die Stücke ja alle gleichen werden ja
         auch kleiner die Stücke und wenn man dann fünf Stücke hat
         die so klein sind die sind dann halt fünf mal so klein dann
         braucht man auch fünf Stücke um wieder ein Zwanzigstel zu
         haben
```

Sebastian entscheidet sich dafür zu erläutern, warum der Schritt des Erweiterns legitim ist. Er beschreibt in Zeile 7 das Zerteilen einer Torte in zwei Schritten: Zuerst wird die Torte in 20 Teile zerteilt und anschließend wird jedes Stück noch einmal in fünf kleinere Stücke zerteilt. Er begründet, dass die Tortenstücke nach dem zweiten Zerschneiden kleiner sind als vorher und deshalb mehr Stücke benötigt werden, um denselben Anteil an der Torte zu haben, wie nach der ersten Zerteilung. Er setzt dabei die erste Zerteilung mit dem Bruch $\frac{1}{20}$ gleich. Argumentativ kommt hierbei der Anteilsgedanke zum Tragen, verbildlicht durch den Kuchen, der in verschieden große Stücke zerschnitten wurde. Damit löst sich der Schüler von der Ebene des reinen Ausrechnens eines Terms und argumentiert strukturell mit der Torte als Darstellungsmittel.

Dieser Vorgang kann als idealtypisches Beispiel einer Beschreibung für das Erweitern als Verfeinern gesehen werden (vgl. Unterkapitel 5.2), wodurch auch die Einordnung in eben diese Kategorie erfolgt. Die zu grundliegende Argumentation ist in Abbildung 6.2 dargestellt.

6.1.1.2 Ikonische Darstellung

Der Interviewer fordert Sebastian daraufhin auf, seine Erläuterung zu verbildlichen:

```
10   I    ja so ungefähr zwanzigstel
11   S    man hat jetzt hier ne Torte, ähm dann teilt man halt ganz oft ich
         mach das jetzt mal mit achtel bei dieser Torte und dann macht man
         das ganz oft und dann sieht man halt ein Achtel ist halt dieses
         Stück und das wenn man das jetzt nochmal teilen würde hätte man
         ja sechzehntel und dann sieht man auch gleich das zwei Stücke so
         groß sind wie ein Stück
```

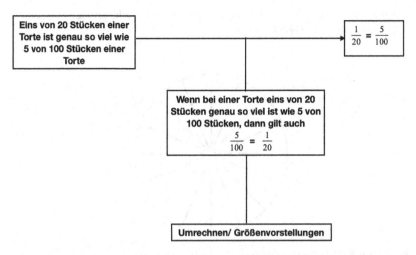

Abbildung 6.2 Toulminschema 2 Sebastian und Marvin

Der Schüler wählt dabei eigenständig ein anderes Zahlenbeispiel und zeichnet eine Torte (vgl. Abbildung 6.3), die er zuerst in 8 Teile zerschneidet. Er nutzt dabei den Begriff Achtel.

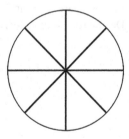

Abbildung 6.3 Ikonische Darstellung 1 Sebastian und Marvin (zur besseren Nachvollziehbarkeit digital nachgestellt)

Im zweiten Schritt wird jedes Stück noch einmal zerteilt, womit es insgesamt
16 Stücke sind (vgl. Abbildung 6.4).

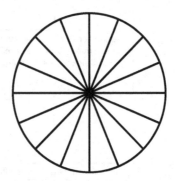

Abbildung 6.4 Ikonische Darstellung 2 Sebastian und Marvin

Sebastian weist daraufhin, dass es offensichtlich ist, dass nun zwei Stücke
genau so viel sind, wie ein Stück der einfach geschnittenen Torte. Die eigenständige Betonung des Anteils zeigt, wie wichtig dieser Aspekt beim Erweitern als
Verfeinern ist. Dass der Schüler sich bei der Verbildlichung vom Beispiel $\frac{1}{20}$ löst,
zeigt, wie strukturell seine Argumentation ist. Der Anteil wird durch den Grad der
Unterteilung eines Objekt nicht verändert. Der Interviewer kommt in der Folge
dieser Ausführungen auf die Dezimalzahl 0,05 zurück:

```
12   I  jetzt sagst du (zu Marvin) das ist null komma null fünf fünf
        hundertselt warum ist das so'
13   M  weil den Bruch den kann man in ne Dezimalzahl umwandeln
14   I  wie macht man das
15   M  äh dann ist eins ist jetzt hundert Prozent und dann die
        Zahlen dahinter wenn man jetzt null komma eins hat ist das
        zehn oder das halt also eins ist halt hundert und dann null
        komma neunundneunzig ist jetzt null komma neun ist halt neun
        und neunzig und so weiter
[...]
27   S  das untere wenn man das voll hat ist das eins also ist das
        halt so wenn du hundert hundertstel ist halt eins und das
        ist sozusagen der Wert für eins und dann hast du halt nur
        fünf von fünf mal hundertstel also nicht hundertmal ist ja
        eins wenn man nur fünf mal hast kann man es ja vielleicht
        sehen
28   I  ich hab ne Idee wir fangen mit der hundert an warum sind
        hundert hundertstel eins kann man das vielleicht sich besser
        erklären
29   S  vielleicht auch mit der Torte' wenn du hundert Stücke hast
        also hundert Stücke du wenn du nur fünfzig Stücke hast hast
        du ja nur fünfzig Stücke hast hast du ja keine volle Torte
        und du brauchst hundert Stücke für ne volle Torte und eine
        davon ist halt vielleicht eins
```

Obwohl Marvin in Zeile 13 erklärt, dass ein Bruch in eine Dezimalzahl über-führt werden kann, erklärt er auf die Bitte des Interviewers, dies auszuführen, wie man von Dezimalzahlen zu Prozentzahlen kommt. Hierbei nutzt er vor allem das Stellenwertsystem und den Nenner 100. Angefangen mit dem Beispiel 1 sind 100 %, zeigt er für einzelne Nachkommastellen (zehntel und hundertstel) auf, wie sie in Prozentzahlen zu überführen sind.

Im Verlauf des Interviews (vor allem Zeile 27 und 29) spezifizieren die Schü-ler ihre Antwort. In diesem Rahmen erfolgt eine Betonung des Anteilgedankens: Hat man im Zähler die gleiche Anzahl wie im Nenner, dann entspricht dies dem Grundwert bzw. 100 %. Die Zahl im Nenner erläutert, wie stark das Objekt ver-feinert ist und damit auch, welchen Anteil dies am Objekt ausmacht. Der Zähler gibt an, wie viele Teile davon genutzt werden („hast du halt nur fünf von fünf-mal hundertstel", Zeile 27).

Dem Interviewer reicht diese Antwort nicht aus, also fragt er weiter nach einer allgemeineren Antwort, um die entsprechende Dezimalzahl eines Bruches zu bestimmen. Auffällig ist dabei vor allem die Betonung des Bruchstriches durch den Interviewer.

```
30   I   also eine volle Torte ist eine Torte da bin ich deiner
         Meinung, andere Ideen noch' (5 sec) was meint denn der
         Bruchstrich', was bedeutet der'
31   M   durch also geteilt
32   I   und was fünf durch hundert ist'
33   S   zwanzig
34   I   fünf durch hundert ist zwanzig
35   S   ah nee andersrum
36   I   fünf durch hundert ist null komma null fünf und jetzt
         nochmal zum Ursprung du hast gesagt, ein zwanzigstel muss
         man mit fünf erweitern dann ist man bei fünf Hundertsteln
         und dann ist null komma null fünf was ist denn eins durch
         zwanzig'
37   S   puh
38   I   habt ihr ne Idee' ich gebs auch gleich gerne in den
         Taschenrechner könnt ihr mal nen Tipp abgeben'
39   M   eins durch zwanzig null komma null fünf
40   I   macht das Sinn'
41   S   ja
42   I   warum'
43   S   weil ein zwanzigstel sind ja dann null komma null fünf ist
         ja das gleiche wie fünf hundertstel
44   I   ist das ne (Rechnung?)'
45   M   ja
46   I   ja das ist die Idee von kürzen und erweitern ja'.. egal also
         eins durch zwanzig ist das gleiche wie fünf durch hundert
         deswegen sind sie einfach auch gleich viel wert.. ja super
         das wars schon mit der ersten Runde
```

Im Rahmen der Antwort fällt das Zögern von Sebastian in Zeile 37 auf. Obwohl er vorher schon aufgezeigt (und in Zeile 36 aufgezeigt bekommen) hat, dass $\frac{5}{100} = 0,05$ ist, kann er dies nicht eigenständig auf den Bruch $\frac{1}{20}$ übertragen. Marvin berechnet das korrekte Ergebnis der Aufgabe 1:20, worauf Sebastian auch bestätigt, dass 0,05 das richtige Ergebnis sein muss. Er bringt in diesem Zusammenhang eben besagten Bruch $\frac{5}{100}$ als Begründung an (Zeile 43). Es zeigt sich insgesamt, dass er die Dezimalzahlen nur direkt aus dem Hunderterbruch generieren kann.

6.1.1.3 Quasiordinale Angaben

Im Anschluss an diese Fragestellung werden die Interviewten aufgefordert zu entscheiden, ob die quasiordinale Angabe „jeder Fünfte" oder „jeder Zwanzigste" 5 % entspricht. Sebastian und Marvin antworten wie folgt:

```
Szene 1.3.: Erarbeitungsphase 1b: Sind 5% a) Jeder 20. oder b) Jeder
5.?
```

Phase 1.3.1.: Auswahl der Antwortkarten
(Schüler entscheiden sich für Antwortkarte a)

1	I	wer hat eben angefangen'
2	M	ich
3	S	a ist ja, weil wir halt auch schon festgestellt haben fünf Prozent sind ein zwanzigstel
4	I	ja
5	S	und ein zwanzigstel ist dann ja so zusagen jeder zwanzigste einer von zwanzig heißt das ja ein zwanzigstel sozusagen und deswegen jeder zwanzigste
6	I	(zu Marvin:) das gleiche oder'
7	M	ja
8	I	warum ist einer von zwanzig wie jeder zwanzigste'
9	S	also was war jetzt nochmal genau die Frage
10	I	ja warum ist, ein zwanzigstel wie jeder zwanzigste also warum kann sagen ein zwanzigstel und jeder zwanzigste ist eigentlich genau das gleiche'
11	S	hm weil das ist halt, ein zwanzigstel ist ja man weiß ja nicht wovon von jetzt hundert oder so das wären dann ja, fünf Schüler also, von hundert Schülern wenn da jeder zwanzigste ist ja fünf Schüler aber auch fünf hundertstel das ist ja wieder ein zwanzigstel so zu sagen das man das so macht also das ist halt einer von zwanzig und das ist dann ein zwanzigstel
12	M	ja oder der zwanzigste ist ja immer, der halt zwanzigsten von den wenn man jetzt ein zwanzigstel hat, also zwanzig ist ja das höchste davon ne' nicht der neunzehnte oder so und dann ist es halt einer von zwanzig.. der zwanzigste

Sebastian argumentiert in Zeile 11 über die Transitivität der Angaben 5 %, „jeder Zwanzigste" und $\frac{1}{20}$. Er baut in Zeile 49 auf der bereits in der vorherigen Aufgabe begründeten Gleichheiten von $\frac{1}{20}$ und 5 % auf. Für den Schüler ist es selbstverständlich, dass $\frac{1}{20}$ das Gleiche ist wie „jeder Zwanzigste" (Zeile 11). Das Nutzen dieses Gedankenganges führt zu der Einteilung in die Kategorie **Nutzen der Bruchbeziehung**. Er ist in der Lage, die gegebene quasiordinale Angabe in die Bruchdarstellung des Beginns zu überführen. Die Begründung dafür erfolgt in Zeile 11 am selbst gewählten Beispiel 100: Bei 100 Schülern sind 5 % 5 Schüler, wegen des Bruches $\frac{5}{100}$. Dies gilt ebenfalls bei der Angabe „jeder Zwanzigste". Insgesamt erfolgt die Nutzung der Transitivität zwischen jedem Zwanzigsten, $\frac{1}{20}$ und 5 %. Im Argumentationsschema (Abbildung 6.5) wird diese Begründung zusammengefasst.

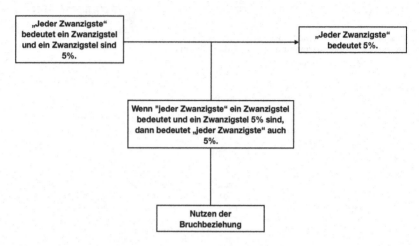

Abbildung 6.5 Toulminschema 3 Sebastian und Marvin

Der Interviewer überprüft daraufhin, ob die Erklärung zur ordinalen Angabe nur an ein konkretes Beispiel gebunden ist oder allgemein zutreffend ist.

```
17   I   ok, jetzt ähm, habt ihr die ganze Zeit von hundert Schülern
         und das wären dann fünf geredet
18   S   ja
19   I   frag ich euch mal kann man das überhaupt sagen, ohne das man
         weiß um wieviel Schüler es geht an der Schule das es jeder
         zwanzigste ist weil hier steht ja nicht wieviel Schüler an
         der Schule
20   S   ja ja also das hat keine bestimmte Zahl gekriegt deshalb
         kann man es auch nicht sagen
21   I   also könnte es auch das (zeigt auf jeder 5.) hier sein'
22   S   jeder fünfte Schüler.. äh nein weil wir ja die fünf
         Prozentangabe haben und fünf Prozent ist ja, haben wir schon
         gesagt ein zwanzigstel
23   I   mhm
24   S   und wenn man ein zwanzigstel hat ist das ja auch nur also
         einer von zwanzig
```

Durch den Verweis auf den Bruch $\frac{1}{20}$ wird deutlich, dass die Begründung so strukturell ist, dass sie an kein Beispiel gebunden ist. Verdeutlicht wird dieser Sachverhalt auch noch einmal im folgenden Transkriptausschnitt:

```
41   I   ja', aber also warum ich kann mir das überhaupt nicht
         vorstellen warum man das immer sagen kann egal wie viele
         Schüler da sind an einer Schule
42   S   wär ja auch bei zwanzig Schülern ist ja dann immer
         mindestens einer wenns hundert dann sinds ja mindestens dann
         sinds ja fünf äh das kann man das kann man ja einfach
         zwanzig durch die Zahl teilen und dann hat man die Anzahl
         der Schüler die das sind
43   M   also vielleicht weil fünf Prozent ist ja der Anteil davon
         aber die, Zahl davon wieviele es sind ist halt dann immer
         unterschiedlich
```

Sebastian führt zuerst in Zeile 42 noch ein weiteres Beispiel mit 20 Schülern an, von denen *mindestens* einer zu Fuß kommt. Davon ausgehend verallgemeinert er: Eine beliebige Gesamtzahl muss durch 20 geteilt werden, um die Anzahl der Schüler zu bestimmen, die dann zu Fuß kommen. Marvin präzisiert in Zeile 43 noch, dass dieser Anteil immer 5 % ist. Der genaue Prozentwert von 5 % hängt dabei von der Menge der Schüler ab, die insgesamt zur Schule kommen.

Auch in diesem Zusammenhang wird der Anteilsgedanke der Interviewten deutlich. Die Gesamtheit wird in Mengen der Größe 20 aufgeteilt, die Anzahl der Teilmengen entsprechen dem Prozentwert von 5 % der Gesamtmenge. Dabei ist der Anteil der Schüler, die zu Fuß gehen, in jeder einzelnen Teilmenge für sich betrachtet ebenfalls 5 %. Ebenfalls wird in diesem Transkriptausschnitt deutlich, dass die Vorstellungen zur Prozentrechnung einer multiplikativen Verknüpfung unterliegen, da sie eigenständig auf die Division verweisen.

In Zeile 43 verdeutlich Marvin noch einmal, wie flexibel diese Vorstellung ist: 5 % sind kein fester Wert, sie stehen immer in Abhängigkeit mit der Gesamtzahl der Schüler. Diese Vorstellung des Sachverhalts wird im Folgenden als **Blockvorstellung** beschrieben: Eine Grundgesamtheit wird in einzelne Blöcke, die jeweils der Höhe der ordinalen Angabe entsprechen, eingeteilt. In jedem Block ist ein Objekt von Bedeutung (der x-te). Die Anzahl der Blöcke gibt an, wie hoch der zur ordinalen Angabe gehörende Anteil ist.

Um diese Anzahl der Blöcke und damit auch sowohl den Wert für die quasiordinale Angabe als auch die entsprechende Prozentangabe zu berechnen, muss der Grundwert durch die Höhe der quasiordinalen Angabe geteilt werden. In diesem Fall 20.

Die Blockvorstellung steht insofern in einem inhaltlichen Zusammenhang mit dem Erweitern als Verfeinern, als dass die Größe der Teilmengen angibt, in wie viele Teile eine Gesamtmenge zerlegt werden soll. Der Anteilsgedanke zeigt sich in der Flexibilität der Antwort. Das Ergebnis steht nicht mehr im Vordergrund, da es sowohl von der Grundgesamtheit als auch vom Anteil abhängt. Sicher ist nur, dass das Ergebnis ebenfalls einen prozentualen Anteil wiederspiegelt. Die

Größe der Teilmenge kann je nach Aufgabenstellung kleiner oder größer werden. Von besonderem Interesse ist das explizite Erwähnen von Marvin, dass 5 % keinem festen Wert zugeordnet werden kann, sondern immer in Abhängigkeit steht, da es sich um einen Anteil handelt. Diese strukturelle Antwort zur Berechnung von jedem Zwanzigsten lässt sich im Argumentationsschema der Abbildung 6.6 zusammenfassen.

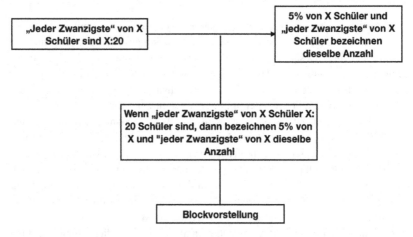

Abbildung 6.6 Toulminschema 4 Sebastian und Marvin

Einen interessanten Beitrag liefert Sebastian, indem er eigenständig die quasiordinalen Angaben variiert und dazu noch die verschiedenen prozentualen Anteile nennt:

```
45   S   (.) wenn jeder erste das wären ja hundert Prozent jeder
         zweite fünfzig und so gehts halt immer weiter.. also bei
         zwanzig sind sozusagen fünf Prozent dann so weit ein
         zwanzigstel weil jeder zweite wären fünfzig Prozent aller
         Schüler und, also das hat ja jede Zahl hat halt nen
         bestimmten Prozentanteil
```

Dies zeigt erneut, wie eng die Verbindung zwischen dem Erweitern als Verfeinern und der Blockvorstellung ist. Er kann ebenfalls variabel mit der ordinalen Angabe hantieren und sie den entsprechenden Prozentangaben zuweisen. Im Zuge der Blockvorstellung gesprochen, kann er die Größe der Blöcke frei variieren und in einen Zusammenhang setzen mit dem entsprechenden prozentualen Anteil an der Gesamtmenge, ohne die Gesamtmenge faktisch zu kennen.

6.1.1.4 Darstellung am Hunderterfeld

Die Darstellung am Hunderterfeld (vgl. Abbildung 6.7) steht in engem inhaltlichen Zusammenhang mit den vorherigen Aussagen.

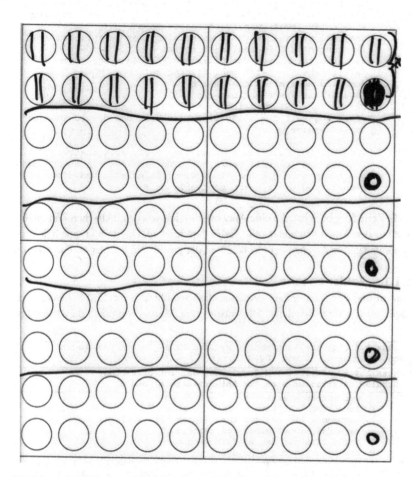

Abbildung 6.7 Hunderterfeld Sebastian und Marvin

Sebastian und Marvin unterteilen das Hunderterfeld in Blöcke der Größe 20, in dem jeweils ein Kreis markiert werden muss. Auch auf die Nachfrage, was passiert, wenn 20 weitere Schüler betrachtet werden müssen, können die Interviewten problemlos antworten:

```
46   I  jetzt kommt halt noch einmal zwanzig Schüler dazu
        (Interviewer legt 20 Kreise unter das Hunderterfeld), wie
        müsste man das jetzt, wie müsste man jetzt damit umgehen
47   S  also wären ja wieder einzwan zwanzig Schüler mehr und dann
        müsste man jeder zwanzigste anstreichen
48   I  okay mal den mal an.. und woran sieht man jetzt.. das es
        immer noch fünf Prozent sein sollen'
49   S  weil vielleicht von den einzelnen Flächen ausgegangen
50   I  ja wir haben ja jetzt mehr Flächen ne'
51   S  das sind aber alles die gleichen
52   I  ja aber was was sieht man dann'
53   S  das in jeder Fläche sind zwanzig Felder und es ist immer
        einer angemalt das heißt einer ist halt der der zu Fuß geht
        von den zwanzig
54   I  nochmal
55   S  weil es gibt halt jetzt ja äh ganz viele verschiedene
        Flächen und ich will immer nur einer von der Fläche und dann
        guckt man sich die Anzahl an wieviele es sind und das sind
        zwanzig und einer davon geht halt zu Fuß
```

In Zeile 55 gibt Sebastian eine Antwort, die sich von den faktischen Zahlen löst und nur den Anteil betrachtet. Wie vorher beschrieben, unterteilt er eine beliebige Gesamtanzahl in *Flächen* der Größe 20, in der jeweils ein Schüler zu Fuß kommt.

6.1.1.5 Zahlenangabe

Marvin und Sebastian gaben beide an, dass sowohl „10 von 200 Schülern", als auch „50 von 1000 Schülern" 5 % entsprechen. Marvin begründet dies wie folgt:

```
Szene 1.4.: Erarbeitungsphase 1b: Sind 5% a) 10 von 200 oder b) 5
von 400 oder c) 50 von 1000
Phase 1.4.1.: Auswahl und Begründung der Antwortkarten
(Schüler entscheiden sich für Antwortkarte a) und c))
1   I  wer möchte a erklären
2   M  ich, also, man könnte ja jetzt äh einfach die zehn die Null
       wegnehmen und bei der zweihundert eine Null wegnehmen und
       wäre das wieder einer von zwanzig
3   I  warum kann man das einfach wegnehmen
4   M  ähn weil man das dann durch zehn teilt
5   S  das wär dann wieder ein kürzen des Bruchs weil man kann ja
       einfach zehn zw zehn durch äh, zweihundert steht da zehn
       zweihundertstel und dann kommt da äh zehn durch zehn und
       zehn durch zweihundert ist zwanzig als ein zwanzigstel
6   I  (zu Marvin) das meintest du mit teilen denke ich
7   M  ja
```

Im Sinne des algorithmischen *Erweiterns* erläutert Marvin, dass 10 von 200 dasselbe sei wie $\frac{1}{20}$. Er beschreibt zuerst das *Wegnehmen* einer Null und begründet dies mit dem Teilen durch 10. Sebastian ergänzt anschließend, dass mit Teilen *Kürzen* gemeint sei. Die gleiche Argumentation nutzten sie auch für das Beispiel „50 von 1000 Schüler":

```
8   S  bei fünf Tausend fünfzig Tausendstel, ist es eigentlich
       genau das gleiche du kannst auch kürzen bloß das du das da
       dann mit fünfzig kürzt anstatt mit zehn kommst du auf auf
       fünfzig durch fünfzig sind eins und zausend durch fünfzig
       sind zwanzig kommst du wieder auf ein Zwanzigstel
9   M  also das (zeigt auf Antwortmöglichkeit a) ist halt
       eigentlich das gleiche wie das (zeigt auf Antwortmöglichkeit
       c)) weil wenn man fünfzig tausendstel mit fünf kürzen würde
       dann hätte man wieder zehn zwan zehn zweihundertstel
```

Interessant ist dabei, dass sich beide Interviewten auf $\frac{1}{20}$ als Vergleichswert beziehen. Dass sie diesen Bruch nicht einmal mehr explizit mit 5 % gleichsetzen, zeigt, dass sie die Gleichheit scheinbar verinnerlicht haben, da sie diese bereits intuitiv anwenden. Die zugrundeliegende Argumentation ist in Abbildung 6.8 dargestellt

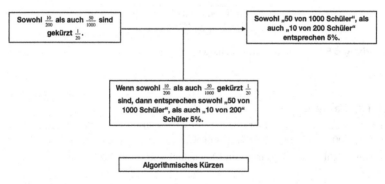

Abbildung 6.8 Toulminschema 5 Sebastian und Marvin

Warum bei dieser Aufgabe zwei Lösungen korrekt sind, begründen die Interviewten wie folgt:

```
10    S   man könnte das ja jetzt auch sozusagen die zehn mal fünf
          nehmen und die zweihundert mal fünf nehmen dann ist das
          genau die gleiche Karte eigentlich ist bloß halt ne andere
          Menge.. von Schüler
11    I   mhm
12    M   aber der Anteil ist gleich
```

Es besteht die Möglichkeit, die beiden Angaben durch Erweitern ineinander zu überführen. Die Angaben beziehen sich dabei nur auf unterschiedlichen *Mengen*, die aber den selben *Anteil* ausmachen. Diese Argumentation lässt sich wie in Abbildung 6.9 gezeigt zusammenfassen.

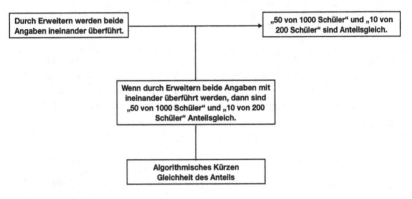

Abbildung 6.9   Toulminschema 6 Sebastian und Marvin

6.1.1.6 Zahlenstrahl

Anschließend sollen die Interviewten am Zahlenstrahl darstellen, warum sowohl „50 von 1000", als auch „10 von 200 Schüler" 5 % entsprechen. Nach kurzem Schweigen antworteten Marvin und Sebastian wie folgt:

```
41   M   also ich würde jetzt erstmal hier hundert zweihundert und so
         machen und dann könnte man den ja zweimal beschriften
42   I   bitte fangt ruhig an
43   M   (Interviewte beschriften die Striche oberhalb des
         Zahlenstrahls bis 1000) darf ich' bis hier hätte ich es
         ausgemalt*das sind ja dann fünfzig.. so und dann kommt man
44   S                                          *so'
45   S   dann bräuchte man, noch einen..wo man das drunter macht
46   M                           dann kommt man
47   I   fügst du unten an einfach noch einmal anders beschriften
48   M   ja da drunter noch einmal anders beschriften irgendwie
49   S   das man das da halt nur bis zweihundert da muss da (zeigt an
         die Stelle an der oberhalb des Strichs die 1000 steht) die
         zweihundert sein (notiert 200 unterhalb des Strichs)
50   M   ja
51   S   und dann muss man die gleichen Strichen durch zehn sind
         zwanziger Schritte
52   M   ja
53   S   (beschriftet Strichte unterhalb des Zahlenstrahls) und dann
         wär der Strich halt auch hier
54   M   ja dann sinds halt fünf von zweihundert äh zehn von
         zweihundert
```

Marvin schlägt vor, den Zahlenstrahl *doppelt zu beschriften* (s. Abbildung 6.10). Zuerst beschriften die Interviewten oberhalb des Zahlenstrahls in Hunderterschritten und hören bei 1000 als größtem Wert auf. Unterhalb beginnen sie dann bei der Markierung der 1000 und notieren dort 200, anschließend berechnen sie entsprechend den Wert der Markierung und beschriften vollständig. Sie kommen so zu der Erkenntnis (Zeile 49), dass sich die Markierungen von 10 (unterhalb) und 50 (oberhalb) an derselben Position im Zahlenstrahl befinden.

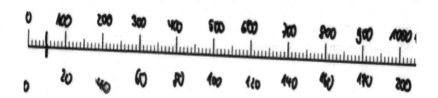

Abbildung 6.10 Zahlenstrahl Sebastian und Marvin

Anschließend erfragt der Interviewer, woran zu erkennen sei, dass die jeweilige Markierung 5 % entspricht.:

```
56    I   jetzt habe ich noch ne Frage woran sieht man das das ein
          Prozent äh das das fünf Prozent sind'
57    S   weil das (zeigt auf den zweiten beschrifteten Strich) sind
          zehn Prozent zwanzig Prozent und so weiter und hier (zeigt
          auf die Zwischenräume zwischen den großen Strichen) das sind
          halt ein zwei drei vier fünf und da ist der fünfte halt fünf
          Prozent
```

Da der Abschnitt zwischen der Null und der Markierung jeweils zwanzig Mal bis zum jeweiligen Grundwert in den Zahlenstrahl passt, handele es sich um 5 %. Somit findet sich in der Begründung der Interviewten auch noch die Argumentation des *Bündelungsaspekts*.

Die Argumentationen von Marvin und Sebastian passen also zum *Erweitern als Verfeinern*, da sie den Zahlenstrahl entsprechend der jeweils gegebenen Angabe verfeinern. Daher ist auch auf einen Blick zu erkennen, dass beide Angaben den gleichen Anteil ausmachen. Diese Nutzung des Zahlenstrahls deutet darauf hin, dass die Interviewten in der Lage sind, den Zahlenstrahl theoretisch mehrdeutig zu nutzen. Sie passen den gleichen Zahlenstrahl an unterschiedliche Angaben an, ohne ihn in seiner Bedeutung zu verändern.

6.1.2 Magdalena und Christina

Die Antworten der Schülerinnen Magdalena und Christina lassen sich ebenfalls dem Erweitern als Verfeinern zuordnen, ihr Interview lief wie folgt ab:

6.1.2.1 Bruchangabe

Beide Interviewten entschieden sich für $\frac{1}{20}$. Dies wurde folgendermaßen begründet:

Szene 1.2.: Kontext: „5% aller Schülerinnen und Schüler einer Schule gehen zu Fuß zur Schule, was bedeutet das? Entscheide dich immer für alle richtigen Karten!"

    Antwortmöglichkeit a) $\frac{1}{5}$

    Antwortmöglichkeit b) $\frac{1}{20}$

    Antwortmöglichkeit c) $\frac{15}{100}$

Phase 1.2.1.: Entscheidung und Begründung

8	I	okay dann würde ich sagen dreht mal um, und ihr habt beide b raus warum habt ihr b genommen willst du mal anfangen'
9	M	ja weil ich glaube ein fünftel ist mehr weil dann wärns glaube ich fast zwanzig Prozent weil wenn man das durch 5 teilen möchte wären das ja zwanzig*also wenn man hundert durch äh fünf teilen wde hätte man zwanzig, dann ist das zuviel und bei zwanzig passt das.. ein zwanzigstel
10	I	...... *was willst du durch zwanzig teilen'
11	I	und wie kommst du auf die hundert dann'
12	M	weils äh hundert die fünf Prozent sind hundert Prozent
13	I	mhm
14	M	fünf von hundert Schülern zum Beispiel
15	I	zum Beispiel ja', wieso hast du dich entschieden für'
16	C	also mit fünfhundert also fünf Prozent sind ja fünf hundertstel und dann durch fünf dann sind das ein zwanzigstel
17	I	wie was ist durch fünf dann in dem Moment'
18	C	das ganze also fünf hundertstel
19	I	und durch fünf was meinst du damit'
20	C	das man dann auf ein zwanzigstel kommt'

Magdalena schließt zu Beginn $\frac{1}{5}$ als korrektes Ergebnis aus (Zeile 9). Da 20 als Quotient aus 100 und 5 zu groß ist, muss $\frac{1}{20}$ das richtige Ergebnis sein. Der Interviewer fragt anschließend, woher die 100 kommt. Magdalena antwortet, dass für sie 5 % „5 von 100 Schüler" bedeutet. Sie betont in diesem Atemzug aber, dass es sich dabei nur um ein Beispiel handelt.

Diese Begründung zeigt zunächst, dass die Interviewten eine Verbindung zwischen dem Prozent- und Bruchbegriff herstellen können. Dem Vorgehen kann ein *umrechnender* Charakter unterstellt werden, da die erzeugte Rechnung und das damit verbundene Ergebnis in einen eigenen sinnstiftenden Kontext gesetzt wurden. Das erzeugte Ergebnis wurde darüber hinaus passend gedeutet und interpretiert. Die Interviewten sind in der Lage, die Beziehung zwischen der Bruch- und Prozentangabe aufzuzeigen und auszunutzen. Sie benutzen keinen Algorithmus, um eine Verbindung herzustellen, sondern verbinden 100 % und den Bruch $\frac{1}{5}$ direkt miteinander. Aufgelöst wird dies mithilfe der Division. Ihre Argumentation (vgl. Abbildung 6.11) basiert auf der *Kategorie Umrechnen/ arithmetisch-strukturelle Beziehungen*.

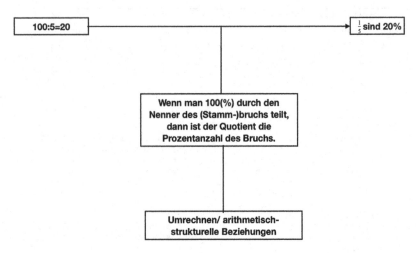

Abbildung 6.11 Toulminschema 1 Magdalena und Christina

Auf Nachfrage des Interviewers, warum $\frac{1}{20}$ das korrekte Ergebnis sei, argumentiert Christina (Zeile 16) kalkülorientiert. Sie beginnt mit dem Bruch $\frac{5}{100}$ und kürzt, s. Abbildung 6.12. Sie bezeichnete den Vorgang als Dividieren. Damit zeigt sich eine typische Erläuterung für das *Manipulieren von Zahlenpaaren*, da sie von zwei getrennten Divisionen spricht.

6.1.2.2 Ikonische Gleichheit
Darauf aufbauend erfolgte der Auftrag, die vorher argumentativ begründete Gleichheit ikonisch darzustellen. Dabei gingen die Schülerinnen fälschlicherweise von $\frac{5}{20}$ als Startwert aus (vgl. Abbildung 6.13), den selbst erzeugten Kreis wollten sie weiter verfeinern, um insgesamt 100 Tortenstücke zu erhalten.

Die Interviewten begründeten ihr Vorgehen wie folgt:

```
26   M   (beginnt zu zeichnen) wenn man das so in hundertstücke
         teilen würde und dann ähm mit der gleichen Farbe in zwanzig
         und dann so.. könnte man machen (unterteilt den Kreis)
         zwanzig Stücke passen gar nicht genau
27   I   ja es muss ja nur ungefähr sein
28   M   das sind jetzt ungefähr äh zwanzig Stücke und dann davon..
         (zeichnet in einer anderen Farbe) und dann davon fünf und
         dann kann man das ja noch in kleiner in kleineren Stücken
         und dann wären das fünf und Hundert..achso hier ist ein äh
         ich äh..
```

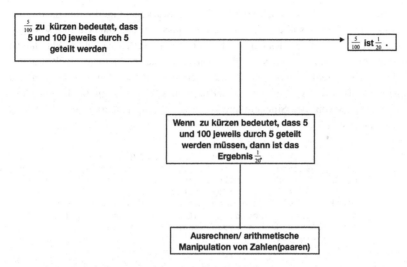

Abbildung 6.12 Toulminschema 2 Magdalena und Christina

Abbildung 6.13 Darstellung Kreissektor 1 Magdalena und Christina

Die Interviewten unterteilten den Kreis in 20 Stücke und markierten davon fünf farbig. Diese Stücke sollten den Zähler symbolisieren. Die Interviewten schienen sich bei der Darstellung des entsprechenden Bruchs vertan zu haben. Magdalena beschreibt zwar korrekt, dass sie die zwanzig Stücke in „kleinere Stücke" unterteilen möchte. Jedoch möchten sie zu Beginn bereits die fünf Stücke von den späteren 100 Stücken markieren. Dabei fällt auf, dass sie bereits zu Beginn ihrer Ausführungen von 100 Stücken spricht. Anschließend bemerken sie aber ihren Fehler eigenständig:

```
30   M  also ich brauch nur einen anmalen von Hundert weil es sind
        nur ein Zwanzgistel.. ja (Magdalena zeichnet einen zweiten
        Kreis) einen davon (malt einen Teil rot aus) und den könnte
        man den (zeigt auf den markierten Teil) noch also in fünf
        Stücke einteilen und dann und die (zeigt auf den Rest des
        Kreises) auch jeweils in fünf Stücke einteilen und dann hat
        man fünf und dann ist das genau das Gleiche wie
        einzwanzigstel
```

Auch in Zeile 30 startet Magdalena mit einer falschen Annahme, indem sie wiederholt mit 100 Stücken starten möchte. In der Zeichnung unterteilt sie dann aber den Kreis in zwanzig Stücke (vgl. Abbildung 6.14), markiert eines davon und unterteilt dieses noch einmal beispielhaft in fünf Stücke (vgl. Abbildung 6.15). Sie weist darauf hin, dass dieses Fünfteln noch bei allen anderen Kreisstücken vorgenommen werden müsste, um insgesamt 100 Stücke zu erhalten. In diesem Fall wären fünf von 100 Stücken markiert und durch das klassische *Verfeinern* der einzelnen Stücke ist gezeigt, dass der Anteil vom Kreis der Gleiche ist wie bei einem von zwanzig Stücken. Diese Gleichheit kann so auch auf die Brüche $\frac{1}{20}$ und $\frac{5}{100}$ übertragen werden.

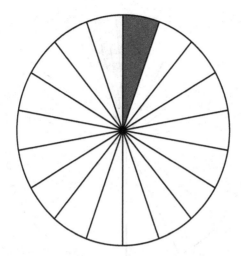

Abbildung 6.14 Kreissektor 2 Magdalena und Christina (Zur besseren Nachvollziehbarkeit digital nachgestellt)

6.1.2.3 Quasiordinale Angabe

Auf die Frage, ob 5 % der quasiordinalen Angabe „jeder Zwanzigste" oder „jeder Fünfte" entsprechen, antworteten Magdalena und Christina wie folgt:

Szene 1.3.: Erarbeitungsphase 1b: Sind 5% a) Jeder 20. oder b) Jeder 5.?		
Phase 1.3.1.: Auswahl der Antwortkarten **(Schüler entscheiden sich für Antwortkarte a)**		
1	I	dann gehen wir ruhig in die nächste Runde schon direkt (Interviewer legt neue Antwortkarten aus und Schüler entschieden sich)
2	I	so drehen wir um (Christina tauscht anschließend auf Antwort b)
3	C	jetzt bin ich verunsichert
4	I	also was' du hast b (Christina) du hast a(Magdalena).. fang mal an warum a'
5	M	also weil ja ein Zwanzigstel also fünf Hundertstel oder ein Zwanzigstel und dann ist das einer von zwanzig, also eigentlich jeder zwanzigste
6	C	ach ja (legt Hand auf die Antwortkarte) okay ja doch also das sind fünf von hundert und dann jeder zwanzigste
7	I	also doch auch a'
8	C	ja

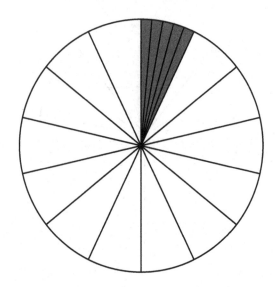

Abbildung 6.15 Kreissektor 3 Magdalena und Christina

Nach Christinas fehlerhafter Auswahl „jeder Fünfte", erklärt Magdalena ihr Vorgehen (Zeile 5), auf welches im Verlauf Christina eingeht. Insgesamt fällt auf, dass sich die beiden Schülerinnen auf die Beispiele 20 und 100 stützen.

Magdalenas Argumentation startet mit dem Übergang zwischen den Brüchen $\frac{1}{20}$ und $\frac{5}{100}$ und wird auf die Angabe Einer von Zwanzig übertragen. Dies ist das Gleiche wie jeder Zwanzigste. Die Angaben werden transitiv miteinander in Verbindung gesetzt und damit sind auch alle Angaben paarweise gleich. Dies wird so nicht explizit erläutert, ergibt sich aber aus dem Kontext der Argumentation. Die Transitivitätskette umfasst dabei die Schritte 5 % = $\frac{5}{100}$ = $\frac{1}{20}$ = einer von 20 = jeder Zwanzigste. Im Kern der Begründung stützen sich die Interviewten auf die Beziehungen zwischen der quasiordinalen Angabe und der vorher gezeigten Gleichheit zwischen der Prozent- und der Bruchangabe. Womit die Einordnung in die Kategorie ***Nutzen der Bruchbeziehung*** erfolgt.

Ihre Erläuterung lässt sich im Argumentationsschema der Abbildung 6.16 zusammenfassen.

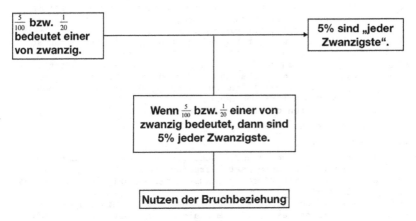

Abbildung 6.16 Toulminschema 3 Magdalena und Christina

Der Interviewer fragt daraufhin, ob „jeder Zwanzigste" immer das Gleiche sei wie 5 %, Magdalena und Christina können diese Frage nicht abschließend lösen, da sie auf einmal Probleme haben, das schon benutzte Beispiel 20 im Sachkontext einzuordnen:

```
9    I   okay (lacht) weil es jetzt andersrum liegt hm na okay.. ähm
         jetzt sagst du fünf von hundert ähm ist meine Frage kann man
         das überhaupt so sagen ohne zu wissen wieviel Schüler an der
         Schule sind das das jetzt jeder zwanzigste ist, kann man das
         immer so sagen'
10   C   ich glaube nicht weil es sind ja wenn man zum Beispiel in
         der Schule in der Klasse nur zwanzig Schüler hat dann kanns
         ja auch mehr als nur einer sein
11   I   ja also wenn wir jetzt annehmen fünf Prozent ist schon so
         die richtig Annahme ja'
12   C                  von das sind fünf mehr äh sind fünf Prozent von
         zwanzig sind mehr als fünf von hundert.. also für das sind
         ja nur fünf Prozent von den zwanzig Schülern das ist mehr
         als wenn man fünf von hundert'
13   I   wieviel wären das fünf Prozent von, zwanzig'
14   M   fünfundzwanzig Prozent
15   C   fünfund(.)
16   I   fünf Prozent von zwanzig Schülern, ich kann euch das auch
         gerne im Taschenrechner ausrechnen wenn
17   C   ich glaube wir müssen das ausrechnen zwanzig mal null komma
         null fünf
18   I   (Interviewer tippt Aufgabe in den Taschenrechner) das ist
         eins, macht das Sinn'. (Magdalena schüttelt mit dem Kopf)
         nee'
19   C   warum dann wär das ja fünf also ja eigentlich ja schon man
         könnte hundert durch zwanzig teilen und wären ja quasi in
         jedem Kästchen äh wär quasi äh von den hundert wenn man das
         durch zwanzig teilen äh durch fünf teilen würde hätte man ja
         auch zwanzig also einer für die zwanzig
20   I   okay, ja, und, einer für die zwanzig und äh dann passt es
         dann auch hiermit' (zeigt auf Antwort b) einer für zwanzig
         mit jeder zwanzigste'
21   C   nein ne doch ja
```

In Zeile 10 hinterfragt Christina die Korrektheit der Angabe, indem sie eine statistische Interpretation der quasiordinalen Angabe „jeder Zwanzigste" vornimmt: In einer Klasse mit 20 Schülern ist es unwahrscheinlich, dass insgesamt nur ein Schüler zu Fuß kommt. Der Interviewer weist die Interviewten an, die Angabe als korrekt anzusehen. Das Hinterfragen kann als eine Anzweiflung der statistischen Korrektheit gedeutet werden. Hier zeigt sich die im Abschnitt 2.3. angedeutete Diskontinuität zwischen Lebenswelt und Mathematik: Magdalena zweifelt daraufhin auch an der Richtigkeit der faktischen Angabe *Einer von 20 ist 5 %* (Zeile 18), doch Christina nutzt einen Lösungsansatz (vgl. Abbildung 6.17), der es ihr erlaubt, von dem Beispiel 5 von 100 auf 1 von 20 zu schließen. Hier lassen sich parallele Strukturen zu der Argumentation von Marvin und Sebastian wiederfinden, die auch mit der ***Blockvorstellung*** argumentiert haben. Die Grundgesamtheit, bei Christina und Magdalena offenbar stark an 100 gebunden, kann in Teilmengen der Größe 20 aufgeteilt werden, in denen die Struktur von 5 % enthalten ist (*hätte man ja auch zwanzig also einer für die zwanzig*, Zeile 19). Die Anzahl der Teilmengen der Größe 20 gibt an, wie viele Schüler zu Fuß kommen. Wichtig ist dabei nur, dass in jeder einzelnen Teilfläche die Korrektheit der prozentualen Angabe, also hier 5 % und damit 1 Schüler, gegeben ist.

Das Wechseln zwischen den Divisoren 5 und 20 kann als sprachliches Problem eingestuft werden. Sie möchte Begründen, dass pro *Kästchen,* also pro zwanzig Schüler, ein Schüler zu Fuß geht. Sie verbalisiert aber keine Unterteilung in Zwanziger-Teilmengen, sondern eine Division durch 20. Dies wäre gleichbedeutend mit einer Aufteilung in Fünfer-Mengen. Das *äh* lässt vermuten, dass ihr hier der Fehler bewusst wird und sie den Divisor anschließend entsprechend anpasst.

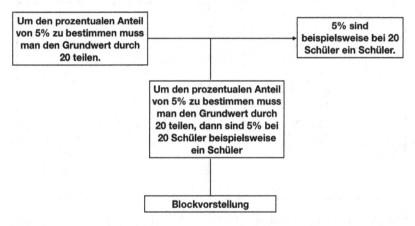

Abbildung 6.17 Toulminschema 4 Magdalena und Christina

6.1.2.4 Darstellung am Hunderterfeld

Magdalena und Christina kamen der Aufgabe, den Sachverhalt am Hunderterfeld (vgl. Abbildung 6.18) darzustellen, wie folgt nach:

Die Interviewten markierten fälschlicherweise 6 Kreise, da sie sowohl den ersten als auch den Zwanzigsten Kreis markierten. Dieser Fehler wird auch auf Nachfrage des Interviewers, wie viele Kreise markiert worden sein, so benannt:

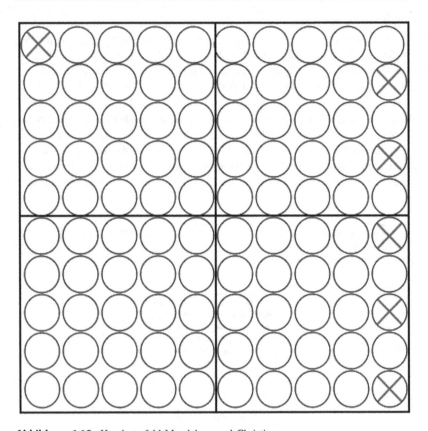

Abbildung 6.18 Hunderterfeld Magdalena und Christina

36   I   wieviel gehen jetzt zu Fuß zur Schule, laut unser Zeichnung
         hier'
37   C   fünf.. ne sechs
38   I   was ist passiert'
39   M   ich glaub man darf das erste Feld nicht anmalen
40   I   okay, warum'
41   M   weil man da ja eigentlich immer ein weiter müsste glaub
         ich.. jetzt hat man hier zwischen nur achtzehn Felder frei
42   I   und wieviel müssten es sein'
43   M   neunzehn

Magdalena bezieht sich in der Erklärung auf den Abstand, der zwischen zwei markierten Feldern bestehen muss. Da zwischen der ersten und zweiten Markierung nur 18 Kästchen Abstand bestehen, sind insgesamt fälschlicherweise sechs Kreise markiert. Christina zeigt daraufhin einen weiteren Lösungsvorschlag, der zur Blockvorstellung passt:

```
47   C  oder jeden einen weiter dann passt das da (der 100. Punkt)
        auch nicht mehr rein
```

An dieser Stelle wird zwar nicht explizit gesagt, dass in jedem Zwanzigerfeld eine Markierung notwendig ist. Dennoch impliziert die Aussage, dass die weiteren Markierungen in das nächste Zwanzigerfeld gerückt werden müssten, sodass jeweils nur eine Markierung pro Zwanzigerfeld vorhanden sein müsse.

Auf die Frage, ob die quasiordinale Angabe auch bei 120 Schülern korrekt sei, antworten Christina und Magdalena wie folgt:

```
48   I  genau, jeder geht einen weiter dann passt das, ja sehr gut..
        ja und was ist wenn jetzt noch zwanzig Schüler dazu (legt 20
        Punkte dazu) kommen wie sieht das aus'.. ich glaube da sind
        eben zehn Schüler runtergefallen ja.. wie würde man jetzt
        anmalen müssen'
49   M  vielleicht noch den hier unten
50   I  ja, wir denken uns den weiter weg hier.. und wieviel sind
        das dann' wieviel Schüler jetzt, die zu Fuß zur Schule
        gehen'
51   C  sechs
52   I  und passt es dann noch mit fünf Prozent'.. passt das noch'..
        sind ja jetzt mehr die zu Fuß zur Schule gehen
53   M  aber die Gesamtanzahl ist ja auch mehr geworden
54   I  mhm und passt das dann im Verhältnis noch'
55   C  ja ich glaub doch schon weil (..) zweihundertzwanzig mal
        null komma null fünf passt ja auch
```

Magdalena argumentiert in Zeile 53 damit, dass die Gesamtzahl der Schüler größer geworden ist, was mit einem höheren Prozentwert einhergeht, also sind es jetzt 6 Schüler, die zu Fuß zur Schule kommen. Somit kann davon ausgegangen werden, dass die Interviewten Prozente als Anteile deuten und imaginär ein Zwanzigerfeld hinzufügen.

6.1.2.5 Zahlenangabe

Sowohl Magdalena, als auch Christina entschieden sich für die Antwortmöglichkeiten „50 von 1000" und „10 von 200 Schüler". Sie begründen dies wie folgt:

3   I   ja das können auch mehrere sein.. okay jetzt könnt ihr
        umdrehen.. okay ihr habt jetzt a und c raus, warum hast du
        dich für a entschieden'
4   C   also man hat ja erst fünf hundertstel und dann rechnet man
        mal zwei und dann hat man zehn zweihundertstel
5   I   ja kann man das so einfach machen, passt das so einfach'..
        weil du hast ja gerade fünf hundertstel durch fünf macht ein
        zwanzigstel wie würdest du, das mit mal zwei aufschreiben,
        genau so oder'
6   M   ja
7   I   (zu Caroline☺warum hast du dich für c entschieden
8   C   weil man kann ja einfach von äh fünf äh von hundert einfach
        ne null also fünfzig von tausend also bei der fünf ne null
        und bei der hundert.. also mal zehn

Magdalena hatte zu Beginn nur eine Antwort ausgewählt. Beim Blick auf Christina, die zwei Antwortkarten hinlegte, erfragte sie, ob auch mehr als eine Antwort richtig sein kann. Dies bejahte der Interviewer zu Beginn. Christina begründet die Auswahl der jeweiligen Antwortmöglichkeiten mit dem *algorithmischen Erweitern*. Im Gegensatz zum anderen Interviewpaar, das dem Erweitern als Verfeinern zugeordnet wurde (Marvin und Sebastian), bezieht sie sich auf den Bruch $\frac{5}{100}$. Mit diesem beginnend kann sie entweder mit 2 zu $\frac{10}{200}$ oder mit 10 zu $\frac{50}{1000}$ erweitern. Ihre entsprechende Argumentation lässt sich wie folgt zusammenfassen (vgl. Abbildung 6.19):

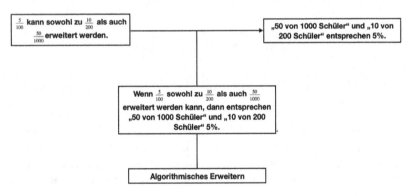

Abbildung 6.19 Toulminschema 5 Magdalena und Christina

Anschließend erfragt der Interviewer, warum bei dieser Aufgabe mehrere Lösungen korrekt sind, während es vorher immer nur eine war. Die Interviewten begründen dies wie folgt:

11	I	und was ist das besondere warum jetzt hier mehrere Antworten möglich sind
12	M	<u>also</u> zehn zweihundertstel und fünfzig tausendstel sind eigentlich das gleiche wenn man das hochrechnet
13	I	okay und woran liegt das das man jetzt hier das gleiche **hat** und was man vorher nicht hatte
14	C	man kann Brüche glaube ich unendlich erweitern also es können mehrere Zahlen sein also unendlich viele

Die Interviewten interpretieren die Zahlenangaben scheinbar direkt als *Brüche*. Für sie besteht nur die Frage, ob die jeweiligen Zahlenpaare im gleichen Verhältnis zu einander stehen, wie 5 und 100. Dies klären sie formal über das *algorithmische Erweitern*. Christina nutzt die Formulierung *unendlich erweitern* (Zeile 14) um zu begründen, dass es unendlich viele Zahlenangaben gibt, die jeweils auch 5 % entsprechen. Die zugrundeliegende Argumentation ist in der Abbildung 6.20 zusammenfassend dargestellt.

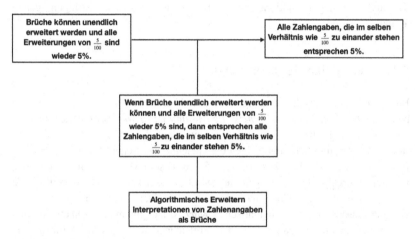

Abbildung 6.20 Toulminschema 6 Magdalena und Christina

6.1.2.6 Zahlenstrahl

Der Interviewer fordert Christina und Magdalena nicht direkt auf die Korrektheit beider Lösungen am Zahlenstrahl darzustellen, sondern erfragt, ob dies schon in den bisher genutzten Darstellungen zu erkennen sei. Sie verweisen auf das Hunderterfeld und erläutern an diesem:

```
18    M  wenn man jetzt zwei Feld zwei von diesen Feldern (gemeint
         Hunderterfelder) hat dann sieht man ja auch das dann zehn
         angemalt sind
19    I  ja
20    M  und wenn man dann jetzt noch zehn von diesen Feldern hätte
         dann würde man sehen das fünfzig angemalt sind
21    I  hmhm okay kann man das irgendwie, auch in einem Feld
         vielleicht sogar aufzeichnen, würde das irgendwie gehen das
         an das erkennt das meinetwegen fünfzig von tausend richtig
         ist
22    C  man könnte ja das äh teilen zum Beispiel bei fünfzig von
         tausend jetzt in jedem Feld, zehn vielleicht auch machen
```

Christina und Magdalena schlagen vor, die einzelnen Kreise zu verfeinern, beispielsweise für 200 Schüler zu halbieren und für 1000 Schüler zu zehnteln. Diese Argumentation steht im inhaltlichen Zusammenhang mit den vorher getätigten Aussagen der Interviewten. Die besondere Stringenz der Aussagen ist an dieser Stelle hervorzuheben. Eine Darstellung des Zahlenstrahls erfolgte nicht mehr, da durch die Argumentationen der Verfeinerungsgedanke als stringent genug aufgefasst wurde.

6.1.3 Vergleich der Interviews

Bei der rein symbolisch aufzuzeigenden Gleichheit zwischen 5 % und $\frac{1}{20}$ nutzten beide Interviewpaare das *arithmetische Manipulieren von Zahlen(paaren)*, um den Erweiterungs- bzw. Kürzungsprozess zwischen $\frac{1}{20}$ und $\frac{5}{100}$ kalkülhaft darzustellen. Marvin und Sebastian zeigen die Gleichheit zwischen dem Bruch und der Prozentzahl mithilfe des *Vermittlers* 0,05. Ab diesem Moment geht es nur noch um den Bruch $\frac{5}{100}$, der aus $\frac{1}{20}$ generiert wurde. Dieser zusätzliche Vermittler lässt sich bei Magdalena und Christina nicht ausmachen. Demgegenüber argumentieren sie aber, zusätzlich zum schematischen Kürzen, aus einem umrechnenden Charakter. Sie fassen den Nenner des zu vergleichenden Bruchs als Aufforderung zum Dividieren auf. Um den prozentualen Wert eines Bruchs zu bestimmen, kann man 100 % durch den Nenner des zu bestimmenden Bruchs teilen. Da es sich um einen Stammbruch handelt, ist der Quotient dieser Rechnung der prozentuale Anteil. Diese Argumentation wird mit *arithmetisch-strukturellen Beziehungen* in der Prozentrechnung bezeichnet. Aufgrund ihres gezielten Einsatzes der Operation des Dividierens wird den Interviewten unterstellt, dass sie die arithmetischen Verbindungen zwischen der Prozent- und Bruchrechnung verinnerlicht haben.

Damit zeigt sich, dass das Nutzen eines Kalküls kein Zeichen für ein fehlendes Verständnis ist, sondern eine inhaltliche Erläuterung erst gezielt erfragt, bzw. durch weitere Aufgaben, wie die Aufforderung den Sachverhalt ikonisch darzustellen, eingefordert werden muss.

Ohne Aufforderung, den Erweiterungsvorgang inhaltlich zu begründen, argumentieren Marvin und Sebastian anhand eines Tortenmodells: Der Anteil eines Stücks an einer Torte kann der Gleiche sein wie der mehrerer Stücke, die nur kleiner geschnitten sind. Entscheidend ist in diesem Fall nur das Verhältnis zwischen der Anzahl der zu betrachtenden Stücke und der Gesamtzahl der Stücke. Dem Auftrag, die Gleichheit zwischen 5 % und $\frac{1}{20}$ ikonisch aufzuzeigen, kamen beide Interviewpaare mit zwei Kreisen nach, die im Sinne des *Erweiterns als Verfeinern*, wie bereits argumentativ begründet, angepasst wurden. So wurde der Kreis zuerst in 20 Teile unterteilt und anschließend wurde jedes einzelne Stück noch einmal gefünftelt. Ein Stück von 20 ist anteilsgleich mit 5 Stücken von 100.

Bei der quasiordinalen Angabe argumentieren beide Interviewparteien zu Beginn unterschiedlich. Sebastian und Marvin nutzen die Erkenntnisse aus der vorherigen Aufgabe und stellen eine transitive Beziehung zwischen den Angaben „jeder Zwanzigste", $\frac{1}{20}$ und 5 % her. Diese Antwortkategorie wird als *Nutzen der Bruchbeziehung* beschrieben, da die verschiedenen Anteilsangaben in Verbindung gebracht werden.

Christina und Magdalena nutzen für die Fragestellung zu Beginn die Beispiele 20 und 100. Sie prüften anhand der selbst gewählten Beispiele, ob jeder Zwanzigste 5 % entspricht. Diese Antwort wird dem *empirischen Bündeln* zugeordnet.

Nach weiteren Überlegungen argumentieren beide Interviewpaare im Wesentlichen nach der gleichen Struktur, der *Blockvorstellung*: Die Grundgesamtheit, bei Christina und Magdalena deutlich mehr an „100 Schüler" orientiert, wird in Blöcke der Größe 20 unterteilt, in denen jeweils ein Schüler zur Schule geht. Allgemeiner formuliert: Eine Grundgesamtheit wird in Blöcke der Größe der quasiordinalen Angabe unterteilt. In jedem Block ist ein Objekt von Interesse, die Anzahl der Blöcke entspricht sowohl der Anzahl der quasiordinalen Angabe, als auch dem Wert von 5 %. Dieses Verständnis steht inhaltlich in einem Zusammenhang mit dem Erweitern als Verfeinern, wie bereits in Teilkapitel 6.2.2 dargelegt wurde. Dabei ist die Konstanz in den Argumentationen der Schüler herauszustellen. Im Vordergrund stehen zwei Bezugsgrößen, die in einen gemeinsamen Zusammenhang gebracht werden, um einen Anteil zu bestimmen. Aus zwei Objekten (den Bezugsgrößen Grundgesamtheit und Größe der Blöcke) und einer Operation (Division) wird ein neues Objekt, der Anteil, geschaffen. Vor allem der Anteilsgedanke zeigt sich als flexibel anwendbar und kann auf verschiedenen Ebenen, wie zum Beispiel auch den Dezimalzahlen, ausgedrückt werden.

Am Hunderterfeld übertragen die Interviewten dieses Blockverständnis zum
Teil explizit (Marvin und Sebastian) bzw. implizit (Christina und Magdalena),
indem sie das Hunderterfeld (gedanklich) in Blöcke der Größe 20 unterteilen.
Dieses Vorgehen erleichtert es ihnen auch, den Sachverhalt auf 120 Schüler zu
übertragen, da einfach nur ein Zwanzigerblock hinzugefügt werden muss, der
der gleichen Struktur untersteht (ein Schüler in jedem Zwanziger-Block geht zu
Fuß). Auch hierbei soll noch einmal die innere Stringenz der Argumentationen
der beiden Interviewpaare hervorgehoben werden.

Die Konstanz, mit der die beiden Interviewpaare bei der Aufgabe zu den
Zahlenangaben antworten, ist besonders erwähnenswert. Auf der argumentativen
Ebene nutzen beide das *Kürzen bzw. Erweitern*, um sowohl die Gleichheit von
„10 von 200 Schüler" und „50 von 1000 Schüler" mit 5 % als auch die Korrektheit verschiedener Antwortmöglichkeiten zu begründen. Beide Interviewpaare
scheinen diese Verhältnisse direkt als Bruch zu interpretieren.

Auch auf Basis der ikonischen Darstellungen bleiben die Antworten stringent.
Sie nutzen das Verfeinern, um die Korrektheit beider Lösungen zu begründen,
auch wenn sie dafür unterschiedliche Materialien nutzen.

6.2   Erweitern als Vervielfachen

Die im folgenden Abschnitt dargestellten Interviews vereint, dass die Argumentationen Interviewten im Rahmen der ikonischen Darstellung der Gleichheit von $\frac{1}{20}$
und 5 % der Antwortkategorie 5.1.2.2. *Erweitern als Vervielfachen* zugeordnet
wurden.

6.2.1   Celina und Kira

Als erstes wird der Interviewverlauf des Schülerpaars Celina und Kira vorgestellt.
Auffällig bei diesem Interviewpaar ist, dass sie nicht ausschließlich Argumentationen benutzen, die sich der fürs Erweitern als Vervielfachen typischen in Kapitel 2
beschriebenen deskriptiven Grundvorstellung Prozente als Zahlen zuordnen lassen. Es lassen sich auch immer wieder Argumente wiederfinden, die einer
Anteilsvorstellung unterstehen.

6.2.1.1 Buchangabe
Die Schülerinnen Celina und Kira begründeten ihre Auswahl $\frac{1}{20}$ für die Gleichheit
mit 5 %, wie folgt:

Szene 1.2.: Kontext: „5% aller Schülerinnen und Schüler einer Schule gehen zu Fuß zur Schule, was bedeutet das? Entscheide dich immer für alle richtigen Karten!"

Antwortmöglichkeit a) $\frac{1}{5}$

Antwortmöglichkeit b) $\frac{1}{20}$

Antwortmöglichkeit c) $\frac{15}{100}$

7	I	erstmal verdeckt und dann.. deckt ihr gleichzeitig auf.. beide b Celina fang mal an
8	C	ähm also das ist ja, hundert Prozent wir wissen zwar noch nicht wieviele hundert Prozent sind aber in jedem Fall sinds hundert Prozent und fünf Prozent von hundert Prozent sind ähm ein Fünftel
9	I	Warum hast du dann
10	C	äh ein Zwanzigstel weil wenn man das jetzt umrechnen würde wenn man das (zeigt auf ein Zwanzigstel) jetzt umrechnen würde wenn man das hochrechnen würde auf zwanzig auf Hundertstel dann hätte man ja, dann wären das fünf hundertstel und fünf hundertstel wären fünf Prozent auf hundertstel

Celina antwortet im Sinne eines algorithmischen Erweiterns beginnend mit dem Bruch $\frac{1}{20}$. Anschließend weißt sie darauf hin, dass nicht bekannt sei, wie viele genau 100 % sind. Sie führt direkt an, dass dies erst einmal nicht relevant sei, wichtig sei nur, dass es 100 % seien. Somit ist ihr erst einmal ein Verständnis von Prozenten als Anteilen zu unterstellen. Ihr Verweis, dass es für den aktuellen Rechenprozess nicht von Relevanz sei, wie groß der Grundwert ist, lässt diesen Schluss zu. Mithilfe des *Hochrechnens* (Zeile 10) von Zwanzigstel auf Hundertstel erhält man fünf Hundertstel, was gleichbedeutend mit 5 % ist. Der Interviewer hinterfragt anschließend den Begriff des *Hochrechnens*:

11	I	Was meinst du mit hochrechnen'
12	C	also wir machen das erweitern den ähm kür, den Bruch wenn man den jetzt erweitern würde ein zwanzigstel dann würden fünf hundertstel rauskommen wenn man das mal fünf rechnen würde
13	I	okay mal fünf* was äh was bedeutet das dann'
14	C	*ja
15	C	also wir rechnen das immer so wenn wir zum Beispiel ein zwanzigstel haben wenn das ähm wenn wir dann sollen äh zeigen sollen wieviel Prozent das (zeigt auf Antwort b) sind dann rechnen wir das hoch auf hundert damit wir als Grundzwei Grundwert haben und dann müsste man von um auf zwanzig von zwanzig auf hundert zu kommen muss man mal fünf rechnen und dann muss man das oben auch mal fünf rechnen dann hat man fünf hundertstel und fünf hundertstel wären dann fünf Prozent und deshalb habe ich das so umgerechnet

Neben der korrekten Erklärung, was sich formal hinter dem Hochrechnen bzw. Erweitern, verbirgt, erläutert Celina noch, dass der Zähler im Hunderterbruch die zu entnehmende Prozentzahl sei. Das *Hochrechnen* auf 100 ist für sie ein bekannter Vorgang, um herauszufinden, wie viel Prozent eine (Bruch-)Angabe sind. Dabei scheint klar, dass sie bewusst die 5 zum Erweitern gewählt hat, um einen Hundertstelbruch zu erzeugen. Damit wird der erste Arbeitsschritt als *Ausrechnen/ Manipulieren von Zahlenpaaren* eingestuft.

Erweitern bedeutet für sie formal, dass Zähler und Nenner mit der gleichen Zahl multipliziert werden müssen, in diesem Fall mit 5.

Hieraus leitet sich das in Abbildung 6.21 gezeigte Argumentationsschemata ab.

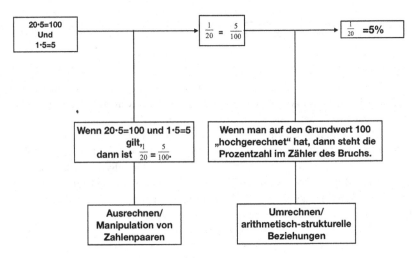

Abbildung 6.21 Toulminschema 1 Celina und Kira

Celina erläutert, dass sie beginnend mit dem Bruch $\frac{1}{20}$ die Operation des Erweiterns genutzt hat, um in Prozente *umzurechnen*. Damit zeigt sie ihr vertieftes Verständnis. Zuerst nutzt sie das Erweitern zielgerichtet, um aus dem Ausgangsbruch einen Hundertstelbruch zu erzeugen. In dem erzeugten Hundertstelbruch betrachtet sie nur den Zähler und kann die Prozentzahl des Ausgangsbruchs ermitteln. Die Erklärung, dass der Zähler des Hunderterbruchs, unabhängig von einem Grundwert (Zeile 15), die Prozentangabe ist, weist auf ein tiefergehendes Verständnis hin als der reine Hinweis auf die Notwendigkeit des Erweiterns des Nenners auf 100. Dieser Argumentationsschritt muss explizit gemacht werden, da er deutlich strukturellerer Natur ist: Sowohl das Loslösen von einem Bezugswert, als auch die eigenständige Erwähnung, dass der Bruch $\frac{1}{20}$ gleichwertig mit 5 % sei, führen zur Einordnung in das *Umrechnen/ arithmetisch-strukturelle Beziehungen.*

6.2.1.2 Ikonische Darstellung

Dem Auftrag die Gleichheit zwischen $\frac{1}{20}$ und 5 % ikonisch darzustellen, kamen die Schülerinnen wie folgt nach:

```
29   I   ja, alles klar könnt ihr das in irgendeiner Form vielleicht
         zusammen aufzeichnen das man das erkennt das ein zwanzigstel
         fünf Prozent sind also in irgendner Darstellung
30   K   hmm muss man ein zwanzigstel, so gleich als Zeichen so fünf
         oben fünf drauf und dann irgendwie
31   I   ich hätte gerne ein Bild oder irgendetwas
32   K   nen Bild'
33   I   also irgendwas womit man sich das so richtig vorstellen kann
34   C   man könnte wenn dann ein Bild malen, wo man.. hundert
         Schüler malt und dann fünf, oder zwanzig Schüler und dann
         ein in einer anderen Farbe
35   I   ja bitte
36   C   soll ich malen'
37   K   ja mach ruhig
38   I   mal doch Strichmännchen hin
39   C   ja Strichmännchen..20 Stück muss ich jetzt malen
(Schülerinnen zeichnen 19 und 1 Schüler s. Abbildung 6.22)
40   C   das wäre dann das fünfte
41   K   nein das zwanzigste
42   C   äh das zwanzigste, äh ein zwanzigstel.. also, wenn man jetzt
         das richtig malen würde müsste dann würde man hundert Stück
         malen
```

Die Schülerinnen begannen mit einer Zeichnung von 19 und 1 Schüler, der andersfarbig dargestellt wurde (vgl. Abbildung 6.22).

Das ausschlaggebende Argument für die Einordnung in die Kategoire *Erweitern als Vervielfachen* ist in Zeile 42 vorzufinden. Celina weist darauf hin, dass für eine *richtige* Darstellung 100 Stück benötigt werden würden. Ihre Darstellung funktioniert für 5 % ausschließlich, wenn die Anzahl 100 dargestellt wird. Es benötigt eine dynamische Überarbeitung.

Celina formuliert in diesem Kontext auch, dass 100 Personen benötigt würden um (5)% korrekt darzustellen. Die Betonung der Notwendigkeit, 100 Einheiten zu verwenden wenn man Prozente darstellen will, weist auf die Grundvorstellung Prozente als Zahlen hin. 5 % sind dabei 5 von 100 Einheiten.

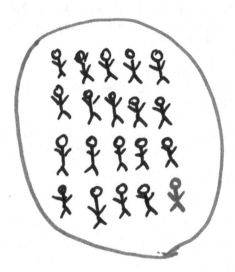

Abbildung 6.22 Ikonische Darstellung Celina und Kira

Der Interviewer überprüft an diesem Punkt, inwieweit die Schülerinnen eine Möglichkeit sehen, die 5 % schon in der vorhandenen Darstellung zu erkennen:

```
43   I   ja, und kann man da irgendwo erkennen das das hier von den
44   C   dann müsste man das könnte man das denn darstellen'(5 sec.)
         also vielleicht kann man das erstmal so zusammen zeichnen,
         ein Kreis drum.. dann haben wir das und dann eine Erklärung
         noch schreiben.. einen roten genommen (Schülerin schreibt 1
         rotes Männchen von 20 Personen=5%) von zwanzig Personen
45   K           von neunzehn
46   C   ja aber das sind ja eigentlich das wären ja eigentlich
         zwanzig
47   K   ja
48   I   warum wären das eigentlich zwanzig'
49   C   weil wir schreiben ja eine Person von zwanzig Personen der
         ganze Kreis sind ja zwanzig Personen
50   I   okay
51   C   dann schreibe ich einfach eine Person von zwanzig Personen
         sind
52   K           fünf Prozent
53   C   so müsste man das jetzt.. anders wüsste ich jetzt nicht wie
         man das malen würden
```

Die Schülerinnen erweitern ihre Darstellung formal wie in Abbildung 6.23 gezeigt.

Abbildung 6.23 Erläuterung konische Darstellung Celina und Kira

Celina und Kira wissen sich nur durch eine symbolische Darstellung zu helfen und schaffen es nicht, einen Zusammenhang in ihrer selbst gewählten Darstellung aufzuzeigen, die die Gleichheit statisch erläutert. Die Beziehung zwischen der einen von 20 Personen und 5 % kann nicht der ikonischen Darstellung entnommen werden, es bedarf des Gleichheitszeichens und der Verschriftlichung von 5 %. Diese Erläuterungen führen sie fort:

```
57   C   wenn man das mit einem Bruch aufschreiben würde
58   I   hmhm ja alles klar.. könnte man jetzt irgendwie noch an dem
         Kunstwerk arbeiten das es fünf Prozent sind oder muss man
         immer wissen das ein zwanzigstel fünf Prozent sind
59   C   ne man müsste es also wenn man das nur sehen würde ohne die
         Aufgabe (hält den Kontext der Aufgabe zu) und die Aufgabe
         wäre wieviel Prozent davon das davon rot sind
60   K                                            dann müsste man
         irgendwie darstellen das das alles äh.. ja man hundert
         Männchen malen würde und dann fünf rot malen würden
```

Celina sieht den Kontext der Aufgabe (Zeile 59) als ein weiteres geeignetes Mittel an, die Gleichheit von $\frac{1}{20}$ und 5 % aufzuzeigen. Es scheint für sie weiterhin keine intuitive Gleichheit zwischen den beiden Angaben zu geben.

In Zeile 60 betont Kira noch einmal, dass es zwingend notwendig sei, 100 Einheiten zu veranschaulichen um 5 % darstellbar zu machen. Aufgrund der zwingenden Notwendigkeit, die Anzahl auf 100 zu erhöhen, erfolgt die Einordnung in die Kategoire *Erweitern als Vervielfachen*. Dennoch ist auffallend, dass für die betreffenden Interviewten eine Gleichheit zwischen der Angabe einem von 20 Schülern und 5 % besteht.

6.2.1.3 Quasiordinale Angabe

Celina und Kira gaben beide an, dass 5 % „jedem Zwanzigsten" entspricht. Zu Beginn sah ihre Begründung wie folgt aus:

```
4    K  (räuspernd) ich hab das jetzt so genommen, weil wir hatten
        ja gerade ein zwanzig ein zwanzigstel sind ja äh fünf
        Prozent und dann ähm zwanzig ist ja mal fünf, sind ja,
        hundert wenn man jetzt von hundert Prozent ausgehen würde
        und dann wenn man jede zwanzigste zählt also von der ersten
        dann die zwanzigste dann die vierzigste dann die sechszigste
        dann die achtzigste dann die hundertste dann sind das ja
        fünf Personen und dann sind es ja von hundert Prozent fünf
5    I  okay Ergänzungen'
6    C  ne so hab ich das auch gerechnet
```

Kira nutzt die bereits gezeigte Gleichheit von $\frac{1}{20}$ und 5 %. Sie begründet dies wiederholt durch das Erweitern mit der 5. Anschließend zählt sie am Beispiel von 100 Schülern ordinal ab. Die 100 hat sie mithilfe des Erweiterns und dem sich daraus ergebenden Nenner generiert. Sie zählt am Ende fünf Personen und beginnt, in Zwanziger-Schritten durchzuzählen. Im Sinne des Argumentationsschemas lässt sich dieses Vorgehen, wie in Abbildung 6.24 gezeigt, aufschlüsseln.

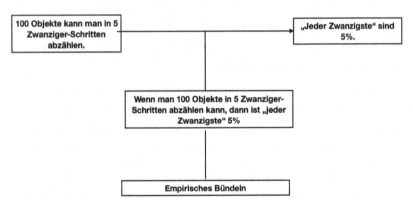

Abbildung 6.24 Toulminschema 2 Celina und Kira

Der Interviewer hakt daraufhin nach, ob die Aussage nur am Beispiel 100 gültig sei:

```
9    I  mhm aber, was ist wenns jetzt nicht hundert Schüler sind
        kann man dann mit Gewissheit sagen das das die richtige
        Antwort ist'
10   C  ja weil die ja sich das ja nicht ändert das ist ja, wenn man
        jetzt zum Beispiel eine Person von zwanzig hat sind das ja
        trotzdem fünf Prozent und dann ändert sich das nicht das man
        halt dann hat man
11   K                aber jeder zwanzigste Schülerin dann hast
        du ja nicht wieder fünf
12   C  ja häh klar wenn du zwanzig Person hast und jeder zwanzigste
        nimmst nimmst du nur die zwanzigste hast du nur eine Person
        und eine Person von zwanzig Person sind fünf Prozent sind
        ein zwanzigstel und so* konnte man das anders hinleiten
13   K                *doch würde gehen
```

Celina zeigt anhand des zusätzlichen Beispiels 20 erneut die Gültigkeit der Gleichheit mit 5 %. auf. Kira unterbricht diese Ausführung und weist auf die nicht vorhandene faktische Anzahl von fünf Schülern (von hundert Schülern) zur Darstellung von 5 % hin. Celina bezieht sich auf den Bruch $\frac{1}{20}$, der für sie hier gleichbedeutend mit 5 % ist (Zeile 11). Auch wenn Kira in Zeile 13 zustimmt, scheint für sie keine unmittelbare Gleichheit zwischen dem Bruch $\frac{1}{20}$ und 5 % zu bestehen. Kira scheint gedanklich darauf festgelegt zu sein, dass 5 % auch immer 5 Personen bedeuten. Im Rahmen dieser Argumentation kann ihr die Grundvorstellung *Prozente als Zahlen* zugeordnet werden. Ihre Argumentation wird im Schema der Abbildung 6.25 zusammengefasst.

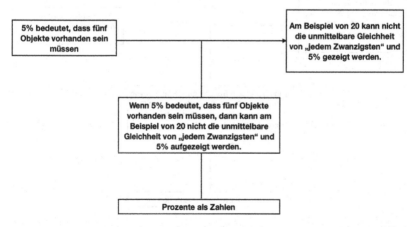

Abbildung 6.25 Toulminschema 3 Celina und Kira

Der Interviewer hinterfragt anschließend noch einmal den Begriff des *Hinleitens*:

```
14   I   was was meinst du jetzt mit hinleiten
15   C   also wenn ich jetzt zum Beispiel vierzig Prozent mit vierzig
         Leute meine hundert Prozent sind dann ähm ich jede
         zwanzigste Schülerin nehm dann sind das ja die zwanzigste
         und die vierzigste sind zwei Schülerinnen oder Schüler und
         zwei von vierzig sind ja zwei vierzigstel und zwei
         vierzigstel sind wieder fünf Prozent
```

Hier zeigt sich Celina sehr flexibel, indem sie ein weiteres Beispiel heranzieht und auch für 40 die Gültigkeit der Aussage „jeder Zwanzigste" sind 5 % begründet. Sie argumentiert hierbei mit dem Bruch $\frac{2}{40}$, der für sie ebenfalls gleichbedeutend mit 5 % ist. Der Verweis auf Vielfache von 20 ist hierbei im Kontext des Erweiterns als Vervielfachen zu sehen. Die Interviewten erhöhen die Anzahl um neunzehn und einen, ohne das Verhältnis und damit 5 % zu verändern. Wichtig in diesem Zusammenhang ist es, dass sie den Nenner um 20 erhöhen und nicht nur um 19. Ihre Argumentation basiert auf einer *Perlenkettenargumentation*, da laut Celina genau der Zwanzigste und Vierzigste markiert werden müssen. Die Korrektheit dieses Vorgehens wird mit dem Bruch $\frac{2}{40}$ begründet. Dies wird im Argumentationsschema der Abbildung 6.26 dargestellt.

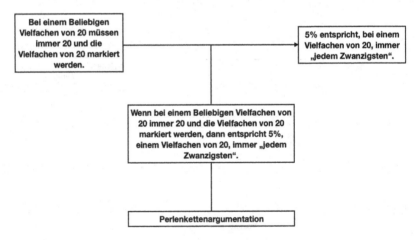

Abbildung 6.26 Toulminschema 4 Celina und Kira

6.2.1.4 Das Hunderterfeld

Die Schülerinnen markierten das Hunderterfeld im Sinne der quasiordinalen Angabe „jeder Zwanzigste" wie in Abbildung 6.27 gezeigt.

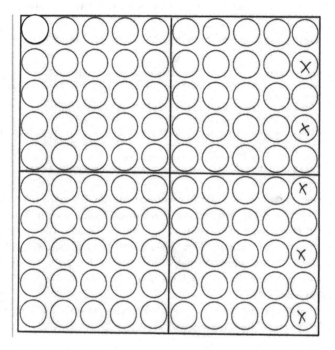

Abbildung 6.27 Hunderterfeld 1 Celina und Kira

Beginnend von oben links wurde fortlaufend jeder zwanzigste Kreis markiert. Am Ende sind somit fünf von 100 Kreisen markiert. Auf die Frage, wie das Hunderterfeld bei 300 Schülern zu überarbeiten sei, antworteten die Interviewten wie folgt:

```
44   C  dann wären das ja.. wären fünfzehn Schüler fünf Prozent
45   K  dann bräuchte man ja, ne größere Tafel
46   I  okay, ne größere oder
47   C  dann bräuchte man zwei mehr davon
```

Augenblicklich antwortet Celina, dass bei 300 Schüler 5 % 15 entspricht. Im Sinne des Erweiterns als Vervielfachen nutzt sie die bekannten Werte von 100

Schülern und erweitert auf 300. Auf die Frage, wie dies in das Hunderterfeld zu übertragen sei, antworten die Interviewten ebenfalls im Sinne des *Erweiterns als Vervielfachen* und betonen die Notwendigkeit, 300 Objekte darzustellen.

Anschließend fordert der Interviewer die Interviewten noch einmal auf, zu erläutern, warum 15 Schüler bei einem Grundwert von 300 5 % entsprechen.

```
50   I   habt ihr schon gesagt wieviele das waren wären dann'
51   K   fünfzehn
52   C   fünfzehn das wären fünf Prozent
53   I   warum wären das fünf Prozent
54   C   ähm weil dreihundert das ganze sind und von dreihundert ähm
         dreihundert gedurch äh
55   K     wieso, kürzen wenn du dreihundert wieder auf hundert kürzt
56   C
         achso ja wenn man dreihundert auf hun dert kürzt dann hat
         man aber wie willst du denn das andere kürzen'
57   K   fünfzehn und dreihundert durch drei sind hundert und
         fünfhundertstel und dann hast du wieder fünf, Prozent
```

Ohne eine Erklärung, wie die Interviewten auf das Ergebnis 15 gekommen sind, begründen sie die Korrektheit des Ergebnisses. Celina nutzt in Zeile 56 das Kürzen auf 100, um aufzuzeigen, dass 15 von 300 das Gleiche wie $\frac{5}{100}$ und damit auch wieder 5 % sind. Während Kira zuvor nur die unmittelbare Gleichheit mit 5 % bei 100 Objekten unterstellt hat, stimmt sie in dieser Passage direkt zu. Mit dieser Veränderung ihrer Vorstellung von 5 % kann ihr ein Lernfortschritt unterstellt werden.

Der Interviewer erfragt dann noch, ob die Interviewten eine Möglichkeit sehen, 300 Schüler in einem Hunderterfeld darzustellen:

```
75   I   alles klar.. gibts irgend ne Möglichkeit das man in einer
         hunderter Tafel dreihundert Schüler unterbringt würde man
         das irgendwie hinbekommen'
76   C   ja also also wenn man jeden Kreis mal drei zählt
77   I   wie könnte man das darstellen'
78   C   jeden Kreis dritteln
```

Die Idee, die Kreise zu dritteln steht inhaltlich nicht in einem Zusammenhang mit dem Erweitern als Vervielfachen. Dies kann aber auf die Aussage des Interviewers zurückgeführt werden, der zum einen nach einer weiteren Antwort fragt, zum anderen betont, dass der Sachverhalt innerhalb eines Hunderterfelds dargestellt werden soll. Die Idee einen Kreis zu dritteln, verdeutlichen die Interviewten am Beispiel des ersten Kreises oben links (vgl. Abbildung 6.28):

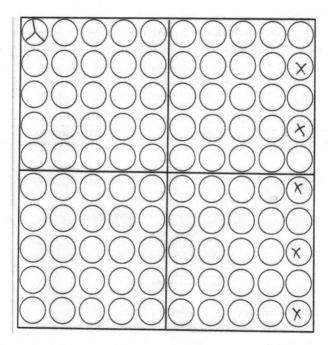

Abbildung 6.28 Hunderterfeld 2 Celina und Kira

6.2.1.5 Zahlenangaben

Im Rahmen dieser Aufgabe entschieden sich beide Interviewten für die Antwortmöglichkeiten „10 von 200 Schüler" und „50 von 1000 Schüler". Celina begründete dies wie folgt:

```
10    I    a und c okay Celina fang an warum a'
11    C    also a weil wir haben wir wissen ja schon das fünf Prozent
           von hundert Schülern wären, fünf Schüler wenn man das dann
           erweitert also fünf hundertstel wären das ja, und wenn man
           das erweitert auf zwei hundert ähm dann hätte man zehn
           hundertstel äh zehn zweihundertstel und äh zehn
           zweihundertstel sind ja, äh dann fünf Prozent wenn man dann
           nichts von weiß das das man das erweitert hat.. und ähm das
           mache ich genau so dann bei dem also bei zehn wenn ich fünf
           hundertstel hab mal zehn dann komme ich auf zehn tausendste
           tausendstel ähm, dann fünfzig tausendstel wären auch fünf
           Prozent
```

Sie interpretiert die gegebenen Zahlenangaben als Bruch und erweitert, beginnend bei $\frac{5}{100}$. Beim *Erweitern* mit 2 erhält man $\frac{10}{200}$, was 5 % entspricht. Beim Erweitern mit 10 erhält man $\frac{50}{1000}$, womit auch gesichert ist, dass es sich bei der Angabe „50 von 1000 Schüler" um 5 % handelt. Diese Argumentation lässt sich im Argumentationsschema der Abbildung 6.29 zusammenfassen.

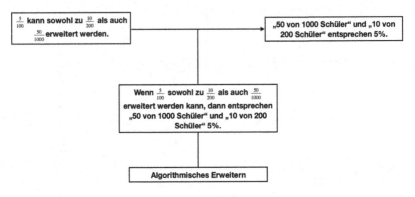

Abbildung 6.29 Toulminschema 5 Celina und Kira

Im weiteren Verlauf des Interviews zeigten sich interessante Details hinsichtlich des Verständnisses der Interviewten von Prozenten:

```
12   I   warum b nicht'
13   K   ähm weil wir ja äh fünf Hundertstel sind also wenn wir jetzt
         von hundert Schülern ausgehen sind ja fünf Schüler ähm fünf
         Prozent und dann äh dann könnte kann das ja nicht passen
         wenn man dann plötzlich vier hundert Schüler hat weil dann
         müssen es ja zwanzig ähm, von zwanzig Prozent sein also
14   I       zwanzig Prozent'
15   K   ähm also man müsste zwanzig Prozent aller Schülerinnen und
         Schüler haben damit die Aussage stimmen kann weil wir ja
         schon fünf Prozent also fünf Schüler bei hundert haben und
         dann kann das ja nicht bei vierhundert sein weil das ja mal
         vier ist
16   C   ah aber fünf fünf äh fünf.. zwanzig Prozent können es auch
         irgendwie nicht sein
17   K   doch mal vier fünf mal vier fünf mal vier und hundert mal
         vier sind vierhundert und also eigentlich müssten es bei
         (..) zwanzig von vierhundert sein
```

Kira soll erläutern, warum „5 von 400 Schülern" nicht fünf Prozent entsprechen können. Sie beginnt, dass 5 % fünf von hundert Schülern bedeute.

Anschließend führt sie aus, dass es bei 400 Schülern 20 % sein müssten. Auf Nachfrage des Interviewers wiederholt sie dies noch einmal. Das Gleichsetzen der faktischen Anzahl mit einem prozentualen Anteil ist ein wiederholt auftretendes Muster in den Interviewverläufen, gerade bei jenen Interviewten, die der Kategorie *Erweitern als Vervielfachen* zugeordnet wurden. Es kann dabei als typische Fehlinterpretation der Grundvorstellung *Prozente als Zahlen* verstanden werden. Celina weist daraufhin, dass es aber auch nicht zwanzig Prozent sein können. Zum Ende dieser Sequenz beschränkt sich Kira darauf, nur die faktische Anzahl 20 von 400 als Wert für 5 % zu nennen.

Anschließend sollte erläutert werden, warum zwei Angaben gleichzeitig korrekt sein konnten. Kira begründete wie folgt:

```
28   I   alles klar.. dann habe ich noch die Frage, jetzt sind ja
         hier, zwei Sachen richtig gewesen, ähm warum warum können
         hier mehrere Sachen richtig sein und in den vorherigen war
         nur immer eine Sache richtig also klar ich habe das so
         ausgesucht aber
29   K   weil äh, also also man muss ja gucken ob das also zum
         Beispiel ein zwei hundert durch äh einhundert sind ja zwei
         und wenn man das dann wenn man die fünf mal zwei nimmt dann
         sind es ja dann immer auf hundert kürzen wieder auf hundert
         Prozent und dann muss man äh gucken also um wieviel man
         gekürzt hat und zum Beispiel da haben wir um zwei gekürzt
         also bei zweihundert und dann müsste man das ja durch zwei
         und dann müssten das ja auch.. durch äh zwei und dann müsste
         man ja wieder auf fünf Prozent von hundert kommen
```

Auch in diesem Zusammenhang wird *das algorithmische Erweitern und Kürzen* genutzt. Dabei fällt wieder auf, dass Kira auf *hundert Prozent* (Zeile 29) kürzen möchte, damit zeigt sich die Verbindung von 100 % mit 100 Objekten. Eine weitere Besonderheit ist die Beschreibung des Kürzens als zwei getrennte Vorgänge: Zuerst ist der Nenner auf 100 zu kürzen, anschließend muss der Zähler mit derselben Zahl gekürzt werden.

Das entsprechende Argumentationsschema zeigt Abbildung 6.30.

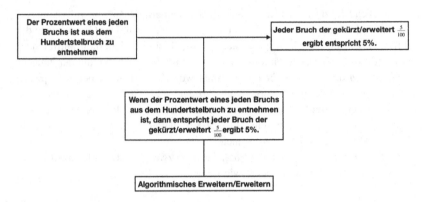

Abbildung 6.30 Toulminschema 6 Celina und Kira

6.2.1.6 Zahlenstrahl

Den gezeigten Sachverhalt sollten die Interviewten anschließend auf ikonische Darstellungen übertragen. Dabei sollten zuerst die Darstellungen genutzt werden, die in den vorherigen Arbeitsschritten entstanden sind:

```
36   I   kann man denn bei euer ersten Darstellung mit den Menschen
37   C   hübsch
38   I   sehr hübsch.. kann man das da erkennen also sehen das beides
         richtig ist
39   C   also jetzt könnte man es nicht sehen da müsste äh.. eine von
         zwanzig Personen wenn man das jetzt
40   K                               es würde gehen wenn man das
         wieder runterkürzt auf, zwanzig
41   C   man hätte in der aktuellen Darstellung ja ein zwanzigstel
42   I   ja
43   C   und ähm man könnte ein Zwanzigstel darauf beziehen wenn man
         das malrechnet
44   I   okay aber direkt sehen könnte man es nicht
45   C   nein direkt sehen, man müsste sich dann hiervon den Bruch
         nehmen das wäre ja ein Zwanzigstel und äh den dann erweitern
         und gucken ob man dann darauf auch auch kommt und dann sind
         das beides fünf Prozent
```

In der bereits genutzten Darstellung (vgl. Abbildung 6.22) mit 20 Schülern ist für Kira und Celina nicht direkt zu erkennen, dass sowohl „10 von 200 Schüler" als auch „50 von 1000 Schüler" 5 % entsprechen. Zwar ist der Bruch $\frac{1}{20}$ zu erkennen, dafür muss man aber wissen, dass die beiden gegebenen Angaben, wenn sie gekürzt werden, eben jenem Bruch entsprechen.

Auch im Hunderterfeld ist die Gleichheit der beiden Angaben nicht direkt zu erkennen:

```
46   I   und kann man es hier (zeigt auf das bereits genutzte
         Hunderterfeld) sehen direkt das beides richtig ist'
47   C   wenn man jetzt beide hat dann wären das ja hier schon zehn..
         also das könnte man sehen wenn man das jetzt auswerten würde
         wenn man das jetzt hat und wenn da die alle angekreuzt sind,
         dann könnte man sich das auswerten das wären ja zehn
         zweihundertstel und dann hätte man fünf Prozent
```

Im Sinne des *Erweiterns als Vervielfachen* benötigt Celina 2 bzw. 10 Hunderterfelder, um den gegebenen Sachverhalt darzustellen. An den zwei zuvor bereits markierten Hunderterfeldern kann sie zeigen, dass es sich um 5 % handelt, da zehn von 200 Kreisen markiert sind, was dem Bruch $\frac{10}{200}$ entspricht. Sie argumentiert in diesem Moment aber nicht über die gleiche Markierung der beiden Felder, um die Konstanz bzw. Proportionalität zu erläutern.

Als nächstes legt der Interviewer den Zahlenstrahl, mit dem Auftrag an diesem zu visualisieren, warum beide Angaben 5 % entsprechen. Diesem Auftrag kommen die Interviewten wie in Abbildung 6.31 gezeigt nach.

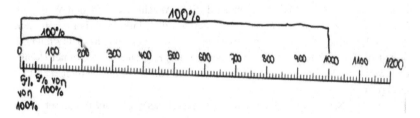

Abbildung 6.31 Zahlenstrahl Celina und Kira

Warum beide Angaben 5 % entsprechen, begründen Celina und Kira wie folgt:

61   C   oder ich würde das so einklammern.. ich würde das hier
          vielleicht so also weil also weil das ja auch schon schwarz
          ist hier oben einklammern und dann einfach markieren wo die
          zehn sind das man jetzt weiß das sind die ganzen in unserer
          Aufgabe
62   K   dann schreib einhundert Prozent drüber
63   C   das wären die ersten hundert.. Prozent und davon*zehn Stück
          das wären ja hier machen wir mal bei diesen Strich, das
          wären fünf Prozent von, hundert
64   K   *zehn
65   K   und dann noch bei tausend
66   C   dann müsste man das ja noch länger malen.. und dann haben
          wir hier fünf Prozent von den hundert Prozent die hier
          oben..höher sind so würde ich das aufmalen
[...]
73   C   man könnte sich vielleicht nochmal klar machen wenn man bei
          hundert wenn hundert von denen hätte wenn man hundert als
          ganzes hätte, ähm wie viele man dann anmalen müsste also
          wieviel bei welchem Strich man dann malen müsste weil das
          ist ja dann leicht bei hundert kannst du ja direkt auf
          hundert Prozent ähm das wären ja fünf Stück und äh weil wir
          ja das doppelte haben bei zweihundert hätten wir, äh zehn
          Stück also da müsste man das ja beides verdoppeln also hätte
          man zehn Stück, da könnte man sich das so erweitern wenn man
          jetzt direkt drauf kommen müsste

Argumentiert wird vorwiegend über die Anzahl der Markierungen in der jeweiligen *Klammer* (Zeile 61). Bezogen wird diese Anzahl noch auf den Wert 100. Wenn es bei 100 5 Einheiten sind, muss bei 200 die Markierung bei der 10 sein und bei 1000 bei 50, und so sind es jeweils 5 % der entsprechenden *Klammer.* Diese Erläuterung basiert wieder auf einer Idee des Kürzens: Die Klammern könnten jeweils auf den entsprechenden Wert von 100 zurückgeführt werden, damit ist gezeigt, dass es sich um 5 % handelt.

Im letzten Schritt wurde den Interviewten noch der von Marvin und Sebastian beschriftete Zahlenstrahl (vgl. Abbildung 6.10) vorgelegt, der erläutert werden sollte:

```
79   K   die haben äh, die haben zwei Schritte äh also jede Aufgabe
         die haben das nicht wie bei uns wir haben das ja in einem in
         einen Zahlenstrahl gebracht und die haben äh das die haben
         für beide Aufgaben verschiedene Einheiten genommen also ähm,
         die haben größere Schritte hier genommen als da
80   C   und dann haben die die fünf Prozent einmal eingezeichnet so
         das man das einheitlich sehen kann das beides passt
81   K   stimmt ja
82   C   das der eine Strich schon passt für beide Angaben
83   K   weil die da haben die äh ein Strich für zehn und da haben
         die einen Strich für zwei und dann ähm haben die geguckt auf
         äh also so dargestellt das es weil es ja verschiedene
         Schritte sind also Abstände und dann ähm würde das passen
         also das es genau auf dem gleichen sind
```

Celina und Kira sind in der Lage, den Zahlenstrahl theoretisch mehrdeutig zu interpretieren. Sie erklären, dass es sich um zwei verschiedene Zahlenstrahle handele, die in einer Darstellung zusammengefasst seien. Eine Markierung habe, je nachdem ob sie sich oberhalb oder unterhalb des Zahlenstrahls befinde, eine andere Bedeutung, damit liege aber 5 % sowohl für 1000 Schüler als auch für 200 Schüler an derselben Stelle.

6.2.2 Cora und Carla

Der Interviewverlauf von Cora und Carla ist nicht konsistent der Kategorie *Erweitern als Vervielfachen* zuzuordnen. Die Begründung dafür, dass die Einordnung dennoch vorgenommen wurde, liegt in der genutzten ikonischen Darstellung.

6.2.2.1 Bruchangabe

Carla entscheidet sich zu Beginn des Interviews als einzige Befragte für die Antwortmöglichkeit $\frac{15}{100}$. Sie begründete dies anschließend wie folgt:

```
8    Ca   ich hab c
9    I    okay warum' äh Carla
10   Ca   ähm weil fünf Prozent ähm der Schüler gehen also ich
          dachte jetzt wenn man das vielleicht irgendwie umrechnen
          könnte oder so das man das dann auf hundert rechnen kann
          und das man weil man die fünf Prozent oder die fünf dann
          auch noch mit erweitern muss das man dann auch auf
          fünfzehn Hundertstel kommt
11   I    und wie rechnet man das um'
12   Ca   ähm (5 sec.) versuchen das fünfzehn Hundertstel
          irgendwie in fünf Prozent umzurechnen muss
13   I    Wie sähen fünf Prozent aus' (4 sec.) irgend ne Idee
          oder'
14   Ca   ne eigentlich nicht
```

Carla versucht ab Zeile 10 etwas *umzurechnen*, um beginnend mit 5 % *auf* 100 zu *rechnen*. Es kann vermutet werden, dass sie zum Hundertstelbruch erweitern möchte, da sie im Folgenden vom *Erweitern* spricht. Sie scheint der Überzeugung zu sein, dass auf diese Weise der Bruch $\frac{15}{100}$ entstehen kann. Wohlmöglich hat sie der Nenner 100 im ersten Moment dazu bewogen, sich für diese Antwort zu entscheiden. Unter dieser Annahme assoziiert sie den Prozentbegriff mit einem Hundertstelbruch. Aus diesen Überlegungen könnte geschlossen werden, dass es Carla nicht möglich war, in den beiden Stammbrüchen eine Gleichheit mit einem Hundertstelbruch zu erkennen. In Zeile 12 zeigt sie zusätzlich noch den Gedankenansatz, mit $\frac{15}{100}$ zu beginnen und diese in 5 % umzurechnen. Wie dies umsetzbar wäre, kann sie nicht anführen. Der Interviewer fordert Cora auf, ihre Lösung, $\frac{1}{20}$ zu begründen. Sie argumentiert im Sinne des klassischen Erweiterns:

```
15   I    (zu Cora) willst du mal erzählen
16   Co   äh ich hab den Nenner und den Zähler also zwanzig mal
          fünf gerechnet und einmal fünf und das wären fünf
          hundertstel also ich habs auf hundert gerechnet
17   I    okay und was sind fünf hundertstel'
18   Co   fünf Prozent
20   Co   äh..
21   I    Mal fragen wir was anderes, äh warum darf man so einfach
          beides mal fünf rechnen'
22   Co   mmm weil man wenn man ein den Nenner zum Beispiel mal
          fünf rechnen muss muss man das andere auch mal fünf
          rechnen
23   I    und was passiert dann'
24   Co   dann erweitert man den Bruch
```

Cora erläutert, dass Zähler und Nenner mit Fünf multipliziert werden (Zeile 16) und setzt das Ergebnis $\frac{5}{100}$ mit 5 % gleich. In Zeile 22 erläutert sie darauf aufbauend, wie der algorithmische Prozess des Erweiterns funktioniert. Die Korrektheit dieses Schrittes begründet sie nicht.

Aufgrund dieser fehlenden Begründung wird die Stützung ihrer Argumentation als *arithmetisches Manipulieren von Zahlen(paaren)* eingeordnet, da Cora das rein algorithmische Vorgehen beschreibt (vgl. Abbildung 6.32).

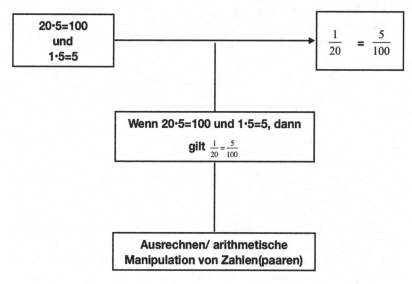

Abbildung 6.32 Toulminschema 1 Cora und Clara

Der Interviewer erfragt anschließend, wie aus dem Bruch $\frac{5}{100}$ auf 5 % geschlossen werden kann:

```
29   I    und dann ist man bei fünf hundertstel und das sind fünf
          Prozent', macht das Sinn' fünf hundertstel gleich fünf
          Prozent'
30   Ca   ja schon
31   I    warum'
32   Ca   weil die Zahl die da oben steht soll muss oder ja weils
          fünf hundertstel sind dann muss man äh die Zahl von oben,
          oder die Zähler äh einfach äh das dann übernehmen und dann
          Prozent hinschreiben
```

Auch in diesem Abschnitt wählen die Interviewten ein rein algorithmisches Vorgehen zum Erschließen einer Prozentangabe. Bei einem Hundertstelbruch sei der Zähler die entsprechende Prozentzahl. Die Gültigkeit dieses Schritts wird nicht begründet. Auffällig ist, dass diese Erklärung von Carla stammt, die zuvor noch $\frac{15}{100}$ in 5 % umwandeln wollte. Die fehlende inhaltliche Begründung manifestiert sich vor allem in der Verwendung des Wortes *hinschreiben*.

6.2.2.2 Ikonische Darstellung

Anschließend wurden die Interviewten aufgefordert, die zuvor symbolisch gezeigte Gleichheit ikonisch darzustellen:

```
46   I    ähm jetzt würde ich euch bitten das ihr zusammen, irgendwie
          in irgendner Form dies ein zwanzigstel, mal aufmalt was ihr
          euch darunter vorstellt könnt ihr euch gern absprechen, was
          ihr da versteht
[...]
49   Ca   am besten so ein Quadrat malen
50   Co   achso ja und dann solche Quadrate da rein'
51   Ca   ja so eins (deutet mit dem Stift ein Rechteck auf dem
          leeren Blatt an) und dann Kästchen da drin und dann ein
          Kästchen von zwanzig ausmalen
52   Co   ja (lacht)
53   Ca   das kannst du mal malen
54   Co   und jetzt zwanzig oder'
55   Ca   mhm
Schülerinnen beginnen zu zeichnen
56   Ca   da fehlen noch fünf Kästchen
57   Co   oh stimmt das sind nur fünfzehn
58   Ca   soll ich eins ausmalen'
59   Co   mhm (Carla malt eins der zwanzig Kästchen rot an)
60   Ca   so hätten wir uns das jetzt vorgestellt
```

Die Schülerinnen beginnen damit $\frac{1}{20}$ als ein Rechteck darzustellen, das sie in zwanzig kleinere Kästchen unterteilen. Eins dieser zwanzig kleineren Kästchen markieren sie farbig (vgl. Abbildung 6.33).

Abbildung 6.33 Ikonische Darstellung 1/20 Cora und Clara

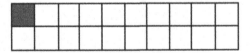

Der Interviewer erfragt anschließend, was die Interviewten inhaltlich mit dem roten Kästchen verbinden:

```
61   I    und was bedeutet jetzt das rote Kästchen'
62   Ca   ja das eins angemalt ist.. also ein von zwanzig
63   Co                                    das das
          (zeigt auf das rote Kästchen) der Zähler ist
64   I    und was ist der Nenner'
65   Co   ähm die ganzen Kästchen generell auch mit dem halt
```

Die Schülerinnen leisten hier einen Transfer von der ikonischen Darstellung zur symbolischen Ebene. Sie verbinden die Anzahl der gesamten Kästchen mit dem Nenner und das markierte Kästchen mit dem Zähler.

Im Anschluss erfragt der Interviewer, ob in der erzeugten ikonischen Darstellung auch zu erkennen sei, dass es sich um 5 % handelt:

```
68   I    ja okay, und sieht man jetzt das das auch fünf Prozent
          sind'
69   Co   ne, weil da nicht erweitert wurde
70   I    okay und was müsste man machen um die zu erweitern
71   Co   äh, noch.. fünf Kästen also
72   Ca   noch fünf Kästen dazumalen'
73   Co │ ne* nicht noch fünf das es mehr so halt noch halt Kästchen
        │ dazumalen wenn man das man auf Hunderstel kommt oder auf
        │ Hundert
74   Ca │    *ne
75   I    okay
76   Co   und dann muss man das auch wieder malnehmen als ein mal
          fünf und das man dann fünf wieder ausmalt
77   Ca   fünf ausmalt und hundert Kästchen hat
```

Im Sinne des *Erweiterns als Vervielfachen* weisen die Schülerinnen darauf hin, dass die Ausgangsdarstellung vervielfacht werden muss, um insgesamt 100 Kästchen dazustellen, von denen dann 5 markiert werden müssten (Zeile 71 und 76). Die erzeugte Darstellung (vgl. Abbildung 6.34) steht inhaltlich in einem Zusammenhang mit der normativ beschriebenen Grundvorstellung von Prozenten als Zahlen. Die Betonung von 100 Objekten, die erzeugt werden müssten, um Prozente darzustellen, lassen diesen Schluss zu. Vor allem da die Interviewten nicht das ursprüngliche Objekt verändern, sondern dieses Vervielfachen, erfolgt die Einordnung in die Kategoire *Erweitern als Vervielfachen.*

Auffallend ist in diesem Zusammenhang die Verwendung der Begriffe Erweitern und Hundertstel, die sich primär einem symbolischen Umgang zuordnen lassen. Die Schülerinnen nutzen diese Begriffe ebenfalls im Kontext ihrer ikonischen Darstellung.

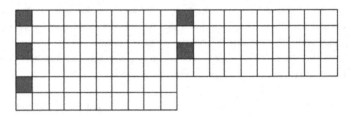

Abbildung 6.34 Ikonische Darstellung 5 % Cora und Carla

Der Interviewer erfragt im weiteren Verlauf, ob die Interviewten eine weitere Möglichkeit sehen, aus der Ausgangsdarstellung abzuleiten, dass $\frac{1}{20}$ und 5 % das Gleiche sind:

```
79   I    [...] könnte man das denn auch irgendwie in dem von euch
          schon gemalten Rechteck könnte man das so verändern das man
          das noch sieht das es fünf Prozent sind'
80   Co   (10 sec.) ich glaub schon
81   I    mhm
82   Co   äh wenn jedes Kästchen fünf Prozent ist äh fünf obwohl ne
          das ist falsch
83   I    sag doch erstmal (4 sec.) was war deine Idee'
84   Co   also das ähm.. das halt jedes Kästchen so insgesamt fünf
          Prozent sind
85   I    mhm
86   Co   und wenn man das wieder zusammenrechnet al.es also fünf
          plus fünf und so das man dann auf hundert kommt und wenn
          dann eins ausgemalt das das fünf hundertstel sind
```

Cora nutzt einen statischen Ansatz, indem sie den Kästchen einen Wert ungleich Eins zuschreibt. Sie interpretiert jedes einzelne Kästchen als 5 %, so dass alle 20 Kästchen insgesamt 100 % sind. Sie führt anschließend auf, dass der Anteil eines Kästchens dann $\frac{5}{100}$ entspricht (Zeile 82). In diesem Moment nehmen die 5 % als eigenständiges Objekt wieder eine untergeordnete Rolle ein. Der Hundertstelbruch hat für sie den entscheidenderen Charakter als die Eigenschaften des Objektes 5 %. Auf dieser Basis wurde ihre Antwort nicht in die Kategorie *quasikardinaler Aspekt* vorgenommen, sondern in das *Erweitern als Vervielfachen.*

6.2.2.3 Quasiordinale Angabe

Cora und Carla gelingt es nicht, sich zu entscheiden, ob 5 % „jedem Fünften"
oder „jedem Zwanzigsten" entspricht. Ihre Begründungen lauteten:

```
Szene 1.3.: Erarbeitungsphase 1b: Sind 5% a) Jeder 20. oder b) Jeder
5.?
Phase 1.3.1.: Auswahl der Antwortkarten
(Schüler entscheiden sich nicht eigenständig für eine Antwort)
1    I    es gibt jetzt neue Antwortmöglichkeiten
2    Ca   jetzt bin ich aber gespannt (lacht) (10 sec.)
3    I    keine Idee'
4    Co   ne.. also eigentlich schon ich würd sonst a sagen
5    Ca   ich würd b sagen.. weil wenn äh wenn man das wieder
          umrechnet zum Beispiel fünf Hundertstel das ähm das ähm..
          obwohl ne ich habe die Frage falsch verstanden ich glaub
          das ist a
```

Die Interviewten entscheiden sich unterschiedlich, ohne dies zu begründen.
Carla scheint sich zu Beginn ihrer Überlegungen zu stark auf die Fünf zu fokussieren. Am Ende ihrer Ausführung entscheidet sie sich um und wählt nun „jeden
Zwanzigsten" als Antwort. Sie begründet dies damit, dass sie die Frage zunächst
falsch verstanden hätte. Der Interviewer fordert sie daraufhin auf, ihre Antwort
zu begründen:

```
6    I    warum'
7    Ca   ähm.. weil der Nenner ja zwanzig ist
8    I    (zeigt auf jeder Zwanzigste) wo siehst du den Nenner
          zwanzig'
9    Ca   ne also wenn man das jetzt von von fünf Prozent irgendwie
          ausrechnen würde
```

Carla erkennt in der Zwanzig der quasiordinalen Angabe „jeder Zwanzigste"
den Nenner des vorherigen Bruchs wieder und begründet damit ihre Auswahl.
Sie möchte bei 5 % anfangen *auszurechnen* (Zeile 9). Wie dieses Ausrechnen
aussehen könnte, erläutert sie nicht. Hier ist eine inhaltliche Nähe zu der Antwortkategorie **Nutzen der Bruchbeziehung** zu finden. Da die Interviewten aber
keine inhaltliche Begründung für die Gleichheit nutzen, erfolgt keine Einordnung
in diese Kategorie. Der Interviewer befragt die Schülerinnen anschließend, was
sie denn genau mit der Formulierung *jeder* verbinden:

```
10    I     fangen wir mal anders an was bedeutet denn jeder
            zwanzigste oder jeder fünfte (8 sec.) was stellt ihr
            euch da vor' wenn wenn sowas da steht
11    Ca    das vielleicht äh irgendwie, so und so viel Schüler ähm,
            laufen zur Schule
12    I     mhm
13    Ca    oder das sie sie ähm.. das halt insgesamt die Klasse ist
14    I     was hat das mit dem jeder zwanzigste auf sich.. jeder
            fünfte.. wie könnte man sich das vorstellen'
15    Ca    ich weiß nicht wie ich das erklären soll
16    Co    vielleicht jede zwanzig Schülerinnen sind fünf Prozent
17    I     ja darum gehts (kopfnickend)
18    C     ja
```

Hier können Cora und Carla zumindest nicht verbalisieren, was sie mit der
Formulierung verbinden. Ihre Erläuterungen in Zeile 100–103 zeigen weder
inhaltliche Verbindungen mit einem Anteil noch mit anderen Grundvorstellungen der Prozentrechnung. Die Schüler beziehen sich hier nur auf feste Angaben
wie etwa die ganze Klasse oder eine feste Anzahl an Schülern, die zur Schule
gehen. Um den Interviewten eine Hilfe zur Veranschaulichung zu bieten, teilt der
Interviewer das Hunderterfeld aus.

6.2.2.4 Das Hunderterfeld
Nach einer allgemeinen Besprechung des Hunderterfelds richtet der Interviewer
den Fokus wieder auf die ursprüngliche Aufgabe:

```
31    I     genau.. und jeder fünfte oder jeder zwanzigste wie könnte
            man das denn jetzt eintragen in dem Feld'
32    Ca    entweder fünf oder vielleicht zwanzig
33    I     komplett anmalen'.. wenn wir jetzt sagen wir wollen die
            markieren ja'
34    Ca    ja
```

Carla schlägt vor, fünf und zwanzig Kreise zu markieren, um „jeden Fünften" und „jeden Zwanzigsten" darzustellen. Dies kann als Hinweis gewertet
werden, dass für die Interviewten keine inhaltliche Verbindung mit dem Wort
jeder besteht. Der Interviewer greift anschließend ins Geschehen ein, um den
Interviewten den Ablauf zu erleichtern:

```
35    I     so fünf durchstreichen äh fünf anstreichen und zwanzig
            anstreichen'.. okay ähm jeder fünfte bedeutet eigentlich
            das man wenn man jetzt sagen wir mal alle Schüler hier
            hinstellen würde an der Schule und dann würde man zählen
            eins zwei drei vier fünf, das ist der erste fünfte dann
            wieder eins zwei drei vier fünf jeder fünfte oder jeder
            zwanzigste bis zwanzig dann ist der es wie könnte man das
            jetzt vielleicht da
```

Da der Interviewer mit diesen Aussagen den Interviewten seine Vorstellung von der Lösung vorstellt, ist der folgende Interviewausschnitt zur Auswertung ungeeignet. Bei Äußerungen von Cora und Carla kann im Folgenden nicht zweifelsfrei geklärt werden, ob diese eigenen Überlegungen entstammen oder auf Basis der Aussage des Interviewers getätigt wurden.

Die Auswertung des Interviews setzt in dem Moment wieder ein, indem die Interviewten über die Allgemeingültigkeit der Aussage „jeder Zwanzigste" entspricht 5 % diskutieren.

Auf die Frage hin, ob jeder Zwanzigste auch 5 % sei, wenn nicht 100 Personen betrachtet werden, entspann sich folgende Diskussion:

```
102  I    jetzt haben wir uns ja nur den Fall für hundert Schüler
          angeguckt mhm die hundert Kreise.. ähm ist das denn immer
          richtig also ist jeder zwanzigste immer fünf Prozent' weil
          hier steht ja gar nicht wieviel Schüler es sind
103  Ca   mhm (schüttelt mit dem Kopf)
104  I    ist nicht immer richtig' weil
105  Ca   ne weil wenn da jetzt zum Beispiel noch hier (zeigt
          oberhalb der obersten Zehnerreihe) eine Reihe wär dann
          hätte man den ja auch wieder mit anmalen müssen
106  I    mhm
107  Ca   weil das ja dann wieder zwanzig wären
108  I    ja
109  Ca   dann wären es sechs Prozent
```

Carla weist eigenständig darauf hin, dass bei einer Anzahl größer als 100 eine weitere Person markiert werden müsste (Zeile 105). Sie erläutert daraufhin, dass eine zusätzlich markierte Person dazu führe, dass nun 6 % markiert sein. Diese Erläuterung ist im Kontext der Grundvorstellung Prozente als Zahlen zu sehen, da für sie 6 Objekte gleichbedeutend mit 6 % sind. Für Carla ist der proportionale Anstieg des Grundwerts und Prozentwertes nicht gleichbedeutend mit der Konstanz des Prozentsatzes. Der Anteilsgedanke gerät in den Hintergrund, da Carla das Zunehmen des Grundwerts nicht in die Interpretation des sechsten Kreises mit einbezieht. Für Cora steht im Vordergrund, dass 6 Objekte markiert wurden, somit müssen es auch 6 Prozent sein. Im Sinne der von-Hundert-Vorstellung gelingt es ihr nicht, den Sachverhalt auf 100 Einheiten zu übertragen. Der Interviewer fragt daraufhin noch einmal nach:

```
110  I   sechs Prozent'
111  Ca  weil man dann ja sechs angemalt hätte
112  I   und wieviel Kreise hätte man dann
113  Ca  achso stimmt.. das ist immer so
114  I   das ist immer so'
115  Ca  glaub ich
116  I   warum'
117  Ca  weil das glaub ich auch hundert Prozent ergibt
```

Infolge der Nachfrage korrigiert Carla ihre Antwort, da sie die Erhöhung des Grundwerts in ihre Gedanken mit einbezieht (Zeile 113). Sie folgert daraus, dass „jeder Zwanzigste" immer 5 % sind. Da Carla zu Beginn der Szene nur zehn Schüler zum neuen Grundwert hinzufügen wollte, ergaben sich Probleme bei der entsprechenden Berechnung des genauen Prozentsatzes von 5 %:

```
127  Ca  äh ne hundertzehn Felder und dann müsste man das wieder
         umrechnen weil das ähm es geht ja nur bis hundert Prozent
128  I   genau und wie ähm, wie würde das genau aufgehen das sechs
         von hundertzehn fünf Prozent wären
129  Ca  glaub ich nicht
130  I   warum nicht'
131  Ca  weil man, sechs nicht, geteilt durch hundertzehn geht
```

Da 6 von 110 Schülern nicht 5 % entsprechen, kommen die Interviewten zu einem weiteren Problem. Es zeigt sich, dass es für Cora und Carla wichtig ist, dass die Markierungen in einem konstanten Abstand vorgenommen werden. Es wird eine Person markiert und die 19 Folgenden nicht. Diese Vorstellung wird als Perlenkettenargumentation (vgl. Abbildung 6.35) definiert und zeigt hier ihre Schwierigkeiten. Die Interviewten können auf Grund dieser Argumentation keinen Transfer auf 110 Schüler leisten. Ein weiteres Problem zeigt sich in der Formulierung in Zeile 131. Carla weist darauf hin, dass 6 nicht durch 110 teilbar ist. Das ist im Rahmen der natürlichen Zahlen korrekt, jedoch passt die gewählte Rechnung nicht zur Ausgangsfrage. Zur Erschließung des Anteils von 5 % bei 110 Schülern hätte durch 20 geteilt werden müssen. Hier zeigt sich die vorherrschende, fehlerhafte Verknüpfung im Rahmen der Multiplikation.

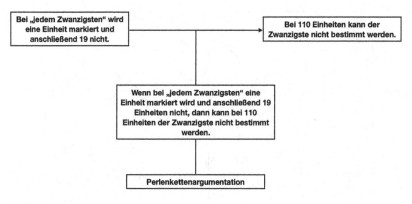

Abbildung 6.35 Toulminschema 2 Cora und Carla

Um das Problem allgemeiner zu diskutieren, schlägt der Interviewer vor, den Sachverhalt noch einmal am Beispiel von 200 Schülern und einem weiteren Hunderterfeld zu diskutieren:

```
142   I    was würde denn passieren wenn wir nochmal hundert
           Schüler mehr hätten und weiterhin jeder zwanzigste die
           richtige Antwort ist
143   Co   ich hab keine Idee
144   I    wie würdest du denn jetzt das Feld bearbeiten, das neue
145   Co   wieder die Felder anmalen
```

Cora und Carla entscheiden, sich das Hunderterfeld analog zum vorherigen zu beschriften (vgl. Abbildung 6.36).

Der Interviewer erfragt anschließend, wie viel Prozent nun markiert wurden:

```
150   I    wieviel Prozent sind das jetzt.. könnt ihr euch gerne
           zusammen überlegen
151   Ca   von hundert oder von zweihundert
152   I    na wir haben ja zweihundert Schüler jetzt schon
153   Ca   okay das sind zehn Prozent
154   I    zehn Prozent' Cora glaubst du auch'
155   Co   (nickt mit dem Kopf)
```

Carla fragt zu Beginn, ob die prozentuale Angabe von 100 oder 200 Schülern bestimmt werden soll. Diese Frage zeigt, dass auch in dieser Situation nicht der Anteil im Vordergrund steht, sondern die Anzahl der markierten Objekte. Die Interviewten scheinen keine proportionalen Vorstellungen zu besitzen. Für

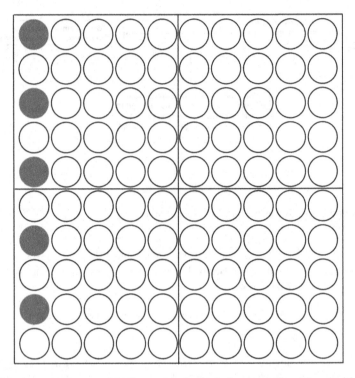

Abbildung 6.36 Hunderterfeld Cora und Carla (Digital nachgestellt auf Grund schlechter Qualität)

sie ist es nicht offensichtlich, dass die Anzahl der Hunderterfelder bei gleicher Markierung den Prozentsatz nicht beeinflusst. Die Paarung von fehlender proportionaler Vorstellung und der deskriptiven Grundvorstellung *Prozente als Zahlen* führt dazu, dass die Interviewten 10 % als Prozentangabe für die gemeinsam betrachteten Hunderterfelder wählen.

Der Interviewer hinterfragt diese Lösung anschließend noch einmal:

```
156   I    warum'
157   Co   weil wir zehn Felder ausgemalt haben
158   I    mhm ja
159   Ca   und das jetzt müsste man ja eigentlich nur Plus nehmen
160   I    ja und was hätten wir denn dann jetzt insgesamt'
161   Ca   zehn Prozent
```

Carlas Hinweis auf die Operation des Addierens (Zeile 159) ist besonders interessant. Dieser Hinweis zeigt ihre Fokussierung auf die Anzahl der Objekte. Die Interviewten scheinen sich in dieser Sequenz auf die Vereinigung von disjunkten Mengen zu stützen. Wenn in der einen Menge 5 Objekte sind und in der anderen Menge auch, dann sind es insgesamt 10 Objekte. Hiermit zeigt sich wiederholt die fehlende Vorstellung eines Anteils. Die Argumentationen von Cora und Carla sind in Abbildung 6.37 schematisch dargestellt.

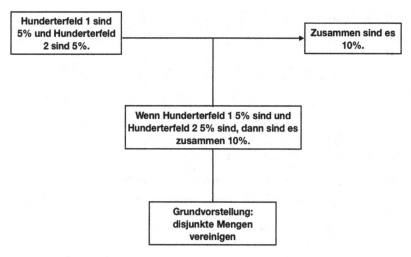

Abbildung 6.37   Toulminschema 3 Cora und Carla

Der Interviewer fordert Cora und Carla dazu auf, ihre Antwort weiter zu begründen. In den Antworten hierauf traten weitere Fehler auf:

```
175   Ca   mhm ich glaub weil (8 sec.) weil das ja jetzt ja
           zweihundert sind das das keine zehn Prozent mehr sein
           können das dann irgendwie mehr als zehn Prozent sind
176   I    mehr als zehn Prozent.. okay.. und du (zu Carla) bleibst
           beu zehn Prozent
177   Co   äh ich schätze mal das wir das doppelt nehmen müssen also
           dann zwanzig Prozent haben
```

Carla ist nun sogar der Überzeugung, dass es bei 200 Schülern, mehr als 10 % sein müssten. Ihre Idee kann sie nicht weiter begründen. Es fällt auf, dass ihre

Erläuterungen weder der Proportionalität noch der vorher von ihr selbst vorge-
brachten Addition von Objekten unterliegt. Cora geht in ihrer Argumentation
(Zeile 177) wieder auf die vorherigen 10 % ein und möchte diese nun verdoppeln. Hier kann unterstellt werden, dass die Vielfältigkeit der vorher genannten
Prozentzahlen und Lösungsansätze zu Verwirrung führten. Sie scheint die bereits
verdoppelten 10 % noch einmal verdoppeln zu wollen. Da Carla und Cora
bewusst ist, dass 10 von 200 Schülern markiert wurden, versucht der Interviewer
anschließend mit den Interviewten auf symbolischer Ebene zu arbeiten:

```
186   I    mhm.. könnte man das ausrechnen' wieviel zehn von
           zweihundert sind wieviel Prozent das sind'
187   Ca   also wenn wir jetzt beim Bruch wären
188   I    ja
189   Ca   ja weil man das dann äh den Zähler äh ja einfach nur da
           hinschreiben müsste

[...]

206   Ca   ne warte (4 sec) das (zeigt auf zehn Zweihundertstel)
           sollen wir jetzt kürzen
207   I    genau wir wollen ja den hundertstel Darstellung haben
208   Ca   äh geteilt durch..zwei
209   I    zweihundert geteilt durch zwei'..
210   Co   dann müssen wir es bei zehn ja auch machen
211   I    ja..also'
212   Co   sind fünf
213   I    ja
214   Co   also wären es ja dann fünf hundertstelt
```

Die Schülerinnen kürzen den Bruch sachgerecht auf $\frac{5}{100}$ und nennen die
entsprechende Operation. Daraufhin wird das gewonnene Ergebnis diskutiert:

```
216   Ca   ja und dann sind das fünf Prozent wieder.. also fünf
           hundertstel sind das
217   I    mhm macht das Sinn'
218   Co   ja
219   I    warum'(6 sec.) erstmal versuchen es gibt kein falsch
220   Co   weil man es ja auch hundert bringen muss
221   I    ja
222   Co   also dann wären es ja fünf hundertstel
```

Der Bruch $\frac{5}{100}$ wird von den Interviewten als Ergebnis wahrgenommen. Dieses
Ergebnis kann aber nicht inhaltlich begründet werden. Es erfolgt ausschließlich
eine Begründung dafür, warum der formale Vorgang korrekt sei (Zeile 220 und
222).

Der Interviewer versucht anschließend, einen Rückbezug zum Hunderterfeld herzustellen und so eine inhaltliche Brücke zu schlagen:

```
238  I   ne also das (zeigt aufs erste Hunderterfeld) sind fünf
         Prozent ist klar ne fünf von hundert markiert das (zeigt
         aufs zweite Hunderterfeld) sind fünf Prozent, und wir haben
         es ja quasi zusammengezählt zehn markiert von zweihundert
         Kreisen insgesamt und haben rausgefunden das sind auch
         wieder fünf Prozent.. haben wir ja rausgefunden oder'
239  Ca  ja
240  I   oder' also ma macht das wieso ist das so'.. fünf also wenn
         man es so zusammenzieht
241  Ca  weil man die zweihundert geteilt durch zwei teilen kann
242  I   ja
243  Ca  und die zehn genau so
```

Erneut verweist Carla lediglich auf den formalen Vorgang des Kürzens von Zähler und Nenner. Ihre Argumentation lässt sich somit wie in Abbildung 6.38 gezeigt zusammenfassen.

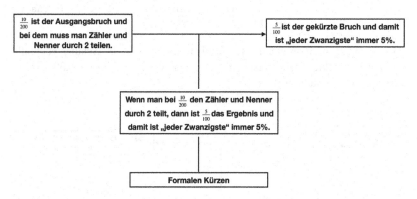

Abbildung 6.38 Toulminschema 4 Celina und Kira

Als der Interviewer die Szene bereits beenden und zur nächsten überleiten wollte, zeigte sich, dass die Schüler sich trotz der aufgezeigten Analysen immer noch nicht sicher sind, ob jeder Zwanzigste 5 % entspricht:

```
257  Co  also war a jetzt richtig'
258  I   ja genau
```

Insgesamt muss den Interviewten damit ein geringes Verständnis unterstellt werden, da sie nicht in der Lage waren, wiederkehrende Aspekte aufzunehmen und zu verarbeiten.

6.2.2.5 Zahlenangaben

Während sich Cora für die Antwort „10 von 200 Schüler" entscheidet, ordnet Carla zusätzlich noch die Antwort „50 von 1000 Schüler" als korrekt ein. Sie begründen dies wie folgt:

```
1      I    Cora warum a'
2      Co   ich habe fünf mal zwei gerechnet sind zehn ah, von
            zweihundert Schülern
```

Cora nutzt das klassische *algorithmische Erweitern*, um zu begründen, warum „10 von 200 Schüler" 5 % entsprechen.

```
23     I    okay.. jetzt hast du noch c als richtige Antwort
24     Ca   ja ähm weil ich glaube einfach äh das bei zehn
            zweihundertstel kann man ja kürzen und wenn man das, äh
            also das zehn hundertstel äh zweihundertstel wenn man das
            zu eintausend macht das ja das auch fünfzig sind
```

Carla nutzt zur Begründung der Antwort „50 von 1000" Schüler ebenfalls das *Erweitern*. Ihre Argumentation kann daher wie in Abbildung 6.39 gezeigt schematisch dargestellt werden.

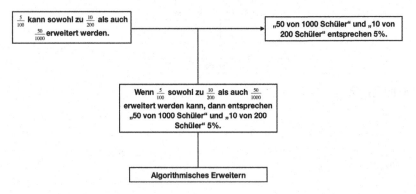

Abbildung 6.39 Toulminschema 5 Celina und Kira

Anschließend sollten die Interviewten begründen, warum bei dieser Aufgabe mehrere Lösungen korrekt sein können:

```
35   I    hmhm das ist richtig, sehr gut.. hm aber warum haben wir
          jetzt hier mehrere Antworten als richtig' und vorher war ja
          immer nur eine richtig.. woran liegt das könnt euch auch
          gerne beraten oder
36   Ca   vielleicht das man ja weiß das auch äh.. mehrere Antworten
          ja möglich sind und das.. ähm.. das fünf ähm fünf Pro fünf
          zehntel.. das äh fünf einhun fünf einhundertstel das äh das
          immer fünf Prozent dann sind.. also das man dann auch
          mehreres dann also höher gehen könnte oder so
```

Carla erläutert am Beispiel $\frac{5}{100}$ und mit klassischem Erweitern, dass es Zahlen geben kann, die *höher gehen* (Zeile 36) und dennoch 5 % entsprechen. Eine inhaltliche Begründung erfolgte nicht.

6.2.2.6 Zahlenstrahl

Die erläuterte Gleichheit sollte anschließend am Zahlenstrahl ikonisch dargestellt werden. Dabei wählten die Interviewten die in Abbildung 6.40 gezeigte Beschriftung:

Abbildung 6.40 Zahlenstrahl Cora und Carla

Warum sowohl die Markierung bei 10 im Verhältnis zu 200, als auch 50 im Verhältnis zu 1000 jeweils 5 % entspricht, begründen Cora und Carla wie folgt:

```
44   I    und sieht man jetzt irgendwie das die beiden Antworten
          richtig sind'.. wo müssten die sein sagen wir mal so'..
          malt die am besten mal mit einer anderen Farbe rein
          (Schüler setzen Punkte bei 10,50,200 und 1000).. kann man
          da jetzt irgendwie erkennen das das fünf Prozent sein
          müssen'
45   Ca   vielleicht wenn man zweihundert geteilt durch äh zwei dann
          wieder macht und das dann auch mit zehn das dann auf
          hundert fünf äh fünf hundertstel kommt
```

Auch hier nutzen die Interviewten den Bruch $\frac{5}{100}$, um die Korrektheit beider Lösungen zu begründen. Welche Intention dahinter steckt, verpasst der Interviewer zu erfragen.

6.2.3 Tarek und Daniel

Das Interview mit Tarek und Daniel zeichnet sich durch die präzisen Aussagen der beiden Interviewten aus. Im Rahmen der ikonischen Darstellung lassen sich die Ausführungen der beiden Schüler zweifelsfrei *dem Erweitern als Vervielfachen* zuordnen.

6.2.3.1 Bruchangabe

Tarek und Daniel entschieden sich beide zu Beginn des Interviews dafür, dass der Bruch $\frac{1}{20}$ der Prozentangabe 5 % entspricht. Daniel erklärt seine Entscheidung über ein Ausschlussverfahren, während Tarek seine Entscheidung mathematisch begründet:

Szene 1.2: Erarbeitungsphase 1 Kontext: „5% aller Schülerinnen und Schüler einer Schule gehen zu Fuß zur Schule, was bedeutet das? Entscheide dich immer für alle richtigen Karten!"

     Antwortmöglichkeit a) $\frac{1}{5}$

     Antwortmöglichkeit b) $\frac{1}{20}$

     Antwortmöglichkeit c) $\frac{15}{100}$

Phase 1.2.1.: Auswahlkarten werden aufgedeckt
(Schüler entscheiden sich beide für Antwort b)

7	I	ihr habt beide b, Tarek, wie bist du drauf gekommen?
8	T	wenn ich .. Eigentlich sind es ja immer hundert Prozent auf der gesamten Schule und wenn ich, hundert durch zwanzig teile, äh habe ich fünf, also sind fünf Prozent der Schüler an einer Schule, ein zwanzigstel
9	D	ja, also ich habe genau das gleiche gerechnet wie Tarek aber ich war halt erst nicht, unsicher sondern ich habe, eine falsche Antwort ausgewählt, ich habe erstmal die ein fünftel ausgerechnet wie sich das auf die hundert Prozent einer Schule beträgt, und dann wären es zwanzig, also ein Zwanzigstel'
10	I	wie die ein Fünftel, hast du ausgerechnet, wie sich das auf die Schule
11	D	Ja wie sich das auf die Schule überträgt, das wären zwanzig Prozent' der Schüler würden zu Fuß gehen und das stimmt ja nicht mit der Frage überein.

Tarek erklärt, dass er der gesamten Schule 100 % zugewiesen hat und wenn diese 100 % durch 20 geteilt würden, erhalte man 5 %. Er verweist anschließend erneut auf den Bruch $\frac{1}{20}$. Durch diese Rechnung sieht er sich darin bestätigt, dass 5 % die korrekte Antwort ist. Diese Begründung kann zum einen der Interpretation des Nenners als Aufforderung zum Dividieren unterliegen. Eine weitere Interpretation wäre eine **quasikardinale Auffassung,** verbunden mit der Bündelungsvorschrift 20 für sowohl 5 % als auch für $\frac{1}{20}$. Es zeigt sich, dass Tarek in der Lage ist Beziehungen zwischen Prozenten und Brüchen zu erkennen und auszunutzen. Seine Argumentation wird deshalb in die Kategorie **Umrechnen/ arithmetisch-strukturell** gruppiert. Sein Vorgehen wird schematisch in Abbildung 6.41 zusammengefasst.

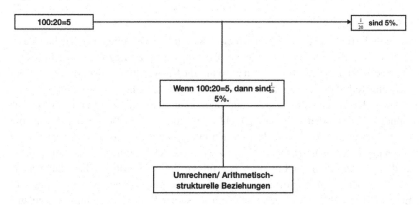

Abbildung 6.41 Toulminschema 1 Tarek und Daniel

Unklar bleibt an dieser Stelle, ob die Umrechnung auch so problemlos getätigt worden wäre wenn es sich nicht um einen Stammbruch handeln würde. Die Besonderheit des Stammbruches liegt darin, dass die Division als Operation ausreicht, da es sich nur um einen Anteil des gesamten Bruchs handelt und der Nenner 1 ist. Es gelingt Tarek, den Anteil an einer Schule zu bestimmen, ohne dass eine absolute Zahlenangaben als Bezugsgröße gegeben ist.

Daniel wählt das Ausschlussverfahren, indem er die prozentuale Angabe von $\frac{1}{5}$ bestimmt, ohne dieses Vorgehen genauer zu erläutern. Der Interviewer fordert Daniel auf, seine Idee zur Bestimmung von 20 % genauer auszuführen:

```
14    I                                                              ja,
      wie bist du bei den ein fünftel vorgegangen?
15    D  also ich bin da so vorgegangen, ich hatte die einhundert
         Prozent', und, äh
         von ein fünftel kann man das eigentlich äh so beziehen, äh
         man nimmt also äh ich habe das jetzt so gerechnet, für mich
         ist wenn ich ein fünftel sehe rechne ich bei beiden eine
         Null hinter und dann nehme ich es mal bei zwei, so dass ich
         auf den.. Hauptrechner Hundert komme, äh hundert Prozent,
         und äh dann steht da oben ja eigentlich auch zu viel Prozent
         der andere Teil sein müsste.
16    I                     okay
17    D                     das wären dann zwanzig von hundert Prozent.
```

Daniel erläutert, dass er den Bruch $\frac{1}{5}$ schrittweise so umgewandelt hat, dass am Ende ein Bruch mit dem Nenner 100 erzeugt wird. Zu Beginn fügt er im Nenner und Zähler jeweils eine 0 hinzu, ohne diesen Schritt mit der Multiplikation mit zehn verbal explizit in Verbindung zu bringen. Anschließend erläutert er, dass er im nächsten Schritt mit Zwei multipliziert hat. Am Ende führt er aus, dass der Zähler eines Hundertstelbruchs gleichbedeutend mit einer prozentualen Angabe ist. In diesem Zug betont er, dass es sich um *zwanzig von hundert Prozent* (Zeile 17) handelt. Daniel nutzt geschickte Zwischenschritte, um den Ausgangsbruch in den gewünschten Zielbruch zu überführen. Seine Schritte stehen dabei aber nicht in einer tiefen inhaltlichen Verknüpfung und Verbindung von zwei Anteilen. Er verändert Zahlenpaare geschickt, um zu seiner Wunschdarstellung zu gelangen. Die Begründung für die Gleichheit zwischen $\frac{20}{100}$ und 20 % erfolgt über die Bedeutung des Nenners 100. Ein Hundertstelbruch ist für David gleichbedeutend mit einer jeweiligen Prozentangabe im Zähler.

6.2.3.2 ikonische Darstellung

Im Anschluss an die Ausführungen Daniels erfolgte der Arbeitsauftrag die symbolisch begründete Gleichheit ikonisch darzustellen. Diesem Arbeitsauftrag kamen die beiden wie folgt nach:

```
18   I   alles klar, was ich jetzt möchte ist, das ihr', irgendwie
         zusammen, ich gebe euch mal ein Blatt..(I. gibt Schülern ein
         leeres Blatt) ähm das mal aufmalt (3sec.) Wie', was bedeutet
         ein zwanzigstel für euch. was stellt ihr euch da vor
19   D   achso jetzt zusammen auf ein Blatt'
20   I   ja, genau

21   D   also ich, also ich habe mir das so vorgestellt' einhundert
         Schüler und äh dann werden fünf Prozent für mich sind* fünf
         Schüler gewesen, ist jetzt, soll ich hundert Strichmännchen
         da hin oder'
22   I                                           *ähm
23   T   ähm, ich persönlich, hab das eher, denk bei sowas eher schon
         gekürzt und es war vielleicht einfacher um zu zeichnen..
         einer, zum Beispiel, ein Ball ist rot (hebt roten Stift)..
         und neunzehn sind grün (hebt grünen Stift) dann ist einer
         von zwanzig rot
```

Daniel möchte zu Beginn direkt 5 % darstellen. Er spricht in Zeile 21 von 5 Schülern und 100 Strichmännnchen, die zu zeichnen sein. Tarek erklärt, es wäre viel einfacher mit dem gekürzten Bruch zu beginnen und 1 rotes und 19 grüne Objekte darzustellen (Zeile 23). Für Tarek scheint in diesem Moment eine vollständige Austauschbarkeit zwischen den beiden Angaben zu bestehen. Daniels Betonung auf der Notwendigkeit, 100 Objekte darstellen zu müssen, führt zu der Einordnung in die Kategorie *Erweitern als Vervielfachen*. Tarek weist zwar daraufhin, dass auch schon die Ausgangsdarstellung des Stammbruches zwar 5 % bedeutet, aber nicht darstellt. Um den Bruch $\frac{1}{20}$ darzustellen, wählten die Interviewten 19 grüne und einen roten Kreis (vgl. Abbildung 6.42).

Abbildung 6.42 Ikonische Darstellung Tarek und Daniel (Schülerzeichnung digital nachgestellt auf Grund schlechter Qualität der Originalzeichnung)

Der Interviewer fragt anschließend nach, ob in der Ausgangsdarstellung zu erkennen sei, dass $\frac{1}{20}$ 5 % entspricht.

```
32   I  [...] kann man denn da irgendwo fünf Prozent drinnen
        erkennen?
33   D  [...]
34   T  jetzt gerade.. (atmet tief ein) ist fünf Pro, ist der eine
        rote Ball fünf Prozent aller Bälle
35   I  mhm.. und kann man das sehen da. in dem in eurer
        Darstellung'
36   T  nein, jetzt gerade kann man das nicht, wirklich erkennen,
        dafür bräuchte man schon hundert. Personen oder hundert.
        Teile
```

Tarek beharrt auf der Notwendigkeit, 100 Objekte darzustellen, um von Prozenten sprechen zu können, auch wenn ihm klar ist, dass der rote Ball 5 % aller Bälle ausmacht.

Daraufhin ergänzt Daniel:

```
38   D  das hätte ich jetzt gehabt wenn wir hundert Strichmännchen
        hier hin gemalt hätten und davon fünf eingekreist hätten so
        nach dem Motto das (fünf?) Prozent und dann zwanzig Prozent
        in dem (.) was man mit dem anderen Farbe eigentlich (.)
```

Er bestätigt Tareks Ausführung, dass es 100 konkret dargestellte Einheiten benötige, um einen prozentualen Anteil zu verdeutlichen. Des Weiteren schlägt er vor, zusätzlich 20 % darzustellen. Gerade Tareks Antwort gibt kein typisches Bild des *Erweiterns als Vervielfachen* ab. Insgesamt zeigen sich die Interviewten sprunghaft in ihren Argumentationen, zusätzlich gilt es zwischen den Antworten Daniels und Tareks zu differenzieren. Tarek sieht keine zwingende Notwendigkeit, die Ausgangsdarstellung zu vervielfachen um zu verdeutlichen, dass das eine Objekt 5 % entspricht. Er begründet diese Gleichheit aber nicht argumentativ – um sie zu *erkennen* benötige es schon 100 konkret dargestellte Objekte. Daniel beharrt noch stärker auf der Notwendigkeit der 100 Objekte. Auf Basis dieser Aussagen erfolgt die erläuterte Einordnung in die Kategorie *Erweitern als Vervielfachen*. Die entsprechende schematische Darstellung ist in Abbildung 6.43 dargestellt.

6.2.3.3 Quasiordinale Angabe

Auf die Frage, ob 5 % gleichbedeutend mit „jeder Zwanzigste" oder „jeder Fünfte" sei, entscheiden sich Daniel und Tarek für jeden Zwanzigsten. Dies begründen sie wie folgt:

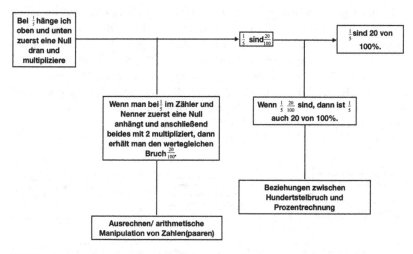

Abbildung 6.43 Toulminschema 2 Tarek und Daniel

Szene 1.3.: Erarbeitungsphase 1b: Sind 5% a) Jeder 5. oder b) Jeder 20.?

Phase 1.3.1.: Auswahl der Antwortkarten
(Schüler entscheiden sich für Antwortkarte b)

1	I	Jetzt ist die **Frage'**, ist das jeder zwanzigste oder jeder fünfte Schüler? (Schüler überlegen und suchen die Antwortkarte heraus)
2	I	Bitte (4sec.)Ihr habt euch beide für b entschieden. Wer hat eben angefangen- (D zeigt auf T)(3 sec.) Dann bitte, **Daniel**
3	D	toll, also ähm ich habe **die** Möglichkeit ausgewählt äh weil eine Chance von fünf **Prozent** äh, also (.) wenn fünf Prozent aller Schülerinnen und Schüler hat.. dann äh halt sind das auf Schülerinnen und Schüler umgerechnet, glaube ich, ich **schätze** mal so jeder zwanzigste' Schüler.. **weil** .. die Chance kleiner ist das äh wenn man zwanzig Prozent, also falls das jetzt unverständlich war, wenn man sagen wir **zwanzig** Prozent hat, dann ist die Chance größer als bei äh fünf Prozent aller Schülerinnen und Schüle die zu Fuß gehen das heißt ich glaub jeder fünfte Schüler und Schülerin, Schülerinnen und Schüler würde ähm.. zu zwanzig Prozent und jeder zwanzigste zu fünf Prozent, gehen-
4	I	Gut. Ich hab das verstanden
5	T	Ich persönlich habs so gemacht, ich hab' praktisch ein <u>Schü</u>, hundert Schüler, <u>visualisiert </u>in meinem Kopf <u>und</u> hab zu jedem, zwanzigsten Schüler, gesagt **raus** und äh, dann sind waren am Ende noch fünf Schüler öh, sind **raus** gegangen.. hätte ich jeder fünfte jeden fünften Schüler rausgeschickt, wär hätte ich am Ende **zwanzig** Schüler draußen gehabt.

Daniel beginnt unstrukturiert, er nutzt selbst das Wort schätzen. Im zweiten Teil seiner Ausführung scheint er darauf abzuzielen, dass er Verhältnisse miteinander vergleicht. 5 % einer Schule sind weniger als 20 %, also muss die quasiordinale Angabe einen kleineren Anteil der Schule beschreiben. So scheint es für ihn offensichtlich, dass „jeder Zwanzigste" einen kleineren Anteil beschreibt als „jeder Fünfte". Am Ende des Beitrags ordnet er noch den quasiordinalen Angaben ihren jeweiligen prozentualen Anteil zu. Das passende Argumentationsschema findet sich in Abbildung 6.44.

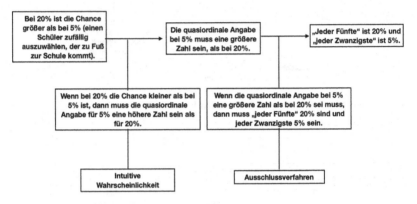

Abbildung 6.44 Toulminschema 3 Tarek und Daniel

Für Daniels Argumentation sind zwei Aussagen von besonderer Bedeutung: Die Nutzung des Wortes *schätzen* weist daraufhin, dass Daniel keine sichere Berechnung vornimmt, sondern nur über das Ausschlussverfahren zu seiner Lösung kommt. Zu Beginn seiner Ausführung wiederholt er immer wieder das Wort *Chance* und verbindet damit die Wahrscheinlichkeit, einen zufälligen Schüler auszuwählen, der zu Fuß zur Schule geht. Das Wort *Chance* bringt er wiederholt mit den prozentualen Angaben in Verbindung. Dies lässt den Schluss zu, dass für ihn klar ist, dass auch eine quasiordinale Angabe eine höhere Wahrscheinlichkeit (dafür, einen Schüler auszuwählen, der zu Fuß geht) ausdrücken muss. Er scheint eine ausreichende inhaltliche Vorstellung zu diesen Angaben zu besitzen, um diese auf ihre Wahrscheinlichkeit zu untersuchen. Es scheint ihm klar zu sein, dass eine größere Zahl bei der quasiordinalen Angabe zu einer kleineren Wahrscheinlichkeit führt. Dies lässt ihn an Ende die Zuordnungen von „jeder Zwanzigste" zu 5 % und „jeder Fünfte" zu 20 % vornehmen.

Offensichtlich ist, dass Daniel in der Lage ist, beide Angaben als Anteile wahrzunehmen, die verschieden groß sind.

Tarek führt sein Vorgehen zur Bestimmung der Antwort detaillierter aus (Zeile 5). Er nutzt das Beispiel von 100 Schülern, um an diesem Beispiel eine Anzahl von Schülern für jeder Zwanzigste und jeder Fünfte zu berechnen. Er stellt sich die Schüler vor und zählt durch. Den Zwanzigsten markiert er und kommt so auf insgesamt fünf von 100 Schülern, was für ihn 5 % sind. Bei „jedem Fünften" kommt er so auf 20 von 100 Schülern und somit 20 %. Diese Argumentation wird in Abbildung 6.45 zusammengefasst.

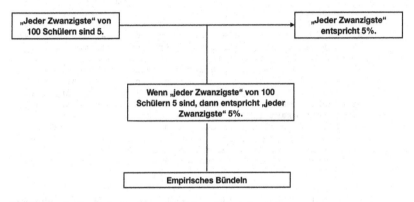

Abbildung 6.45 Toulminschema 4 Tarek und Daniel

Der Interviewer erfragt im Anschluss, ob „jeder Zwanzigste" auch 5 % entspricht, wenn man nicht das Beispiel 100 betrachtet:

8	I	okay. Jetzt habe ich aber doch die Frage .. ist **das** hier immer richtig, egal also, wir wissen ja nicht wieviel Schüler es sind du (zu T gerichtet) sprachst jetzt von hundert-.. ist jeder zwanzigste immer fünf Prozent
9	T	nicht unbedingt.. eigentlich nur wenn.. ähm ab <u>einer</u> bestimmten (3 sec.) Moment.. **ich** brauche noch kurz
10	I	ja' gerne (3sec.) (Zu D) du kannst ja auch gern eingreifen* Ist die Frage klar?
11	D	*ach so ähn
12	D	äh Ja ich glaub', äh wenn man das zum Beispiel nicht auf **hundert** Prozent bezieht
13	I	ne doch es geht immer um hundert Prozent*Es geht nur um die Anzahl der Schüler
14	D	*Achso es geht immer um hundert Prozent
15	D	ich dachte immer (das so) auf Steine bezieht, nein (4 sec.) Also wenn man es auf die fünf <u>Prozent</u> dann ja, also dann äh ist auf jeden Fall immer zwanzig Prozent also immer <u>zwanzig</u>, jeder zwanzigste Schülerinnen und Schüler
16	T	ähm.. ich würd sagen, **ungefähr** weil wenn ich jetzt zum Beispiel neunzehn Schüler zu meinen hundert hinzustelle' dann habe ich immer noch fünf Leute draußen, aber **insgesamt** eine höhere Masse.. sozusagen noch drin. und dann wäre das nicht mehr **exakt** fünf Prozent* Aber wenn ich das zum Beispiel auf zweihundert beziehe und dann jeden zwanzigsten rausschicke passt das immer also'.. mit der Art und Weise.. **jede** zwanzigste, **jede jeder** zwanzigste Schüler und, <u>Schülerin</u>, rauszuschicken wäre, ungefähr.. das Ergebnis von fünf Prozent

Tarek hat in Zeile 9 bereits eine Idee, die er dann in Zeile 16 vollständig ausführt. Er bringt ein weiteres Beispiel, um aufzuzeigen, dass die Aussage nicht immer gültig ist. Am Beispiel von 119 Schülern erklärt er, dass die Angabe jeder Zwanzigste nicht mehr 5 % entspricht. Während der Grundwert ansteigt, steigt die Anzahl der markierten Schüler bei 119 nicht. Es bleibt also bei 5 Schülern, die zu Fuß gehen, während der Grundwert jetzt 119 ist. Dies verändert den Anteil. Als weiteres Beispiel führt er 200 Schüler an. Hier entspricht die quasiordinale Angabe „jeder Zwanzigste" wieder 5 %. Diese Ausführung spricht dafür, dass Tarek bei einer quasiordinalen Angabe davon ausgeht, dass immer genau die zwanzigste Person zu markieren ist. Dies wird als *Perlenkettenargumentation* (vgl. Abbildung 6.46) gedeutet. In seinen Ausführungen werden aber auch die Grenzen dieser Ausführung aufgezeigt: Nur wenn der Grundwert ohne Rest durch die quasiordinale Angabe teilbar ist, führt die Perlenkettenargumentation zu einem inhaltlich und mathematisch korrekten Ergebnis. Die *Blockbildung* erweist sich dazu im Gegensatz als deutlich flexibler.

Daniel zeigt zu Beginn seiner Ausführung (Zeile 12), dass seine Argumentation der Grundvorstellung Prozente als Zahlen unterliegt. Für ihn bedeutet eine Anzahl ungleich 100 auch, dass nicht mehr 100 % betrachtet werden. Dies wird im weiteren Interviewverlauf zunehmend relevant. In Zeile 62 kommt Daniel zu dem Schluss, dass 5 % immer „jedem Zwanzigsten" entspreche. Warum dies gültig sei, führt er nicht aus.

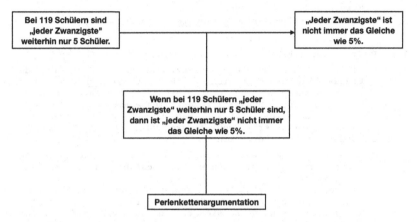

Abbildung 6.46 Toulminschema 5 Tarek und Daniel

Der Interviewer fragt anschließend nach, ob Daniel dieser Argumentation zustimmt:

18   I   (zu D gerichtet) Ja- stimmst du zu?

19   D   ja, ich verstehe das (3 sec.) und ich äh, wollte eigentlich
           das **gleiche** sagen, aber ich habe dann wahrscheinlich die
           Aufgabe falsch verstanden weil sie gesagt es geht nur um
           hundert Prozent nicht um zweihundert oder dreihundert
           Prozent, des Gesamtbereichs (jetzt nen bisschen)* Ja wenn
           man nich äh den Grundwert hundert Prozent nennt sondern
           zweihundert Prozent dann ist das natürlich auch äh ein ganz
           anderes Verhältnis der Zahlen

20   I
           *zwei hundert dreihundert Prozent'

21   T   du verwechselst gerade Prozentwert und Grundwert

22   D   oh, ja okay dann habe ich das ich das wohl

23   I   (zu T gerichtet) erklär mal was du damit, was du (.)

24   T   also, ähm, wenn du die grundsätzliche Zahl erhöhst, also den
           Grundwert dann steigt nicht die Prozentzahl auch von hundert
           höher, sondern wenn du jetzt zweihundert Schüler hast sind
           es ja immer noch hundert Prozent, insgesamt

25   D   ja.. ja ich meine jetzt wenn man hundert Schüler erweitert
           (die zu zweihundert) Schülern dann würde sich das verändern

26   I   würde' sich das verändern

27   D   im Grunde ja weil wenn äh fünf Prozent der Schülerinnen und
           Schüler dann sind das auch wieder **ungefähr** und wenn man sagt
           jeder zwanzigste Schüler dann ist die Chance meine ich
           kleiner, dann sind das zwei Komma fünf Prozent aller
           Schülerinnen und Schüler.. oder' es verdoppelt sich da bin
           ich mir gerade nicht so sicher, wenn du zweihundert Schüler
           hast und dann jeder zwanzigste Schüler geht, bin ich mir
           nicht sicher ob das ich glaube das sind sogar zwei Komma
           fünf Prozent dann, die dann mit zu Fuß zur Schule gehen.

28   T   (u) in Bezug auf **zweihundert** Schüler würde mit der
           insgesamte Prozentrechnung wieder **fünf** Prozent rauskommen
           (Blickt zu D)

Daniel gibt an, dass er Tareks Ausführungen verstanden habe. Im Laufe seiner Ausführungen erläutert er, dass er die Aufgabe falsch verstanden und gedacht
hätte, dass 200 % oder 300 % gemeint gewesen seien. Tarek führt daraufhin aus,
dass Daniel Prozentwert und Grundwert vertauscht haben müsse. Dies führt er
auf Bitte des Interviewers aus und weist darauf hin, dass, auch wenn der Grundwert verändert wird, die Prozentzahlen bestehen bleiben (Zeile 24). Diese Antwort
scheint Daniel nicht auszureichen. Er wiederspricht und kommt auf das von Tarek
gebrachte Beispiel von 200 Schülern zurück. Wenn weiter „jeder Zwanzigste"
Schüler betrachtet werde, dann müsse der Prozentwert auf 2,5 % fallen oder es
könnte auch sein, dass sich die ursprünglichen 5 % verdoppelten. Eine Begründung für diese Überlegungen liefert Daniel an dieser Stelle nicht. Tarek antwortet
daraufhin, dass sich die *insgesamte Prozentrechnung* (Zeile 28) nicht verändert,

wenn der Grundwert von 100 auf 200 steigt. Das Ergebnis sei weiterhin 5 %. Der Interviewer bittet Tarek, dies zu verdeutlichen:

```
29   I   kannst du das irgendwie verdeutlichen, warum das

30   T   ähm* weil (4sec.) (nimmt sich ein neues Blatt) wenn ich
         jetzt hundert habe, und davon jeden zwanzigsten Punkt
         praktisch wegschicke, habe ich, auf dieser Seit 5 und auf
         dieser Seite.. fünfundneunzig und wenn ich jetzt aber
         zweihundert benutze dann steigt ja nicht nur, dann steigt
         diese Zahl ja nicht auf hundertfünfundneunzig.. sondern sie
         wird, diese Zahl verdoppelt und diese Zahl verdoppelt sich
         wie beim Dreisatz und dadurch, bleibt es insgesamt noch auf
         hundert, auf fünf Prozent
```

Er nutzt eine Tabelle, die, wie er selbst sagt, Ähnlichkeiten zum Dreisatz besitzt (vgl. Abbildung 6.47).

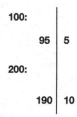

Abbildung 6.47 Tabellarische Darstellung Tarek und Daniel

Diese Überlegungen scheinen dem proportionalen Denken zu unterliegen. Da sich der Grundwert verdoppelt hat, muss sich sowohl der Anteil der 5 % als auch der Rest verdoppeln. Auch sein Verweis auf den Dreisatz zeigt, dass Tareks Gedanken von einem proportionalen Denken geprägt sind. Das entsprechende Argumentationsschema ist in Abbildung 6.48 dargestellt.

6.2.3.4 Das Hunderterfeld
Im Anschuss legt der Interviewer das Hunderterfeld vor und fordert die Interviewten auf, hier „jeden Zwanzigsten" zu markieren:

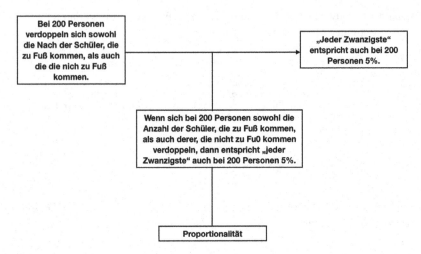

Abbildung 6.48 Toulminschema 6 Tarek und Daniel

35 I okay ich habe jetzt noch ne Darstellung' mitgebracht.. (legt
        100er Punktefeld vor) das sind das ist ein Feld mit hundert
        Kreisen .. hm .. was' **könnte** das mit Prozentrechnung erstmal
        zu tun haben' wenn ihr das euch so anguckt'
36 D willst du zuerst sagen oder soll ich'
37 T man könnte ein Kreis als **ein** Prozent benutzen' und das würde
        die Prozentrechnung an sich erleichtern
38 D ja
[...]
43 I okay, hm wenn wir jetzt hm.. jeder **zwanzigste** hier auf dem,
        ähm Feld anmalen würde wie würde das aussehen oder macht mal
        ruhig
44 D achso dann nimmst du den (bezogen auf einen Stift) okay
45 T da ist noch ein zweiter'
46 D achso', jeder zwanzigste, also wenn wir jetzt so gehen
        würden wäre das für mich der(zeigt auf den letzten Punkt der
        zweiten Zehnerreihe von oben) der ((zeigt auf den letzten
        Punkt der vierten Zehnerreihe von oben) der ((zeigt auf den
        letzten Punkt der sechsten Zehnerreihe von oben) der (zeigt
        auf den letzten Punkt der vierten Zehnerreihe von oben) und
        der(zeigt auf den letzten Punkt der zehnten Zehnerreihe von
        oben)

Tarek begreift das Hunderterfeld als eine Visualisierung der Prozentrechnung und interpretiert jeden Punkt als einen Prozent. Daniel schlägt vor, von oben links beginnend zu zählen und jeweils den letzten Punkt der zweiten, vierten, sechsten, achten und zehnten Reihe zu markieren (vgl. Abbildung 6.49)

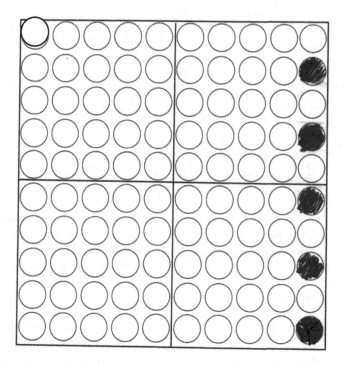

Abbildung 6.49 Hunderterfeld 1 Tarek und Daniel

Der Interviewer fragt anschließend, ob es wichtig sei, die Markierung an genau dieser Stelle vorzunehmen:

```
47   I   ist es wichtig welchen man markiert'
48   D   machst du den (D zeigt auf den 1. markierten Punkt) ich
         mache den da
49   T   theoretisch* Ja und theoretisch nicht. Ich könnte auch hier
         (zeigt auf die obersten fünf Punkte des 100er Felds) fünf
         Punkte direkt hintereinander machen* und das würde ja
         insgesamt, sind hier dann immer noch fünfundneunzig weiße
         Punkte und, fünf blaue Punkte
50   D                 *stimmst du mir zu?
51   D         * ja, ja das stimmt
52   D   aber würden wir so gehen wäre es jeder zwanzigste Schüler so
         (unverständlich)
53   I   aber um dieses jeder zwanzigste, richtig, anzumalen ist es
         da wichtig dass man den zwanzigsten Punkt nimmt?
54   D   nä' eigentlich nicht würde ich sagen oder- (3sec.) es geht
         ja eigentlich nur darum um es darzustellen das jeder
         zwanzigste und somit fünf Prozent aller Schüllerinnen und
         Schüler gemeint sind
55   I   okay
56   T   man man könnte auch halt, fünf Punk die fünf Punkte direkt
         nebeneinander machen ohne bis zwanzig zu zählen und es wäre
         ja immer noch jeder Zwanzigste Punkt (imitiert
         Anführungszeichen mit seinen Händen) wenn man es gleichmäßig
         aufteilen würde, es ist so einfach nur leichter zu verstehen
```

Tarek führt aus, dass es erst einmal nur wichtig sei, fünf von 100 Punkten zu markieren. Beiden Schülern gelingt es in diesem Moment nicht, sich von der *Perlenkettenargumentation* zu lösen. Sie beharren darauf, dass die Markierung, jedes Zwanzigsten, genau an der zwanzigsten Stelle vorgenommen wird. Die Interviewten sollen anschließend den Sachverhalt für 300 Schüler darstellen. Sie bieten dafür zwei Ansätze an:

```
58   I   okay.. jetzt hm hätten wir da ja hundert Schüler auf der
         Schule, hm wie sieht wenn jetzt noch zweihundert Schüler
         dazukommen, wie müsste man das in diesem (zeigt auf das
         100er Punktefeld) im Sinne dieser Darstellung verändern, das
         man dann dreihundert Schüler irgendwie auszählen würde
59   T   dann wäre ein Kreis könnte man müsste man dann nur noch zu
         einem Drittel ausmalen
60   I   okay.. hm
61   T   oder man, nimmt nochmal zwei solcher Felder und packt sie
         aneinander
```

Entweder drittelt man jeden Kreis oder man fügt zwei weitere Felder an, was dem Erweitern als Verfeinern entsprechen würde. Im Sinne des Erweiterns als Vervielfachen wäre die zweite Lösung als das typische Vorgehen zu verstehen. Denn wenn der Sachverhalt auf 300 Personen übertragen werden soll, dann müssen auch 300 Einheiten dargestellt werden.

Nachdem Daniel und Tarek gemeinsam zwei weitere Hunderterfelder analog zum ersten markierten, fragt der Interviewer noch einmal nach, ob „jeder Zwanzigste" weiterhin 5 % sei:

```
70   I   ist das noch immer fünf Prozent?
71   T   ja
72   I   warum?
73   T   weil wie ich es eben gerade schon gesagt hab, kann man
         Prozent im Dreisatz ausrechnen und jetzt haben sich alle
         drei Werte von den fünf Schülern und von den fünfundneunzig
         weißen Schülern verdreifacht und wenn man es jetzt kürzen
         würde, also geteilt durch eine Zahl und es dann bei beiden
         anwenden würde könnte man das letztendlich, praktisch wieder
         auf exakt dieses hier bringen, weil das (zeigt auf das erste
         bearbeitete 100er Feld) ist das selbe mal drei und wenn man
         jetzt alle Schüler geteilt durch drei Rechnen würde zur
         Vereinfachung hätten wir eigentlich nur ein Blatt (hebt das
         erste bearbeitet Hunterterfeld hoch.
```

Tarek bejaht dies und begründet mit dem Dreisatz, dass sich sowohl die Anzahl der markierten als auch die Anzahl der nicht markierten Kreise verdreifacht habe. Anschließend verweist er darauf, dass man das Ergebnis bei 300 wieder kürzen könnte und dann die Darstellung im ersten Hunterterfeld wiederfinden würde.

Der Interviewer fragt daraufhin nach, ob auch 300 Schüler in einem Hunterterfeld darstellbar wären:

```
75   I   dann habe ich doch ne Frage könnte man irgendwie innerhalb
         eines dieser Felder(zeigt auf die verschiedenen
         Hunterterfelder) diesen Zuwachs' mit zweihundert Schülern
         doch darstellen und oder..
76   T   könnte man indem man für äh, einen Kreis nicht mehr als
         einen Schüler benutzt wen ich mein, wenn wir eine Platte
         haben und dafür alle drei darstellen müssten wären es nicht
         die hälfte sondern ein drittel eines Kreises wäre ein
         Schüler.. dazu müssten wir dann' praktisch zweidrittel von
         jedem Kreis wegmachen und dann hätte das praktisch der selbe
         Wert wie jetzt die drei untereinander (legt alle
         bearbeiteten 100er Felder untereinander)
```

Tarek erklärt, dass wenn jeder Kreis des ersten Hunterterfelds gedrittelt würde, könne man auch 300 Schüler in einem Feld darstellen und hätte denselben Wert, wie bei den drei bearbeiteten Hunterterfeldern. Anschließend fordert der Interviewer die Schüler auf, diese Idee in die Tat umzusetzen:

```
79   I   okay, hm macht das mal bitte.. im erstmal am Anfang nur kurz
         ich will das einmal nur sehen wie ihr' das einzeichnen, das
         muss nicht genau werden (Schüler bearbeiten Hunderterfeld)
80   D   ungefähr so und da würde man.. hier oben wäre ein drittel
         hier zwei und hier drei Drittel vielleicht-
81   T   ich persönlich würde einfach die jetzt schon äh, angemalten
         nehmen und äh.. ich hole kurz ein nasses Tuch, wenns ok' ist
82   I   ne ich mach schon'(3sec.) hier ist sonst auch noch ein
         schwarzer (Stift)
83   T   und ich würde einfach (8 sec.) (T entfernt zweidrittel eines
         ausgemalten Kreises) Ich würde das.. ungefähr.. so
         darstellen, eindrittel
84   I   ist das dann noch so richtig'(zu D gewannt)
85   D   ja, weil man äh drei gleiche Teile, wenn man den Kreis jetzt
         hier noch so ziehen würde, dann hätte man ja auch noch zwei
         äh andere Teile die genau so groß wären wie der den T jetzt
         markiert hat'
86   T   jetzt stellt jeder dieser drittel eine Kreises einen Schüler
         da
```

Das Dritteln eines unmarkierten Kreises bereitet den Interviewten keine Probleme (vgl. Abbildung 6.50). Doch die Kreise, die markiert wurden, werden von den Schülern auch gedrittelt. So ist nur noch ein Drittel markiert. Dies führen sie an einem Kreis beispielhaft aus (vgl. Abbildung 6.51).

Der Interviewer zielt mit seiner Frage in Zeile 84 darauf ab, dass jetzt kein ausreichender Anteil für 5 % mehr markiert wäre. Doch die Interviewten sind in diesem Moment noch überzeugt, dass ihre Lösung korrekt sei. Doch auf einmal hat Tarek einen Einfall:

```
90   T   darf ich das kurz schriftlich machen'
91   I   bitte
92   D   wären das Fünfzehn' auf dreihundert, also ein Schüler, jetzt
         das und dann drei auf jeden Kreis wären fünfzehn Schüler'
93   T   Moment das war falsch
94   D   was?
95   T   wenn wir das kürzen würden diese (..), dann würde jetzt
         haben wir wieder nur die weißen Punkte gemacht und die
         blauen Punkte haben wir.. beim kürzen praktisch übersehen
         wenn wir das kürzen würden wäre exakt wieder dasselbe
         auskommen und von der Darstellung von dreihundert Schülern
         wäre das zwar von jedem ein Drittel, aber es würden ja auch
         dreimal so viele blau werden.. es würde exakt wieder so
         aussehen können, praktisch zwar das ist (markiert letzten
         Punkt im Dokument 100 Punkte gedrittelt Tarek und Daniel)
         dreigeteilt ist aber alle drei drittel wären blau
```

Was genau dazu geführt hat, dass er es noch einmal schriftlich rechnend überprüfen will, wird nicht deutlich. Er kommt zu der Einsicht, dass seine vorherige

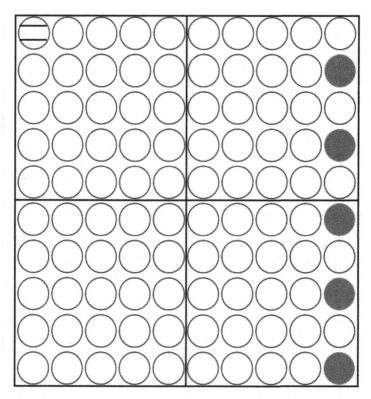

Abbildung 6.50 Hunderterfeld 2 Tarek und Daniel (Schülerzeichnungen digital nachge-stellt, um den Prozess der Überarbeitung besser nachvollziehbar zu gestalten)

Lösung falsch gewesen sein muss, da in diesem Moment nicht mehr 15 Perso-nen markiert wurden (vgl. markierter, gedrittelter Kreis in Abbildung 6.51). Als Lösung markiert er wieder den gedrittelten Kreis vollständig, um den korrekten Anteil für 5 % zu haben (vgl. Abbildung 6.52).

In dieser Lösung hätte die Interpretation eines Kreises bzw. eines gedrittel-ten Kreises mit den Schülern noch weiter besprochen werden können. Dieses Dritteln ist ein weitere Verdeutlichung der Probleme einer zu starken Eins-zu-Eins-Zuordnung zwischen realer Welt und Mathematik. Die Frage, ob Anteile an einem Kreis oder ganze Kreise markiert werden müssen, kann stellvertretend für eine Diskontinuität zwischen Lebenswelt und mathematischer Welt herangezogen werden: Die Perlenkettenargumentation geht durch vollständige Markierung eines

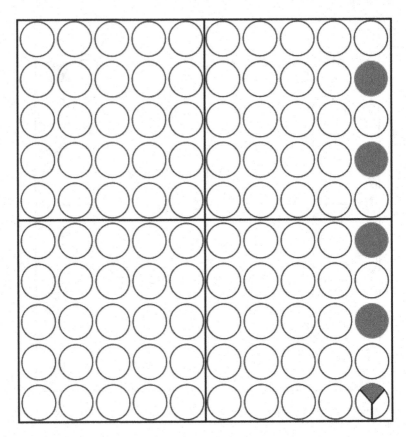

Abbildung 6.51 Hunderterfeld 3 Tarek und Daniel

gedrittelten Kreises verloren, da nicht mehr genau „jeder zwanzigste" markiert wird. So kann eine mathematisch korrekte Lösung nicht in Form einer Eins-zu-Eins-Zuordnung auf die reale Welt (in diesem Fall repräsentiert durch das Hunderterfeld) übertragen werden.

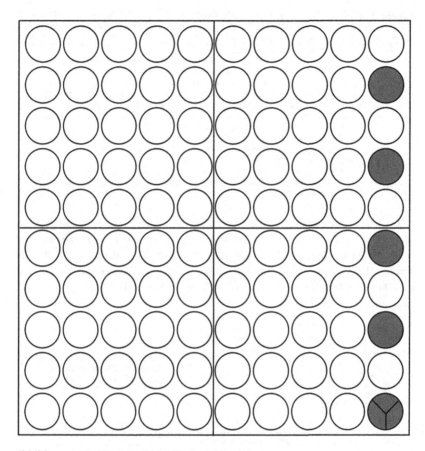

Abbildung 6.52 Hunderterfeld 4 Tarek und Daniel

6.2.3.5 Zahlenangabe

Auch Tarek und Daniel entscheiden sich für die Antwortmöglichkeiten a) und c). Tarek begründet die Gleichheit von „10 von 200 Schüler" mit 5 % folgendermaßen:

Szene 1.4.: Erarbeitungsphase 1c: Sind 5% a) 10 von 200 Schülerinnen und Schülern oder b) 5 von 400 Schülerinnen und Schülern oder c) 50 von 1000 Schülerinnen und Schülern'

1	I	Tarek warum ist a richtig'
2	T	ähm weil, wie ich schon ganz am Anfang gesagt habe <u>als</u> ich.. äh praktisch errechnet habe das sich (bemerkt) bei höheren Schülern nicht ändern würde, dann würd und es sich beide Zahlen verdoppelt da habe ich ja schon das Beispiel **genannt** das von zweihundert Schülern schon zehn draußen wären
3	I	kannst du mir nochmal erklären wie man das ausrechnen kann
4	T	wenn bei hundert Schülern, das fünf Schüler die nich die zu Fuß laufen dann sind es von zweihundert sind wenn sich die <u>Schüleranzahl</u> verdoppelt auch die Fußgänger doppelt so hoch' fünf mal zwei ist zehn
5	D	und bei tausend wäre es genau das gleiche' dann wäre es ja eigentlich fünf mal zehn gleich fünfzig und hundert mal zehn gleich **ein**tausend

Da bereits im vorherigen Interviewverlauf das Beispiel 10 von 200 gefallen ist, bezieht Tarek sich hierauf. Im Sinne des *algorithmischen Erweiterns* müssen *beide Zahlen* (Zeile 2) verdoppelt werden. Bei 1000 ist es dann nicht mehr das Verdoppeln, sondern die Multiplikation mit 10, was aber *genau das gleiche* sei, wie David erklärt. Damit lässt sich Tareks und Daniels Begründung wie folgt zusammenfassen (vgl. Abbildung 6.53):

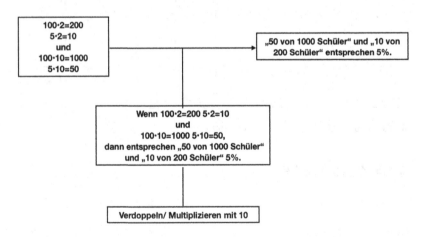

Abbildung 6.53 Toulminschema 7 Tarek und Daniel

Anschließend stellt der Interviewer die Frage, warum es die Antwort „5 von 400 Schüler" nicht richtig sein könne:

```
6    I  und warum kanns b nicht sein'
7    D  Weil äh die erste Anzahl hier steht ja fünf Prozent aller
        Schülerinnen und Schüler einer Schule gehen zu Fuß zur
        Schule.. ähm das heißt ja fünf Prozent von hundert und nicht
        fünf Prozent von vierhundert
8    T  Oder auch wenn wenn ich jetzt fünf mal vier nehme entsteht
        daraus nicht fünf.. korrekt wäre äh, zwanzig
9    I  Ich hab das mit den Prozent jetzt eben nicht verstanden fünf
        kannst du das nochmal erklären' mit den
10   D  also wir haben.. (Störung durch eine unbeteiligte Person)
        hier fünf Prozent äh aller Schülerinnen und Schüler' und
        diese fünf Prozent umgerechnet auf hundert Schüler wären ja
        fünf Schüler, und diese fünf Schüler.. sind ja' äh von
        hundert Schülern also von hundert Prozent nicht von
        vierhundert Prozent das würde ja nicht übereinstimmen,
        müsste dieses ganze also diese ganze Rechnung diese hundert
        Prozent oder hundert Schüler oder fünf Prozent und fünf
        Schüler dann mal vier nehmen und dann hätten wir vierhundert
        Schülerinnen vierhundert Prozent aber nicht fünf Schüler und
        zwanzig Prozent das würde dann nicht hinhauen oder zwanzig
        Pro fünf Prozent und fünf Schüler das würde nicht hinhauen
```

In dieser Passage setzt Daniel Prozente mit Einheiten gleich, für ihn sind 400 Schüler dasselbe wie 400 %. Dieser Denkfehler ist beispielhaft für die beschriebene Fehlvorstellung von *Prozenten als Zahlen*. Leider verpasst es der Interviewer an dieser Stelle, nachzufragen, warum es bei dieser Aufgabe möglich ist, dass mehrere Angaben 5 % entsprechen. Es kann stattdessen jedoch auf Zeile 2 verwiesen werden, in der Tarek bereits erläutert, dass Prozentangaben nicht an einen Grundwert gebunden seien, denn wenn sich beide Zahlen (5 und 100) um den gleichen Faktor erhöhen, bleibt das Ergebnis 5 %.

6.2.3.6 Zahlenstrahl

Tarek und Daniel erhalten direkt den Auftrag, den Sachverhalt am Zahlenstrahl darzustellen. Da Daniel mit dem Zahlenstrahl scheinbar nichts anzufangen weiß, fängt Tarek an zu zeichnen und erläutert sein Vorgehen wie folgt:

```
30   T  Also wenn hier (Zeigt auf die Mitte des Zahlenstrahls).. ist
        es ja insgesamt so ich hab das jetzt so eingezeichnet das
        zwei von den ganzen Felder sind oben fünf und unten hundert,
        dadurch kann man ist der Zahlenstrahl praktisch auch eine
        Bruchlinie an der' man festlegen kann wie weit die Brüche
        voneinander entfernt sind und an dem auch erkennen kann das
        die Brüche von derselben Kategorie gehören' weil sie
        gleichmäßig, nich praktisch' steigen und, mit diesem
        bestimmten Abstand
```

Er interpretiert den Zahlenstrahl als eine fortlaufende *Bruchlinie* (vgl. Abbildung 6.54), auf dem Brüche eingetragen werden, die alle *von derselben* Kategorie sind.

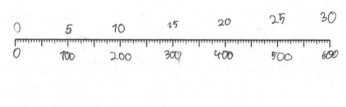

Abbildung 6.54 Zahlenstrahl Tarek und Daniel

Der Interviewer möchte dies anschließend noch etwas genauer erläutert haben:

40   I Was erkennt man jetzt daran'
41   T Man erkennt das das quasi proportional ansteigt, <u>und</u> das
        dreißig von, (stammelt) von sechshundert exakt dasselbe wie
        fünf von hundert
42   D Eigentlich ist es ein riesiger Bruch an dem man plus fünf
        rechnet oder' und plus hundert' nur verschiedene Brüche in
        den du halt plus hundert plus hundert rechnest.. also würde
        man jetzt hier überall einen strich ziehen und dann ähm so
        gesagt plus fünf und plus hundert mit jedem Pfeil zeichnen
43   T Auf der Art und Weise hab ichs zwar dargestellt aber auf der
        Art und Weise findest es eigentlich nicht **statt** sondern es
        sind ganz viele einzelne **Dreisätze**.. hier ist es, auf eins
        berech hier ist es auf eins berechtigt, hundert geteilt
        durch hundert mal zweihundert, geteilt durch zweihundert mal
        dreihundert so weiter würde das je berechnet werden um auf
        die einzelnen Werte zu kommen

Tarek bezog sich schon in seinen vorherigen Erläuterungen immer wieder auf den Dreisatz als das primäre Mittel der Prozentrechnung. Wann immer ein Wert zu berechnen sei, müsse man von der Markierung der 1 ausgehen, um dann die weiteren Werte zu berechnen. Diese Beschriftung des Zahlenstrahls kann deutlich dem *Erweitern als Vervielfachen* zugeordnet werden. Verschiedene Darstellungen von 5 % werden auf einer Linie, der Größe des Grundwerts, nach sortiert, obwohl sie alle anteilsgleich sind.

6.2.4 Vergleich der Interviews

Im Vergleich der Interviews der Kategorie *Erweitern als Vervielfachen* zeigen sich unterschiedliche Vorstellungen der Interviewten.

Bei der ersten Frage, ob 5 % der Bruchangabe $\frac{1}{5}$, $\frac{1}{20}$, und/oder $\frac{15}{100}$ entsprechen, zeigen sich wenig unterschiedliche Antworten. Die Interviewten antworteten weitestgehend auf Basis des *arithmetischen Manipulierens von Zahlen(paaren)*. Stellvertretend für eine vom klassischen Erweitern abweichende Vorgehensweise sei hier auf Daniel verwiesen. Dieses Vorgehen verdeutlichte keine tiefgreifende inhaltliche Vorstellung außer der Gleichsetzung von $\frac{5}{100}$ mit 5 %. Bei dem Interviewpaar Cora und Carla entschied sich Carla zu Beginn für die Antwort $\frac{15}{100}$. Eine fundierte Begründung für diese Entscheidung konnte sie aber nicht geben.

Auffällig sind Tarek und Celina, die in ihren Antworten strukturelle Verbindungen zwischen Prozent- und Bruchrechnung ausnutzten. Tarek begründet dies über die Rechnung 100 %: 20 = 5 %. Hier scheint er eine Verbindung zwischen dem Nenner des Stammbruchs und der prozentualen Angabe hergestellt zu haben. Celina löst den Hundertstelbruch explizit von jeglichen Anzahlen und stellt eine strukturelle Beziehung zur Prozentrechnung her.

Zusammengefasst lassen sich bei dieser Aufgabe keine großen Unterschiede in der Vorgehensweise ausmachen. Die vorwiegende Beantwortung mithilfe des *arithmetischen Manipulierens von Zahlen (-paaren)* war im Abschnitt 5.2.2 prognostiziert worden. Das arithmetische Manipulieren von Zahlenpaaren steht im inhaltlichen Zusammenhang mit dem *Erweitern als Vervielfachen* und kann als simpelste Lösungsmöglichkeit für diese Aufgabe angesehen werden.

Die Einteilung in die Kategorie *Erweitern als Vervielfachen* wurde vorgenommen, wenn die Interviewten erklärten, dass zur Darstellung von Prozenten 100 Objekte benötigt würden. Die Interviewten stellen den Bruch $\frac{1}{20}$ anhand von 20 Einheiten dar, von denen eine markiert wurde. Um anschließend 5 % darzustellen, vervielfachen die Interviewten die ursprünglichen 20 Objekte zu 100 Objekten von denen dann 5 markiert wurden. Dabei formulieren die Interviewten, dass zur Darstellung von Prozenten 100 Einheiten benötigt würden. Die Fixierung auf 100 Objekte steht dabei in enger Verbindung zu der beschriebenen Grundvorstellungen Prozente als Zahlen, vor allem in der deskriptiven Ausprägung, wie in Teilkapitel 2.2.5 dargestellt wurde. Der Unterschied zum Erweitern als Verfeinern besteht in der Vervielfachung der Ausgangsdarstellung. Beim Erweitern als

Vervielfachen ist die Gleichheit des Anteils kein Bestandteil, sondern im Fokus stehen die Einheiten, die dargestellt werden.

Bei den Argumentationen der Interviewpaare lassen sich dennoch Unterschiede ausmachen. Kira und Celina nutzen Strichmännchen zur Darstellung. Sie begannen mit 19 und einem Objekt, aber um es *richtig* darzustellen, benötige es 100 Strichmännchen. Mit *richtig* meinen die Interviewten die Prozentdarstellung.

Carla und Cora nutzen ein Rechteck, das sie in 20 kleinere Rechtecke unterteilen von denen sie eines markieren, um $\frac{1}{20}\frac{1}{20}$ darzustellen. Um kenntlich zu machen, dass es sich dabei auch um 5 % handelt, vervielfachen sie das Ausgangsrechteck, sodass insgesamt 100 kleine Rechtecke dargestellt werden. Auf Rückfrage des Interviewers, ob 5 % auch schon in der Ausgangsdarstellung zu erkennen seien, ordnen Cora jedem Rechteck der Ausgangsdarstellung den Wert 5 % zu und kommen so insgesamt auch auf 100 %. Damit benötigt sie nicht 100 Objekte, um Prozente darzustellen.

Tarek und Daniel nutzen 20 Bälle, von denen sie einen markieren, um $\frac{1}{20}$ darzustellen. Auch sie argumentieren, dass 100 Bälle benötigt würden, um die Gleichheit mit 5 % darzustellen. Tarek nutzt in diesem Zusammenhang aber eigenständig die Formulierung, dass der markierte Ball 5 % der gesamten Bälle ausmache. Der Unterschied in den Interviews zeigt sich in der Betonnung des Anteils. So formuliert Tarek als einziger, dass in der ersten Darstellung die eine markierte Einheit 5 % aller Einheiten entspricht.

Für die anderen Interviewten, vielleicht noch mit Ausnahme von Cora, ist die faktische Darstellung von 100 Einheiten notwendig, um von Prozenten zu sprechen. Des Weiteren wurde auch von keinem der Interviewten explizit erwähnt, dass die Ausgangsdarstellung in ihrer Struktur vervielfacht wurde, um zu 100 Einheiten zu gelangen. Die explizite Nennung der Proportionalität ist Voraussetzung für das Vervielfachen, um die Gleichheit der Anteile von einem von 20 und fünf von 100 zu bewahren.

Die Einordnung der quasiordinalen Angabe bereitet Cora und Carla größere Probleme. Sie entscheiden sich nicht abschließend für eine der beiden Lösungen. Sie wesen zwar darauf hin, dass zwischen der 20 in der quasiordinalen Angabe und der 20 des Nenners eine Parallele bestehen könnt. Dies führte sie aber nicht auf ein abschließendes Urteil, was die korrekte Angabe für 5 % sein müsse. Sowohl Celina und Kira, als auch Daniel und Tarek nutzen das ***empirische Bündeln*** am Beispiel 100 und zählen daran „jeden Zwanzigsten" ab. Das Ergebnis 5 zeigt mit Verweis auf den Bruch $\frac{5}{100}$ die Korrektheit der Aussage. Celinia gibt auf Rückfrage auch noch die Beispiele 20 und 40 an. Auch in diesem Zusammenhang benutzte sie Brüche, um die Korrektheit der jeweiligen Beispiele zu begründen. Hiermit hat sie bereits eigenständig dargestellt, dass für sie die Lösung unabhängig vom Grundwert 100 korrekt ist.

Daniel argumentiert zu Beginn über den Ausschluss der Antwortmöglichkeit „jeder Fünfte". Hierfür nimmt er keine Rechnung vor, sondern argumentiert mit dem Vergleich der Chancen, eine Person auszuwählen, die zu Fuß zur Schule geht. Da bei 20 % die Chance größer sei als bei 5 %, könne „jeder Fünfte" nicht die korrekte Antwort sein. Es scheint ihm bewusst zu sein, dass eine höhere Zahl bei einer quasiordinalen Angabe einen kleineren Anteil bedeutet. Tarek rechnet am Beispiel von 100 aus, dass jeder Zwanzigste fünf Personen entspreche, was gleichbedeutend mit 5 % sei. Auf die Frage, ob diese Gleichheit auch unabhängig vom Beispiel 100 korrekt sei, brachte Tarek das Beispiel 119 an. Bei diesem Beispiel steige der Grundwert, der Prozentwert aber nicht. Somit sei der Prozentwert nicht mehr 5 % und jeder Zwanzigste nicht mehr der entsprechende Wert. Diese Argumentation weist daraufhin, dass es unabdingbar für ihn ist, dass die Markierung der quasiordinalen Angabe genau an der angegebenen Stelle vorzunehmen ist, hier an der zwanzigsten, vierzigsten, sechzigsten usw. Position.

Bei der quasiordinalen Einordnung zeigen sich Gemeinsamkeiten sowohl in der Begründung, als auch in der Vorstellung. Begründet wurde über Beispielzahlen, allen voran bei 100 Schüler, während die Vorstellung vor allem auf der *Perlenkettenargumentation* basiert. Diese Argumentation kann als logische Fortführung der Argumentationen des Erweiterns als Vervielfachen gesehen werden, da der Ausgangswert wieder vervielfacht und die Markierung immer an derselben Position vorgenommen wird.

Celina und Kira markieren am Hunderterfeld zielsicher die zwanzigste Person und kamen zu dem Ergebnis, fünf von 100 Kreisen seien markiert, was gleichbedeutend mit 5 % sei. Auf die Frage, wie mit 300 Schülern umzugehen sei, wollten sie entweder drei Hunderterfelder nutzen oder jeden Kreis dritteln. Dabei wäre die erste Option klarer dem Erweitern als Vervielfachen zuzuordnen, während die zweite Antwort dem Erweitern als Verfeinern entspräche. Tarek und Daniel gehen analog zu dem Vorgehe von Celina und Kira vor. Cora und Carla bereitet diese Aufgabe deutlich mehr Mühe. Zu Beginn wollen sie für die quasiordinalen Angaben „jeder Fünfte" und „jeder Zwanzigste" einfach nur fünf und zwanzig Kreise markieren.

Die Schüler sollen im Anschluss entscheiden, ob „jeder Zwanzigste" auch bei zwei markierten Hunderterfeldern 5 % entspreche. Die Interviewten kommen zu dem Ergebnis, dass zusammenbetrachtet die beiden Hunderterfelder, bei denen jeweils 5 % markiert sind, 10 % seien. Erst auf den Hinweis des Interviewers hin, dies in einem Bruch zu betrachten, kürzen die beiden Interviewten entsprechend und kommen auf $\frac{5}{100}$. Dieses Ergebnis konnten sie aber nicht inhaltlich begründen. Dies lässt den Schluss zu, dass beide keine inhaltlichen Vorstellungen der Proportionalität aktivieren können.

Im Rahmen dieser Aufgaben hatten sowohl Cora und Carla als auch Daniel größere Probleme: Als der Grundwert auf 120 anstieg und der Prozentwert entsprechend auf 6, versteiften sich Cora und Carla zu sehr auf die 6 als neuen Prozentwert und setzten dies mit dem Prozentsatz gleich. Daniel zeigt ähnliche Probleme. Als der Grundwert auf 200 erhöht wurde, waren dies für ihn 200 %. Die fehlende Betonung des Anteils bereitet den genannten Interviewten Probleme. Im Rahmen der Auswertung dieser Kategorie zeigt sich, dass die Vorstellungen der Interviewten häufig an Prozenten als Zahlen festhängen. Der Anteilsgedanke und auch die damit verbundene Proportionalität spielen für die genannten Interviewten höchstens eine untergeordnete Rolle. Im Rahmen der Aufgabe der verschiedenen Zahlenangaben nutzen alle drei Interviewgruppen das *Erweitern bzw. Kürzen*, um zu begründen, warum „10 von 200 Schüler" und „50 von 1000 Schüler" 5 % entsprechen. Die direkte Interpretation der Zahlenangaben als Bruch ist dabei besonders herauszustellen. Warum mehrere Lösungen gleichzeitig korrekt sein können, wird von den Interviewten ebenfalls über das Erweitern begründet.

Bei der Darstellung am Zahlenstrahl beschriften Cora, Carla, Celina und Kristina den Zahlenstrahl jeweils von 0 bis 1000 fortlaufend. Cora und Carla können keine wirkliche Begründung dafür liefern, warum beide Angaben 5 % entsprechen. Demgegenüber nutzen Celina und Kristina für die jeweiligen Angaben Klammern und argumentierten über den Abstand, dass es sich jeweils um 5 % handeln muss, da der Abstand lediglich vervielfacht wurde. Tarek und David fallen mit ihrer Darstellung des *fortlaufenden Dreisatzes* etwas heraus.

6.3   Der quasikardinale Aspekt

Im folgenden Unterkapitel werden zwei Interviews dargelegt, die **quasikardinal** (vgl. Abschnitt 5.1.2.3) die ikonische Gleichheit zwischen $\frac{1}{20}$ und 5 % begründeten.

6.3.1   Jule und Erika

In diesem Teilkapitel wird der Interviewverlauf von Jule und Erika vorgestellt.

6.3.1.1 Bruchangabe

Zu Beginn des Interviews wurden die Schüler aufgefordert sich zu entscheiden, ob 5 % $\frac{1}{20}$, $\frac{1}{5}$ oder $\frac{15}{100}$ sind. Jule und Erika erklärten ihre Lösung $\frac{1}{20}$ dabei wie folgt:

Szene 1.2.: Kontext: „5% aller Schülerinnen und Schüler einer Schule gehen zu Fuß zur Schule, was bedeutet das? Entscheide dich immer für alle richtigen Karten!"

     Antwortmöglichkeit a) $\frac{1}{5}$

     Antwortmöglichkeit b) $\frac{1}{20}$

     Antwortmöglichkeit c) $\frac{15}{100}$

Phase 1.2.1.: Entscheidung und Begründung

4	I	das ist Antwortmöglichkeit a das ist b und das ist c (5 sec.: Schüler wählen Antworten aus) ihr habt euch entschieden dreht mal um.. ah ihr habt beide b, Jule warum hast du b genommen
5	J	ähm weil wenn man das auf hundertstel hochrechnet dann sind das ja fünf hundertstel und fünf Prozent sind ja fünf hundertstel
6	I	was meinst du mit hochrechnen'
7	J	also ähm, die zwanzigstel auf äh Hundert
8	I	ja, wie wie machst du das'
9	J	ähm mal fünf
10	I	zwanzig mal fünf' ja'
11	J	ja und dann einmal fünf
12	I	<u>okay also</u>, oben und unten', mal fünf'*.. (zu Erika:) und darf man das einfach machen'
13	J	*ja
14	E	Eigentlich schon, nullkomma äh fünf Prozent sind auch null komma null fünf und das sind ja, ähm fünf hundertstel dann passt das dann darf man das

Die Begründung von Jule und Erika, weshalb $\frac{1}{20}$ und 5 % gleichwertig sind, hat einen ausrechnenden Charakter. Ihre Begründung fußt auf der rein algorithmischen Anwendung des Erweiterns: Wenn man den Zähler und den Nenner mit derselben Zahl multipliziert, dann entsteht ein neuer, wertegleicher Bruch. An dieser Stelle wird die Beziehung zwischen 20 und 100 ausgenutzt, die auf den Zähler übertragen werden kann: 20 • 5 = 100. Also muss auch 1 mit 5 multipliziert werden. Dafür benötigt es nicht zwingend strukturelles Wissen, es genügt einfaches Ausrechnen eines Rechenterms. Auf dieser Basis erfolgt die Einteilung in die Kategorie **Umrechnen/ arithmetisches Manipulieren von Zahlen(paaren)**. Die Schülerinnen wollen durch das Erweitern zeigen, dass $\frac{1}{20} = \frac{5}{100}$ gilt. Sie argumentieren dabei wie in Abbildung 6.55 dargestellt.

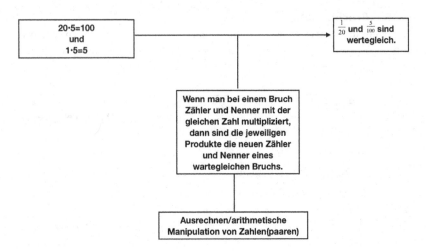

Abbildung 6.55 Toulminschema 1 Erika und Jule

Dass $\frac{5}{100}$ und 5 % die gleiche Bedeutung haben, erklärt Erika in Zeile 14, indem sie mit 0,05 einen weiteren Repräsentanten einbezieht. Ob diese Dezimalzahl einem Ausrechnungsverfahren oder einem Faktenwissen entspringt, kann an dieser Stelle nicht geklärt werden. Zwar benutzen die Interviewten an dieser Stelle die Argumentation des Vermittlers, da sie aber nicht erläutern, wie sie zu der Angabe 0,05 gelangt sind, kann keine eindeutige Zuordnung vorgenommen werden.

6.3.1.2 Ikonische Darstellung

Die ikonischen Darstellungen der Schüler zeichnen sich, in Abgrenzung von den anderen dargestellten Kategorien, durch eine nicht benötigte Veränderung der Darstellung von $\frac{1}{20}$ aus. Die genutzte Darstellung benötigt keine bildliche Überarbeitung, da sie von den Schülerinnen so interpretiert wird, dass sowohl 5 % als auch $\frac{1}{20}$ sichtbar sind. Um diese Gleichheit darzustellen, benötigen Jule und Erika nicht die Darstellung von 100 Objekten, da sie die Gleichheit über die Bündelungsanzahl 20 aufzeigen.

Wie in der Abbildung 6.56 zu sehen ist, wird der Ausdruck $\frac{1}{20}$ durch ein Objekt repräsentiert, das in 20 gleich große Teile zerlegt wird. Eines dieser Teile wird markiert.

Abbildung 6.56 Ikonische Darstellung Jule und Erika

Warum das Objekt ebenfalls 5 % darstellt, führen Jule und Erika wie folgt aus:

```
36   I   was sieht man da jetzt'
37   J   das ein Teil von den zwanzig Teilen ähm anders ist
38   E   also das der angemalte Teil ist dann sind dann äh die fünf
         Prozent also die Schüler die zu Fuß gehen und dann sieht man
         ähm wie wenig das sind im Vergleich das sind die anderen
39   I   mhm (bejahend) und kann man da irgendwo sehen das das fünf
         Prozent sind
40   J   (lachend) nein
41   I   warum nicht'
42   E   also doch könnte man, das müsste man errechnen halt wieder
         dann mit dem ein zwanzigstel und dann könnte man das in
         Prozent umrechnen
43   I   hast du (zu Jule gerichtet) noch was anders.. also nur wenn
         man weiß das das hier (Zeigt auf den Bruch) das Gleiche wie
         das hier (zeigt auf 5%) ist kann man das erkennen ist das
         quasi so
44   J   nein man könnte dann einfach fünf Prozent das in jedes
         Kästchen fünf Prozent ist und wenn man die dann addiert
         würde man auch hundert Prozent rausbekommen weil fünf mal
         zwanzig ja hundert ist
45   I   ja okay also wenn in einem Kästchen, fünf wären dann wären
         es insgesamt hundert
46   J   und das könnte man ja ausrechnen hundert geteilt durch
         zwanzig
47   I   okay
48   J   dann würde man doch auf die Prozentzahl kommen
49   I   ja
```

Erika möchte die Gleichheit in Zeile 42 rechnerisch belegen, Jule scheint
diesen Vorschlag aufzunehmen und in die Darstellung übertragen zu wollen.
Rechnerisch wird belegt, dass zwanzigmal 5 % gleich 100 % sind, was sich auf
die 20 kleinen Rechtecke übertragen lässt (Zeile 44). Auffällig ist dabei, dass
sie einen anderen Rechenansatz benutzen als die zuvor genannte *arithmetische
Manipulation von Zahlenpaaren*. In ihrer Argumentation gelingt es Jule und
Erika, eine Verbindung zwischen der symbolischen Ebene und der ikonischen

Darstellung zu erzeugen. Im Sinne des *quasikardinalen Aspekts* betonen die beiden die Bündelungsanzahl 20. Es wird hier argumentiert (vgl. Abbildung 6.57), dass der Zusammenhang zwischen den 20 Teilflächen und 5 % ausgenutzt werden könne, um eine Verbindung zwischen dem Bruch $\frac{1}{20}$ und 5 % herzustellen. Wie von Griesel (1981) beschrieben, wird der prozentuale Anteil als neues Objekt aufgefasst, mit dem – in diesem Fall – bis zu 100 % wiederholt addiert werden kann. Im Verständnis der Interviewten handelt es sich nicht um einen Anteil des Rechtecks, sondern um einen festen, neugeschaffenen Teil, mit dem flexibel umgegangen werden kann.

In diesem Moment spielt der Bruch $\frac{1}{20}$ eine untergeordnete Rolle, da nur noch der Nenner 20 und die damit verbundene Bündelungsanzahl 20 betont wird. Die Interviewten versuchen hier aufzuzeigen, dass eine wechselseitige Beziehung zwischen dem Bündel höherer Ordnung (ikonisch repräsentiert durch das gesamte Rechteck, mathematisch durch den Ausdruck 100 %) und der Bündelungsanzahl besteht (ikonisch repräsentiert durch die 20 einzelnen Rechtecke).

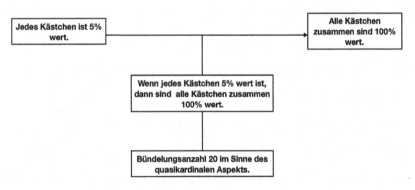

Abbildung 6.57 Toulminschema 2 Erika und Jule

Dies zeigt sich in der zweiteiligen Begründung: In Zeile 44 erklärt Jule, dass die Summe aus 20 Kästchen mit jeweils 5 % gleich 100 % sei. Diese Beschreibung ist stärker an die Ebene der Darstellung gebunden. Demgegenüber argumentiert sie in Zeile 46 aus einem mathematisch strukturellen Blickwinkel, dass 100(%) auf 20 (nicht zwingend Kästchen) verteilt 5(%) ergeben. Sie nutzt hier die Zahlen, was den Schluss zulässt, dass sie nicht zwingend auf der ikonischen Ebene verharrt.

Damit kann den Interviewten unterstellt werden, dass sie die markierte Kästchen (und damit auch den Zähler 1) äquivalent zu den 5 % benutzen. Im Sinne des quasikardinalen Aspekts zeigt sich, dass sowohl 5 % als auch $\frac{1}{20}$ der gleichen Bündelungsanzahl unterstehen. 20 Elemente werden jeweils benötigt, um zur höheren Ordnung zu bündeln. Gerade im Sinne der Prozentrechnung wird hier 5 % als ein neues Element aufgefasst, mit dem flexibel umgegangen werden kann.

6.3.1.3 Quasiordinale Angaben

Auf die Frage, ob 5 % „jedem Zwanzigsten" oder „jedem Fünften" entspricht, argumentieren Jule und Erika wie folgt:

```
Szene 1.3.: Erarbeitungsphase 1b: Sind 5% a) Jeder 20. oder b) Jeder
5.?

Phase 1.3.1.: Auswahl der Antwortkarten
(Schüler entscheiden sich für Antwortkarte a)
1    I   jetzt haben wir die nächsten jetzt sinds nur zwei
         Antwortmöglichkeiten (7 sec.) bitte umdrehen.. wieder beide
         das gleiche Erika warum a'
2    E   ähm weil fünf Prozent das sind, also wenn man dann, wenn man
         sagt das sind..oder.. ähm (4 sec) äh
3    I   (zu Jule) du kannst auch gerne helfen
4    J   ja ähm ich hab gedacht weil wenn das jeder fünfte Schüler
         wär dann wären das ja zwanzig Prozent weil es wären ja dann
         immer noch mehr Schüler
```

Zu Beginn tun sich die Schülerinnen schwer, ihre (richtige) Wahl zu begründen. In Zeile 53 argumentiert Jule, dass „jeder fünfte Schüler" 20 % entspreche, da eine kleinere Zahl in der quasiordinalen Angabe dazu führe, dass mehr Schüler zu Fuß zur Schule gehen würden. Offensichtlich hat Jule den Anteilsgedanken herausgearbeitet und damit begriffen, dass der Anteil größer wird, wenn die nummerische Angabe sinkt (vgl. Abbildung 6.58).

Abbildung 6.58 Toulminschema 3 Erika und Jule

Anschließend ergänzen die Interviewten:

```
5   I   wie stellt ihr euch das denn vor mit* wenn jetzt hier
        jeweils steht jeder zwanzigste
6   J                                      *weil
7   J   ich hab gedacht weil hundert geteilt durch zwanzig wäre ja
        auch fünf* und das es dann vielleicht was damit zu tun hat
        mit den fünf Prozent
8   E               *ja stimmt
```

In Zeile 56 nutzt Jule eine Argumentation, die sich dem quasikardinalen Aspekt zuordnen lässt. Über das Beispiel 100 und der Bündelungsanzahl 20 zeigt Jule eine Beziehung zwischen den Angaben 5 % und „jeder Zwanzigste" auf. Auf dieser Basis erfolgt die Einordnung in die Kategorie *Nutzen der Bruchbeziehung* (vgl. Abbildung 6.59), da für die Interviewten, wie zuvor gezeigt, die Bruchbeziehung durch die Bündelungsanzahl 20 verdeutlicht wird. Durch das selbstgewählte Beispiel 100 zeigt sich für Jule eine Beziehung zwischen dem Teilen durch 20 und 5 % auf. Wenn man 100 auf zwanzig Teile verteilt, dann enthält jede Teilmenge 5. „Jeder zwanzigste" unterliegt dem selben Grundgedanken, wie das Teilen durch 20.

Abbildung 6.59 Toulminschema 4 Erika und Jule

Anschließend sollen die Interviewten die Allgemeingültigkeit der Aussage, der Zwanzigste entspricht 5 % begründen:

```
9    I   okay ähm was wäre wenn es jetzt gar nicht hundert Schüler an
         der Schule sind
10   E   achso
11   I   also wir wissen es ja nicht hier steht einfach nur fünf
         Prozent
12   E   (lacht) dann glaube ich doch eher jeder fünfte Schüler
13   I   warum'
14   E   (lacht).. weil wenn ich das aus fünf hundertstel
         zusammensetze dann ähm, habe ich ja auch immer jeden fünften
         Schüler eigentlich weil ich ja dann die Zahlen von eins bis
         vier sozusagen überspringe
15   I   okay
16   J   ja dann also es kommt halt drauf an wie viele Schüler glaub
         ich an der Schule sind dann wüsste man erst wie viele das
         sind
```

Als der Interviewer in Zeile 58 einwirft, dass in der Aufgabe aber keine Bezugsgröße vorgegeben sei, kommen Jule und Erika ins Straucheln und stellen ihre Antwort in Frage. Erika verweist in Zeile 63 auf den Bruch $\frac{5}{100}$, den sie genutzt hat, um eine Begründung für die Antwortmöglichkeit „jeder Fünfte" wiederzufinden. Sie nutzt den Nenner als Aufforderung, „jeden Fünften" von 100 abzuzählen. Damit stützt sie sich wieder auf eine Bruchbeziehung, auch wenn sie diese falsch deutet. Die Interviewten können sich in der Folge nicht direkt für eine Antwort entscheiden. Entscheidend ist dabei noch folgende Aussage:

| 32 | J | (lacht) dann könnte man ja sehen wie viele äh dann könnte man ja gut in der Übersicht haben wie viele Schüler das sind und das dann geteilt durch ähm zwanzig und dann wüsste man dann ja was dann zwanzig oder fünf wär |

Jule erklärt, dass die vorgegebenen Angaben dazu auffordern, die jeweilige Menge durch 20 beziehungsweise 5 zu teilen. Da in diesem Moment noch keine vollständige Lösung und Argumentation der Schülerinnen entstanden ist, leitet der Interviewer zum Hundertertfeld über.

6.3.1.4 Darstellung am Hunderterfeld

Die Schülerinnen erkennen schnell die Verbindung zwischen dem Hunderterfeld und der Prozentrechnung und wenden diese wie folgt an:

35	I	guckt euch das mal an und was das mit Prozentrechnung zu tun haben könnte
36	J	weil das sind ja hundert Kreise
37	I	okay wie würde da denn jetzt jeder zwanzigste aussehen.. oder jeder fünfte könnt ihr ja in verschiedenen Farben aufmalen
[...]		
46	I	malt das mal schon so auf das man noch jeder fünfte und jeder zwanzigste sehen kann
47	E	achso so das man das jetzt
48	I	das man das erkennen kann
49	E	ja..äh, können wir jeder zwanzigste so (zeigt mit dem Stift über eine vollständige waagerechte Reihe) machen und jeder fünfte so (deute senkrechte Bewegung an)
50	I	okay
51	J	ja (beginnt Kreise einzuzeichnen).. jetzt muss ja jede zweite Reihe angemalt werden
52	E	und jeder zwanzigste ist dann jede zweite Reihe
53	I	könnt ihr ja von oben anmalen dann können wir das unterscheiden
54	J	weißt du hast dann immer den (zeigt auf einen Kreis am Ende einer Reihe) den (zeigt einen Kreis zwei Reihen darüber) dann den (zeigt wieder auf einen Kreis zwei Reihen über den vorherigen)
55	E	aber dann muss jeder fünfte das müssen ja mehr angemalte sein als jeder zwanzigste
56	J	sind es dann ja auch.. weil jeder zwanzigste ist dann ja nur eins.. eins ähm das sind ja nur eins (zeigt auf den ersten angemalten Kreis) zwei drei vier und fünf

Jule und Erika zeichnen sowohl die Angaben „jeder Fünfte" als auch „jeder Zwanzigste" ein (vgl. Abbildung 6.60). Sie argumentieren sowohl mit vollständigen Fünferreihen (jeder fünfte Punkt muss markiert werden), als auch mit zwei vollständigen Zehnerreihen (jeder zwanzigste Punkt muss markiert werden) (Zeile 100). Ihnen scheint klar zu sein, dass die Anzahl der eingezeichneten Kreise einer Prozentangabe entspricht, da es sich um 100 Kreise handelt (s Zeile 36).

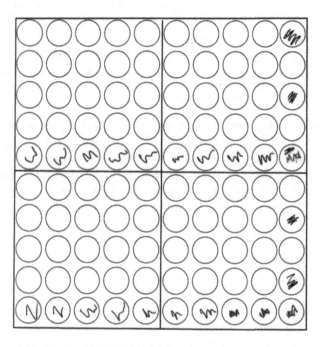

Abbildung 6.60 Hunderterfeld Erika und Jule

Bei der Betrachtung des Hunderterfelds fällt auf, dass sie den Blickwinkel zwischen den Markierungen für „jeder Fünfte" und „jeder Zwanzigste" gewechselt haben. Die Markierung von „jedem Fünften" wurde beginnend von oben links gestartet und in Fünferschritten nach unten gezählt (blaue Markierungen), jeder Zwanzigste wurde in Zwanzigerschritten unten rechts beginnend gezählt (schwarze Markierungen). In Zeile 104 und 105 dient das Hunderterfeld im Zuge der Markierung als Erkenntnismittel mit der Einsicht, dass die Anzahl der markierten Kreise bei der Angabe „jeder Fünfte" höher ist, als bei der Angabe „jeder Zwanzigste".

Um die Ausprägung der Vorstellung des quasiordinalen Aspekts der Interviewten vollständig zu durchdringen, ist die Frage, ob es wichtig ist, an welcher Stelle die zwanzigste Person markiert werden muss, elementar.

```
71    I   ist es denn wichtig welche man anmalt' ich mein ihr habt
          jetzt mit dem angefangen, äh ist das wichtig das man genau
          den nimmt'
72    E   nein eigentlich ist es egal
73    J   weil wir haben ja jetzt hier von unten angefangen
74    I   okay
75    E   es ist nur wichtig das man immer die Reihenfolge einbehält
          weil sonst hat man ja nicht jeden zwanzigsten sondern
          einfach nur fünf Felder
```

Jule und Erika kommen zum Schluss, dass nur die Reihenfolge von Bedeutung sei. Mit der Reihenfolge meinen sie wahrscheinlich, dass der Abstand zwischen zwei Markierungen immer einheitlich sein muss. Dies erwähnt sie aber nicht explizit, weshalb eine Perlenkettenargumentation nicht unterstellt werden kann. Im Anschluss an diese Passage erfragt der Interviewer, ob die Angabe „jeder Zwanzigste" auch bei 120 Schülern immer noch 5 % entspricht:

76 I ja..ja so jetzt, hab ich dann doch nochmal.. jetzt haben wir
       das ja für hundert Schüler geklärt ne' da sind wir ja der
       Überzeugung das a die richtige Antwort
77 J ja
78 I ähm.. kann man das denn wirklich immer noch so abschließend
       sagen.. also was ist denn wenn jetzt 20 Schüler mehr an der
       Schule sind'
79 J dann müsste man die Zahl ähm bei jeder zwanzigste ähm höher
       machen weil sonst hätte ich ja nicht fünf Kästchen angemalt
       sondern sechs
80 E (..)
81 I okay ich hab jetzt noch zwanzig Schüler mitgebracht (zu
       Erika:) willst du noch was sagen
82 E äh nein nicht das äh nein das ist so auch so da müssen
       einfach nur ein paar mehr Schüler wären das dann ja immer
       nur je nachdem ob fünf oder zwanzig
83 I ich hab jetzt noch zwanzig Schüler mitgebracht.. was haben
       wir denn jetzt für eine Situation'
84 J das wir hier, jetzt sechs ach nein das muss man doch äh
       nicht die Zahl vergrößern weil jetzt hab ich ja sechs äh
       sechs hundertzwanzigstel und ähm, dann hätte ich, hätte ich
       ja im endeffekt auch fünf Prozent wenn ich das dann, als
       Prozentzahl rechnen würde
85 I warum'..kannst du auch gern aufschreiben
86 J weil.. (lacht) ähm (beginnt zu schreiben) (4sec.) ähm
87 I ich kann auch hier in den Taschenrechner was eintippen wenn
       du was wissen willst
88 J ja ähm sechs geteilt durch einhundertzwanzig
89 I sechs' geteilt durch einhundertzwanzig'
90 J ja
91 I null komma null fünf
92 J ja ja dann wären das auch fünf Prozent weil diese Zahl
       (zeigt auf die 120)*sich auch vergrößert hat
93 E   *achso
94 I (zu Erika:) macht das Sinn'
95 E ja eigentlich schon.. wenn ähm ja weil wenn es für die Zahl
       (zeigt auf 6) wird ja größer wie viele das sind und, wie
       viele es insgesamt sind wird dann ja auch mehr und dann ähm
       bleibt das immer gleich

Zu Beginn der Sequenz unterliegen die Interviewten einer wiederholt auftretenden Fehlannahme (Zeile 79): Sie verlieren in diesem Moment möglicherweise
den Grundwert aus den Augen und verharren in der Vorstellung, dass die Anzahl
der markierten Kreise dem Prozentsatz entspricht. Dies ist aber nur für den Grundwert 100 richtig (vgl. Abbildung 6.61). Diese Fehlannahme kann auf die Nutzung
des Hunderterfelds zurückgeführt werden, da ein Kreis als gleichzeitigem Prozentwert und Prozentsatz interpretiert wird. Die Interviewten kommen zu dem
Schluss die quasiordinale Angabe angepasst werden muss.

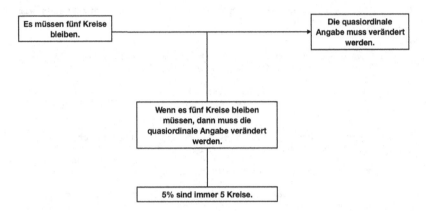

Abbildung 6.61 Toulminschema 5 Erika und Jule

Die Anpassung an einen veränderten Grundwert wird von den Schülerinnen in dem Moment vorgenommen, in dem sie die 20 weiteren Schüler visualisiert bekommen. Da der Grundwert und damit auch der Nenner um 20 erhöht wurde, muss auch der Zähler von 5 auf 6 erhöht werden (Zeile 84). Die hinter dieser Anpassung stehenden Vorstellungen sind im logischen Zusammenhang mit den vorherigen Äußerungen der Interviewten zu sehen. Im quasikardinalen Kontext ist das „Erweitern" das (mindestens) einfache, additive Hinzufügen des Ausgangswerts $\frac{1}{20}$.

Gestützt wird die Argumentation auf dem Vermittler 0,05: Der Quotient aus 6 und 120 ist 0,05, wodurch für die Interviewten gesichert ist, dass der Bruch $\frac{6}{120}$ 5 % repräsentiert (Z. 92) (vgl. Abbildung 6.62):

Abbildung 6.62 Toulminschema 6 Erika und Jule

6.3.1.5 Zahlenangaben

Erika und Jule antworten beide, dass sowohl „50 von 1000 Schüler", als auch „10 von 200 Schüler" 5 % entsprechen. Dies begründeten sie folgendermaßen:

```
1   I   okay ihr habt beide a und c, Erika warum ist a richtig'
2   E   weil es sind ja, fünf von hundert und äh dann ist es ja
        eigentlich genau das selbe wenn man zehn von zweihundert hat
        also weils ja mehr Schüler werden aber dann auch immer, also
        die Zahl, ähm verdoppelt sich dann auch
3   I   hm und warum c (zu Jette)
4   J   weil da könnte man dann einfach die Nullen streichen und
        dann hätte ich auch fünf Hundertstel und dann wären es ja
        auch wieder fünf Prozent
5   I   warum darf man die nullen so einfach streichen'
6   J   ähm weil wenn man das durcheinander teilen würde dann könnte
        man ähm die Nullen ja äh auch ähm kurzen
7   I   wie durch einander teilen
8   J   also wenn man das in einen Bruch schreiben würde fünfzig ähm
        eintausendstel dann könnte man die nullen ja auch kürzen
```

Beide Argumentationen basieren auf dem *Erweitern bzw. Kürzen*, die Basis dafür bietet jeweils der Bruch $\frac{5}{100}$. Für die Angabe 10 von 200 müssen die *Zahlen* einfach nur *verdoppelt* werden (Zeile 2). Bei 50 von 1000 lassen sich beide Nullen einfach streichen, womit man wieder zu $\frac{5}{100}$ gelangen würde.

Auf Nachfrage erläutert Jule, dass es sich bei dem Streichen der Nullen formal um das Kürzen handelt. Diese Begründungen werden in Abbildung 6.63 als Argumentationsschema zusammenfassen.

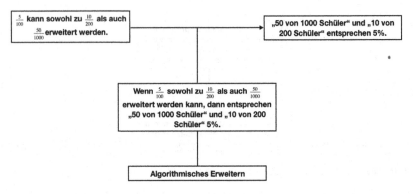

Abbildung 6.63   Toulminschema 7 Erika und Jule

Die beiden Schülerinnen begründen, weshalb bei dieser Aufgabe mehrere Antworten korrekt sein können folgendermaßen:

```
26   I  okay, dann würde mich noch interessieren warum jetzt hier
        mehrere Lösungen korrekt waren und vorher immer nur eine'
27   J  weil ich hab hier ja von beiden Zahlen mehr also hier habe
        ich ja zehn und fünfzig das ist ja fünfzig mehr und da
        zweihundert und eintausend mehr
28   E  und das ist das einfach immer, die mal also immer mal fünf,
        also zehn mal fünf ist fünfzig und zweihundert mal fünf ist
        tausend und dann ist es wieder das selbe
29   I  und warum ging das vorher nicht'
30   E  also bei dieser Aufgabe weiß man immer wieviel Schüler es
        sind und bei dem anderen weiß man das nicht
```

Zuerst argumentieren Jule und Erika wieder über das algorithmische Erweitern und den Bruch $\frac{5}{100}$. Da die Zahlenangaben beide um denselben Faktor vergrößert wurden, entsprechen beide Angaben 5 %. Erika stellt anschließend noch heraus, dass im Gegensatz zu den vorherigen Angaben ein Bezugswert angegeben ist. Dies ermöglicht mehrere Antwortmöglichkeiten für 5 %.

6.3.1.6 Zahlenstrahl

Der Interviewer fordert Jule und Erika anschließend auf, anhand der bereits erstellten Darstellung die Gleichheit beider Antwortmöglichkeiten zu begründen. Dies sah wie folgt aus:

```
32   I   okay dann würde ich noch gerne wissen, ob man an dieser
         Darstellung (zeigt auf die Darstellung aus der 1.
         Erarbeitungsphase) erkennt das sowohl das hier(zeigt auf 10
         von 200 Schüler) als auch das hier (zeigt 50 von 1000
         Schüler) richtig ist
33   E   ähm... man müsste das hier(zeigt auf die Darstellung)
         eigentlich malrechnen also, hier haben wir ja zwanzig
         einzelne Teile und wenn, man das dann mal zehn rechnet
         ergibt es zweihundert und wenn man den einzelnen ähm auch
         mal zehn rechnet sind es auch zehn und dann passt man das
         auch wieder so und bei dem anderen halt mal fünfzig
```

Im Sinne des *Erweiterns als Vervielfachen* schlägt Erika vor, die Unterteilungen des Rechtecks zu multiplizieren (vgl. Abbildung 6.56) um die jeweiligen Angaben zu erhalten. In diesem Vorschlag zeigt sich die Differenz im Verständnis der beiden: In dieser Argumentation spielt der *quasikardinale Aspekt* keine Rolle mehr. Dieser kommt erst wieder beim Zahlenstrahl zum Tragen. Zu Beginn beschriften die Interviewten die Markierungen des Zahlenstrahls jeweils in Hunderterschritten. Die in der Aufgabe vorgegebenen Zahlenangaben werden anschließend durch das Einfärben der jeweiligen Markierungen gekennzeichnet. Dabei fällt auf, dass Jule und Erika nicht die Abschnitte von 0–20 bzw. 0–50 wählten, sondern 180–200 und 950–1000 (vgl. Abbildung 6.64).

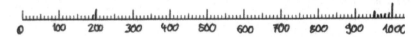

Abbildung 6.64 Zahlenstrahl Erika und Julia

Diese Darstellung weist auf eine flexible Interpretation des Zahlenstrahls hin. Zum einen scheinen sie in der Lage zu sein, prozentuale Angaben nicht nur als starre Reihenfolge zu interpretieren. Zum anderen können sie den Zahlenstrahl theoretisch so mehrdeutig deuten, dass sie ihn für ihre jeweiligen Voraussetzungen anpassen können.

Im Rahmen des Markierens der vorgegebenen Angaben, entspannt sich eine Diskussion zwischen Jule und Erika, die typisch für eine kardinale Interpretation einer ordinalen Darstellung ist:

```
47    E  ich glaube wir haben zu viel markiert weil wir ja noch den
         großen Strich haben
48    J  achso oder zählt der Zwischenraum'(lacht).. dann müssen wir
         hier dann die vier
[...]
51    I  ich meine wenn ihr jetzt nur hättet fünf markieren sollen
         hättet ihr den hier mit der null mitmarkiert
52    J  ich glaube schon weil man hat ja schon den Zwischenraum von
         der null zu der zehn
53    I  genau und das ist ja hier die gleiche Frage ne'
54    J  okay dann ist es so genau richtig weil es zählen dann hier
         die Zwischenräume
```

Da die Interviewten 2 bzw. 6 Markierungen gesetzt haben, sind sie unsicher, ob möglicherweise zu viel markiert wurde. Der Interviewer versucht zu unterstützen, indem er ein mögliches Szenario einer bei 0 beginnenden Markierung skizziert. Hierdurch gelingt es Jule, eine ordinale Interpretation vorzunehmen, indem sie die Anzahl der Zwischenräume zwischen den Markierungen zählt.

Anschließend sollen die Interviewten begründen, weshalb die jeweiligen Darstellungen 5 % entsprechen. In diesem Zusammenhang kommt erneut der *quasikardinale Aspekt* zum Tragen:

```
56    I  woran könnt ihr jetzt sehen das das fünf Prozent sind was ihr
         da eingezeichnet habt
57    E  achso weil das was wir bei beiden markiert haben ist ähm äh
         insgesamt ein zwanzigstel und dann sinds wieder fünf Prozent
```

Während im gesamten vorherigen Abschnitt $\frac{1}{20}$ keine Rolle gespielt hatte, nutzte Erika an diesem Punkt den Bruch, um das Verhältnis zwischen markierter und gesamter Strecke zu beschreiben. Dies reicht für sie als Begründung der Gleichheit mit 5 % aus.

6.3.2 Frederike und Elena

Ein weiteres Interviewpärchen, welches sich dem quasikardinalen Aspekt zuordnen lässt sind Frederike und Elena, ihr Verlauf durch das Interview wird im Folgenden dargelegt.

6.3.2.1 Bruchangabe
Zu Beginn sollen sich die Interviewten entscheiden, ob 5 % gleich $\frac{1}{5}$, $\frac{1}{20}$ oder $\frac{15}{100}$ sein. Sie argumentieren wie folgt:

Szene 1.2.: Kontext: „5% aller Schülerinnen und Schüler einer Schule
gehen zu Fuß zur Schule, was bedeutet das? Entscheide dich immer für
alle richtigen Karten!"

Antwortmöglichkeit a) $\frac{1}{5}$

Antwortmöglichkeit b) $\frac{1}{20}$

Antwortmöglichkeit c) $\frac{15}{100}$

---

6 I habt ihr ne Idee'.. gut dann gebt mal euren Tipp ab verdeckt
      vor euch auflegen genau.. könnt jetzt umdrehen ihr habt euch
      beide für b entschieden Elena warum'

7 E also ich hab halt gedacht die ganzen Schülerinnen und
      Schüler sind dann ja hundert Prozent und ähm wenn es halt
      fünf Prozent von den Schülern sind sind es halt 5
      hundertstel das könnte man ja auch ein zwanzigstel kürzen
      insgesamt

8 I was bedeutet kürzen'

9 E ähm also das man das man das geteilt durch nimmt zum
      Beispiel wenn du jetzt fünf hundertstel hast dann kannst du
      es ja durch <u>fünf</u> teilen dann wären das ja fünf durch fünf
      sind eins und hundert durch fünf sind zwanzig

10 I also ist das(zeigt auf Antwort b) das gleiche wie das (zeigt
      auf die 5% im Kontext) hier'

11 F ja also ich habe auf jeden Fall erstmal ein fünftel
      ausgeschlossen weil das zu viel ist das wären zwanzig
      Prozent und <u>fünfzehn</u> hundertstel äh hab ich erstmal stehen
      lassen und ein zwanzigstel da habe ich ähm fünf Prozent da
      habe ich äh zwanzig mal fünf gerechnet das sind hundert
      Prozent das heiß man kann äh fünf Prozent äh auf zwanzigstel
      also äh das sind umgerechnet ein zwanzigstel

12 I das musst du mir nochmal erklären

13 F also ähm wenn man, ich hab äh man muss ja auf hundert
      Prozent kommen damit das alle Schülerinnen und Schüler sind
      hab ich äh zwanzig mal fünf Prozent gerechnet weil es ja
      zwanzigstel sind und dann bin ich auf hundert gekommen und
      äh dann wusste ich das zwanzig sehr viel (.) Schüler sind
      und dann ähm war ein zwanzigstel halt fünf Prozent weil eins
      davon sind fünf weil fünf mal zwanzig hast (lacht) dann
      hundert hast muss eins fünf sein

Elena wählt in Zeile 7–9 einen ausrechnenden Zugang, indem sie durch das
arithmetische Manipulieren von Zahlenpaaren die Gleichheit zwischen den Brü-
chen $\frac{1}{20}$ und $\frac{5}{100}$ herstellt (vgl. Abbildung 6.65). Hierzu teilt sie sie die Zähler und
Nenner des Bruchs $\frac{5}{100}$ durch 5.

Demgegenüber argumentiert Frederike (Zeile 13) im Anschluss Umrechnend. Ihre Argumentation kann dem *quasikardinalen Aspekt* zugeordnet werden.
Sie nutzt die Bündelungsanzahl 20, um die Gleichheit zwischen $\frac{1}{20}$ und 5 %
aufzuzeigen (vgl. Abbildung 6.66).

Sowohl das Objekt 5 %, als auch die 1 im Zähler des Bruchs $\frac{1}{20}$ stehen
im Zusammenhang mit der Bündelungsanzahl 20. Zwar erfolgt keine explizite
Nennung des Nenners, nur in Zeile 13 erwähnt Frederike, dass es sich ja um

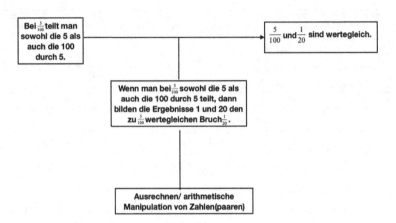

Abbildung 6.65   Toulminschema 1 Elena und Frederike

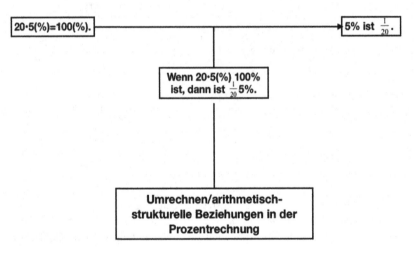

Abbildung 6.66   Toulminschema 2 Elena und Frederike

Zwanzigstel handele. Der quasikardinale Charakter verdeutlicht sich in der Auffassung, dass beide Objekte (sowohl 5 % als auch $\frac{1}{20}$) zwanzigmal in das Bündel höherer Ordnung passen, in diesem Beispiel wird das Bündel höherer Ordnung durch die Gesamtzahl der Schüler einer Schule repräsentiert. Frederike überprüft, beginnend mit dem Bündel höherer Ordnung, wie oft das Objekt 5 % hineinpasst. Durch das Ergebnis 20 hat sie die Gewissheit, dass beide Objekte derselben Bündelungsanzahl unterstehen. Die Stützung *arithmetisch-strukturelle Beziehungen in der Prozentrechnung* beschreibt das Ausnutzen eben jener Beziehung zwischen der Bündelungsanzahl des Bruchs und der Prozentangabe.

Dieser Zwischenschritt weist darauf hin, dass Elena und Frederike in der Lage sind, Zusammenhänge in der Prozentrechnung auszunutzen und auf einen beliebigen Zahlenwert anzupassen.

Im Sinne von Wittmann (1985) ist dieses Ausnutzen des Zusammenhangs zwischen 5 % und $\frac{1}{20}$, ein operativer Beweis für die Gleichheit der beiden Anteilsangaben, da die Verbindung aus Operation und Wirkung ausgenutzt wird. Frederike ist sich der Beziehungen zwischen den Objekten und dem Bruch bewusst und nutzt sie aus. Durch das wiederholte Aufzeigen der Multiplikation mit 20 und dem damit verbundenen Errechnen der 100 %, zeigt die Interviewte, dass sie diese Operation zielgerichtet vorgenommen hat, um die Verbindung zwischen den Objekten deutlich zu machen. Bezogen auf den quasikardinalen Aspekt bedeutet dies, dass sie die Wirkung der Bündelungsanzahl 20 gezielt einsetzt, um den Zusammenhang zwischen den einzelnen Objekten und dem Bündel höherer Ordnung 100 % bzw. 1 aufzuzeigen.

6.3.2.2 Ikonische Darstellung
Ikonisch wählten die beiden Schülerinnen die in Abbildung 6.67 gezeigte Darstellung

Abbildung 6.67 Ikonische Darstellung Elena und Frederike

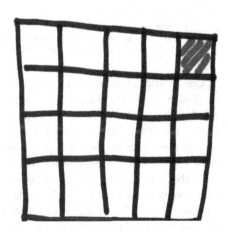

Allein anhand der Darstellung kann keine exakte Zuordnung in die Kategorie *quasikardinal* vorgenommen werden, dies ergibt sich erst in Verbindung mit der folgenden Erläuterung der Interviewten:

```
18   I   könnt ihr das ein bisschen beschreiben das Bild'
19   F   also das komplette sind alle Schüler und der eine sind die
         fünf Prozent
20   I   warum sind das fünf Prozent'
21   E   also wir haben das ja schon in dem Bruch ausgerechnet und
         ähm wenn ähm fünf Prozent der ganzen Schulbevölkerung sind
         dann hat ähm ist dann halt nur einer weil es halt nur
         zwanzig Schüler sind, insgesamt
22   I   es sind nur zwanzig Schüler insgesamt'
23   F   man weiß nicht wieviel Schüler das sind
24   I   okay, und sieht man daran (zeigt auf die Darstellung) jetzt
         das das fünf Prozent sind, also nur wenn man weiß das das
         ein zwanzigstel ist oder'
25   F   ja das kann man glaub ich, das kann man ausrechnen das das
         ein zwanzigstel sind das das fünf Prozent sind
26   I   mhm (bejahend) kann man das irgendwo auch sehen jetzt nur an
         dem Bild
27   E   eher nicht
28   I   okay könnte man das Bild verändern so das man sehen würde
         das hundert wären ihr müsst das jetzt nicht machen
29   E   also man könnte halt auch hundert Kästchen zeichnen und
         davon fünf anmalen
30   I   mhm (bejahend) okay, gut.. ähm müssen das hier nur zwanzig
         Schüler sein damit das richtig ist oder können das auch mehr
         sein'
31   F   es können auch mehr sein
32   I   okay warum'
33   F   ähm weils zum Beispiel es könnte jetzt auch ein Kästchen für
         zwei Schüler stehen dann äh wären das zum Beispiel vierzig
         Schüler und äh zwei würden dann mit Fuß zur Schule gehen
```

Um die Gleichheit zwischen dem Bruch $\frac{1}{20}$ und 5 % darzustellen, zeigt Elena zu Beginn (Zeile 29.) Ideen, die sich eher dem *Erweitern als Vervielfachen* zuordnen lassen, da sie auf 100 Objekte erweitern möchte. Jedoch offenbart Frederike im weiteren Interviewverlauf (vor allem Zeile 33) eine Vorstellung, die sich deutlich dem *quasikardinalen Aspekt* zuordnen lässt. Sie argumentiert hier vor allem über die Möglichkeit, einem Kästchen mehrere Schüler zuzuordnen, und mit der verbundenen Einsicht das damit einhergehend keine Veränderung des Anteils vorgenommen worden sei. Mit der vorher (Zeile 24) beschriebenen Gleichheit zwischen $\frac{1}{20}$. und 5 % erfolgt abschließend die Einordnung in die Kategorie *quasikardinaler Aspekt*. Im Wissen, dass egal wie viele Objekte gleichmäßig auf die 20 Kästchen verteilt werden, der Anteil, aufgrund der Bündelungsvorschrift 20 immer 5 % beträgt. Im Vordergrund ihrer Argumentation steht aber nicht der Anteil, sondern die exakte Anzahl der Schüler, die zu Fuß zur Schule gehen.

6.3.2.3 Quasiordinale Angaben

Die nächste Aufgabe verlangt von den Befragten, zu entscheiden, ob 5 % „jedem Fünften" oder „jedem Zwanzigsten" entspricht. Die Antwortmöglichkeit „jeder Zwanzigste" wird folgendermaßen begründet:

Szene 1.3.: Erarbeitungsphase 1b: Sind 5% a) Jeder 20. oder b) Jeder 5.?		
5	I	na dann dreht mal um, a okay Frederike warum a'
6	F	ähm weil äh wenn man jeden zwanzigsten Schüler hat und äh man hätte jetzt nur bis und es wären nur zwanzig Schülerinnen und Schüler an der Schule dann äh wär davon ähm nur, einer der zu Fuß zur Schule gehen würde und das wären dann wieder fünf Prozent
7	I	und warum wären das fünf Prozent
8	F	weil ein zwanzigstel fünf Prozent sind

Die Interviewten argumentieren am Beispiel 20, dass die Angaben „jeder Zwanzigste" und 5 % gleichbedeutend sind. Zusätzlich unterlegen sie die Korrektheit ihres empirisch gewonnenen Ergebnisses noch mit dem Verweis auf den Bruch $\frac{1}{20}$, der, wie zuvor gezeigt, 5 % entspricht (vgl.. Abbildung 6.68).

Die Interviewten kommen über den Schritt, dass „jeder Zwanzigste" das Gleiche wie einer von 20 sei, zu dem Schluss, dass die ordinale Angabe „jeder Zwanzigste" 5 % entspreche. Auf Nachfrage begründen sie die Gleichheit von einem von Zwanzig und 5 % mit dem Bruch $\frac{1}{20}$. Somit nutzen die Interviewten folgende Schritte: Jeder Zwanzigste = Einer von 20 = $\frac{1}{20}$ = 5 %.

Auf die Frage des Interviewers, ob die Angabe „jeder Zwanzigste" immer- und nicht nur auf das Beispiel 20 bezogen – 5 % sei, antworten Elena und Frederike wie folgt:

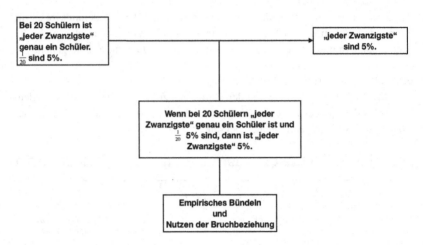

Abbildung 6.68   Toulminschema 3 Elena und Frederike

```
13   E   es könnte ja auch sein das es vierzig Schüler sind dann
         wären das zwei vierzigstel dann wäre es ja auch jeder zwei
         äh jeder zwanzigste
14   I   also das (zeigt auf Antwort jeder 20.) ist nicht nur für
         eine, Anzahl von Schülern richtig'.. sondern'
15   E   ich würde sagen für ähm alle fünf Prozent also
16   I   für alle fünf Prozent
17   F   also für jeder Anzahl an Schülern
18   I   ja', ist immer jeder zwanzigste vollkommen egal wieviel
         Schüler das sind
19   F   ja eigentlich schon
20   I   warum'
21   E   also wenn man jetzt halt ein zwanzigstel weil wenn man das
         jetzt zum Beispiel immer größer machen würde also die Nenner
         dann wären das ja immer zwanzig würde der Abstand halt immer
         zwanzig groß sein und deshalb.. also beim Nenner halt wenn
         jetzt zum Beispiel ein zwanzigstel und zwei vierzigstel sind
         halt, zwanzig und vierzig da zwischen halt nochmal zwanzig
```

In Zeile 21 begründet Elena, das „jeder Zwanzigste" immer 5 % sei, wie folgt: Sie erhöht den Nenner um 20 und den Zähler um 1, in dem Wissen, dass es den Wert des Bruchs nicht verändert. Ihre Beschreibung des Vorgangs lässt auf eine additive Erhöhung schließen, da sie die Veränderung im Nenner mit den Worten *der Abstand muss halt immer zwanzig groß sein* umschreibt. Multiplikative Erhöhungen würden eine Umschreibung um das Vielfache von 20 o. ä. beinhalten.

Die beschriebene Argumentation kann insofern als **quasikardinal** bezeichnet werden, als dass der Bruch $\frac{1}{20}$ als eine Einheit der Bündelungsanzahl 20 verstanden wird, der beliebig oft erhöht werden kann, ohne dass sich der Wert des betreffenden Objekts verändert. Dies bedeutet im Sinne der quasiordinalen Fragestellung, dass eine Vervielfachung der Bündelungsanzahl um sich selbst eine entsprechende Vervielfachung der Anzahl des Zählers benötigt, um wertegleiche Brüche zu erzeugen. Zusammenfassend kann die Veränderung der Darstellung mehrerer wertegleicher Brüche wie folgt beschrieben werden: Der Bruch wird wiederholt hochgerechnet, indem der Ausgangsbruch, beispielsweise $\frac{1}{20}$, im Nenner in Zwanziger-Schritten erhöht wird und der Zähler entsprechend ebenfalls. Formal beschrieben: $\frac{1}{b} = \frac{x}{x \bullet b}$. Der quasiordinale Charakter der Fragestellung tritt in dieser Sequenz in den Hintergrund und dient nur als Verbildlichung der Frage nach der Rechtmäßigkeit des Erweiterns. Dies lässt sich in dem Schema der Abbildung 6.69 zusammenfassen.

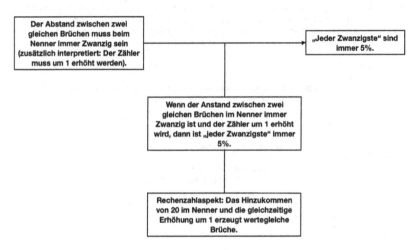

Abbildung 6.69 Toulminschema 4 Elena und Frederike

An dieser Stelle werden die Probleme des Multiplizierens im Sinne des quasikardinalen Aspekts deutlich: Elena muss den Umweg über die Addition gehen. Dieser Umweg ermöglicht es ihr, wertegleiche Brüche zu finden, indem sie die Bündelungsanzahl vervielfacht und entsprechend der Anzahl der Vervielfachungen den Nenner anpasst. Das Multiplizieren ist im quasikardinalen Aspekt vor allem von Bedeutung, wenn es um die Vervielfachung der Anzahl der Elemente

geht, die der gleichen Bündelungsanzahl unterstehen, sprich $\frac{a}{b}$ als a Elemente der
Sorte $\frac{1}{b}$ und damit a-viele. Beim klassischen, algorithmischen Erweitern werden
im Bruch sowohl Zähler, als auch Nenner mit derselben Zahl multipliziert, um
die Gleichheit $\frac{a}{b} = \frac{x \bullet a}{x \bullet b}$ herzustellen.

Es bedurfte keiner weiteren Befragung der beiden Schülerinnen nach der Gültigkeit bei 120 Schülern, da die Interviewten durch die eigenständige Herleitung
der verschiedenen Bezugsgrößen die Gleichheit schon aufzeigt hatten.

6.3.2.4 Darstellung am Hunderterfeld

Frederike und Elena zählen im Hunderterfeld von oben links beginnend in fün-
fer Schritten durch und markieren so nach vier vollständigen Fünferblöcken den
ersten Kreis (vgl. Abbildung 6.70).

Auf die Nachfrage des Interviewers, ob es wichtig sei, dass immer genau der
zwanzigste Kreis markiert werde, argumentieren Frederike und Elena wie folgt:

```
 9    I    ja ich meine, äh jetzt auf jeder zwanzigste bezogen, also
           vollkommen klar man könnte hier oben die fünf anmalen dann
           wären es fünf Prozent aber für jeder zwanzigste, muss es
           immer, genau der zwanzigste sein'
10    E    glaub schon
11    I    warum
12    E    ähm.. obwohl
           (F beginnt an unverständlich leise zu reden und wandert
           dabei mit dem Finger über das Feld)
13    F    ich weiß nicht, ich glaub nicht
14    I    warum nicht'
15    F    weil man äh ja trotzdem man kann ja bei fünf und danach
           fünfundzwanzig und so weiter
16    I    hmh
17    F    und dann wären das ja trotzdem fünf, also wenn man die
           anmalen würde jeden fünfundzwanzig also nach wenn man bei
           fünf anfängt und dann immer nach zwanzig
18    I    ja und wirds dann einer mehr am Ende oder'
19    F    ne eigentlich nicht
20    I    okay
```

Friederikes Handeln in Zeile 12 wird als Nachzählen interpretiert. Dies, zusammen mit ihrem Beispiel der 5 als Startpunkt, führt zu der Annahme, dass
am besagten Beispiel durchgezählt wurde. Hieraus leitet sich der Schluss ab,
dass sie empirisch basiert begründet, dass nur das Einhalten der Reihenfolge,
hier immer der Zwanzigste, nicht aber der Startpunkt der Markierung relevant
sei. Diese Argumentation wird wie folgt schematisch zusammengefasst (vgl.
Abbildung 6.71).

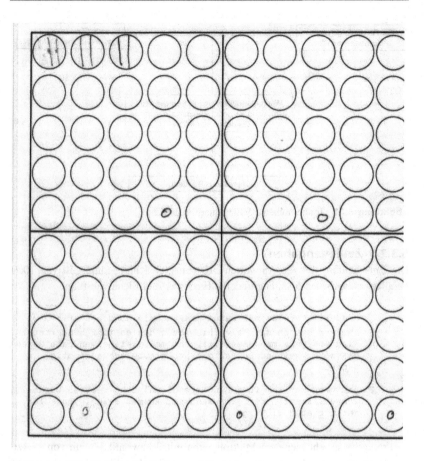

Abbildung 6.70 Hunderterfeld Elena und Frederike

   In diesem Zusammenhang fungiert das Hunderterfeld als Erkenntnismittel, da durch die empirische Prüfung die Antwort überdacht und ein anderer Schluss gezogen wurde.

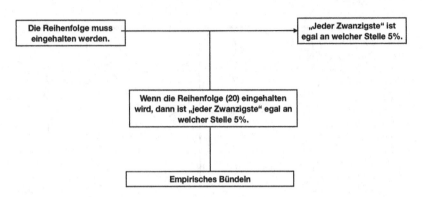

Abbildung 6.71 Toulminschema 5 Elena und Frederike

6.3.2.5 Zahlenangaben

Die Entscheidung für die Antworten „10 von 200 Schüler" und „50 von 1000 Schüler" entsprechen 5 %, begründeten Frederike und Elena wie folgt:

```
1   I   Frederike erklär mal warum die richtig sind
2   F   ähm wir hatten das ja vorhin schon das es fünf hundertstel
        sind und wenn man das jetzt, ähm mal zwei nehmen dann wären
        das zehn zweihundertstel das hat glaube ich a richtig
        gegeben
3   I   hmhm
4   F   und wenn man ähm fünf hundertstel mal zehn rechnen würde
        würde man auf fünfzig tausendstel kommen deshalb habe ich
        jetzt c auch richtig
```

Frederike spricht hier vom Multiplizieren mit 2 bzw. mit 10, um von $\frac{5}{100}$ zu $\frac{10}{200}$ respektive zu $\frac{50}{1000}$ zu gelangen. Sie scheint alle Angaben als Brüche aufzufassen und setzt 5 % mit $\frac{5}{100}$ gleich. Dank der Multiplikation ist die Gleichheit mit den anderen Brüchen somit gezeigt. Die Interviewten benutzten schon im gesamten Verlauf ausschließlich die Worte *Dividieren* bzw. *Multiplizieren*, wenn sie **Erweitern bzw. Kürzen** meinten. Diese Argumentation wird in Abbildung 6.72 zusammengefasst

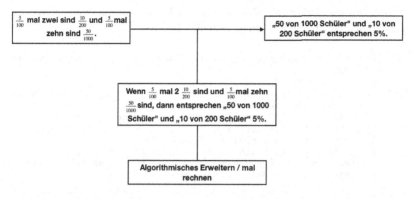

Abbildung 6.72 Toulminschema 6 Elena und Frederike

Anschließend sollen die Interviewten begründen, warum bei dieser Aufgabe mehrere Antworten korrekt sein können:

```
13    F   vielleicht weil man den Nenner einfach vergrößert hat und
          deshalb kann man ja ganz viele Sachen nehmen
14    I   ha
15    E   man hat den Bruch einfach erweitert, man könnte das wie
          beliebig eigentlich erweitern, auf unendlich viele
```

Auch bei dieser Fragestellung antworten Frederike und Elena aufbauend auf dem Argument des Erweiterns. Da bei den Angaben *der Nenner* (und entsprechend der Zähler) erweitert wurden (Zeile 13), können bei Zahlenangaben *unendlich viele* Antworten (Zeile 15) entstehen. Der Bezug zu den Stammbrüchen oder der quasiordinalen Angabe wird hierbei nicht hergestellt.

6.3.2.6 Zahlenstrahl

Den Zahlenstrahl beschrifteten die Interviewten zu Beginn wie in Abbildung 6.73 gezeigt.

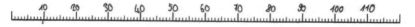

Abbildung 6.73 Zahlenstrahl 1 Elena und Frederike

Während des Markieren stoßen Frederike und Elena auf das Problem, dass sie nicht 10 und 50 an derselben Stelle eintragen können:

```
22   I   könnt ihr den Zahlenstrahl so beschriften, das man sieht das
         a und c richtig ist'
23   F   also da zehn oder da'
24   E   ne da.. dann zehn zwanzig dreißig vierzig fünfzig da (zeigt
         auf die Mitte des Zahlenstrahls
25   F   fünfzig zweihundertstel oder'.. das müsste doch bei dem
         gleichen sein theoretisch
26   I   was meinst du das müsste bei dem gleichen sein
27   F   das ist ja eigentlich genau das gleiche nur halt, ähm
         erweitert oder gekürzt und so und es müsste es ist bei dem
         gleichen Strich sein, aber (lacht)
```

Für Frederike ist es entscheidend, dass die verschiedenen Darstellungen von 5 % an derselben Stelle auf dem Zahlenstrahl liegen. Dabei ist es egal, ob diese *gekürzt* oder *erweitert* sind (Zeile 27). Hier zeigt sich ihr Verständnis der Prozentangabe als Verhältnis. Es ist egal, wie groß die Zahlenangaben und damit auch der jeweilige, 5 % entsprechende Anteil ist; auf einem Zahlenstrahl nehmen sie die gleiche Position ein. Elena hat dem gegenüber die Aspekte der *Zahlen* vor Auge, sie will die 50 (Zeile 24) markieren. Anschließend modifizieren die Interviewten den Zahlenstrahl (vgl. Abbildung 6.74), indem Sie unterhalb der 10 die bereits zuvor erwähnten Brüche aufschreiben und ein Gleichheitszeichen dazwischen notieren. Dies begründen sie folgendermaßen:

```
31   F   ist ja eigentlich das selbe oder.. so (schriebt unter den
```
ersten Strich: $\frac{10}{200}=\frac{50}{1000}$)
```
32   I   warum ist das an der Stelle', der Strich
33   E   das weiß ich auch nicht (lacht).. könnte halt auch bei
         fünfzig sein oder'
34   F   ne
35   F   doch.. wegen fünfzig tausendstel
36   E   wir müssen halt noch einmal gucken wie viele das insgesamt
         sind
37   I   warum habt ihr jetzt genau hier den Strich gesetzt'
38   E   weil wir dachten erst das man, den zehn zweihundertstel wenn
         man den jetzt hier hinsetzt und dann mit fünfzigtausendstel
         bei fünfzig aber dann haben wir dann ist Frederike
         eingefallen das die ja gleich sind jetzt passt das ja nicht
         mehr
```

Hier kommt noch einmal zum Ausdruck, wie wichtig es Frederike zu sein scheint, dass die Markierung von 5 % an derselben Stelle zu sein haben, egal ob der Grundwert nun 1000 oder 200 ist. Bei Elena steht weiter eine Darstellung von Anzahlen im Vordergrund, auch wenn sie in Zeile 38 von Brüchen spricht. Die

Darstellung von Anzahlen würde besser zur vorherigen Beschriftung des Zahlenstrahls passen, aber das *passt ja nicht mehr*. Hier stehen die Vorstellungen der Interviewten in Konflikt miteinander. Auch die im vorherigen Interviewverlauf genutzte Bündelungsvorschrift findet hier keine Anwendung mehr. Im Anschluss ergeben sich längere Diskussionen über das weitere Vorgehen. Gerade Frederike möchte den Nenner (in Bezug auf die verschiedenen Grundwerte) in irgendeiner Form eintragen, sie findet aber keinen Weg, dies abschließend vorzunehmen. Danach schließt sich folgende Diskussion an:

```
59  I  welche Werte habt ihr denn für Prozent kennengelernt' also
       habt ihr immer nur mit.. mit sowas (zeigt auf die
       Zahlenangaben) oder mit fünf hundertstel hattet ihr noch was
       um fünf Prozent darzustellen'
60  F  hatten wir noch was'.. ah ah als als Dezimalbruch
61  E  ja
62  F  kann man das da'..also wären das da also fünf Prozent wären
       null Komma null fünf
63  E  ja
64  F  ja dann kann man.. also jetzt, jetzt so wie das jetzt
       dargestellt ist müsste der da hin (zeigt mit dem Stift über
       den Beginn des Zahlenstrahls) ne
65  E  mach doch irgendwie null Komma, was haben wir jetzt gesagt'
       null Komma null fünf ne'
66  F  ja
67  E  null Komma null eins null Komma null zwei null Komma null
       drei oder so
68  E  ja dann mache ich das unten hin (beginnt die Striche zu
       markieren) (4 sec.) da wär dann der Bruch
```

Der Interviewer fragt im weiteren Verlauf, ob den Interviewten noch andere Möglichkeiten bekannt seien, Prozente darzustellen. Frederike bringt Dezimalzahlen ins Gespräch. Die Interviewten schreiben anschließend unterhalb des Zahlenstrahls Dezimalzahlen (vgl. Abbildung 6.74).

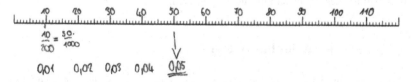

Abbildung 6.74 Zahlenstrahl 2 Elena und Frederike

```
71   I   und warum habt ihr euch jetzt für die null Komma null eins
         und so entschieden'
72   F   weil das halt für beide Brüche zählt also die Dezimalzahl,
         und ähm dann muss man das halt nicht mehr aufteilen wegen
         dem Nenner
73   I   hmhm und warum null Komma null also warum
74   F   ähm, weil das ja null Komma null fünf sind also fünf Prozent
         und das sind wir halt jetzt in null Komma null einer
         Schritten vorgegangen
```

Im Rahmen dieser Ausführung zeigen Frederika und Elena, dass sie auch die Grundvorstellung von *Prozenten als Zahlen* nutzen können, um die Gleichheit zweier Angaben zu begründen. Zwar erläutern sie nicht, warum sowohl „10 von 200 Schüler" als auch „50 von 1000 Schüler" 5 % entsprechen. Sie erkennen jedoch, dass diese Gleichheit besteht. Im Verlauf des Interviews scheint sich Frederike mit Ihrer Intention, dass die Markierung der Anteile an derselben Stelle zu sein hat, durchgesetzt zu haben. Abschließend wird den beiden Interviewten noch der beschriftete Zahlenstrahl von Marvin und Sebastian vorgelegt, den sie jedoch erst nach einiger Zeit deuten können:

```
95   E   ja ich kanns auch verstehen das die halt gedacht haben, es
         sind hier insgesamt zweihundertstel und hier halt zehn und
         da oben insgesamt tausend und hier fünfzig.. ich weiß nicht
         ob es richtig ist
96   F   zehn fünfzigstel
97   E   nein
98   F   du hast ja gesagt zehn und fünfzig
99   E   ja
100  F   ja aber es wären ja als Bruch weiß ich nicht
101  E   guck mal hier unten wären das mit zehn zweihundertstel,
         denke ich mal haben die jetzt gesagt und fünfzig tausendstel
102  F   achso achso okay jetzt habe ich verstanden
```

Elena erklärt, dass es sich um zwei getrennte Markierungen handele, die zur Folge hätte, dass sich die jeweiligen Markierungen für 5 % an derselben Stelle befänden. Den Interviewten fiel es merklich schwer, diese ihnen fremde Beschriftung des Zahlenstrahls zu interpretieren.

6.3.3   Vergleich der Interviews

Vergleicht man die dargestellten Interviews, so fällt vor allem der Unterschied in der theoretischen Begründung der Gleichheit zwischen $\frac{1}{20}$ und 5 % auf. Wie schon beschrieben, ist dieser Unterschied mit der fehlenden Notwendigkeit der Aktivierung von inhaltlichen Verständnis zu begründen. In der ikonischen Darstellung zeigten die beiden Schülerpaare keine Unterschiede.

Differenzierter muss die Argumentation bei der quasiordinalen Fragestellung betrachtet werden: Vergleicht man die zwei Interviews miteinander, dann erscheinen die Herangehensweisen beider Interviewpaare auf den ersten Blick empirischer Natur, da ausschließlich mit Zahlenbeispielen gearbeitet wird. Die zweite Argumentation (von Elena und Frederike) hat aber einen strukturelleren Ansatz, da auf Basis von Zahlenbeispielen versucht wird, zu erklären, warum die quasiordinale Bezeichnung „jeder Zwanzigste" immer 5 % entspricht. Der Bruch wird additiv so verändert, dass die Bündelungsregelung im Nenner hinzugefügt wird (hier 20) und der Zähler bei jedem dieser Vorgänge um 1 erhöht wird. Das Problem des quasikardinalen Aspekts der fehlenden starken Betonung des Grundwerts wird durch die Nutzung des Bruchs umgangen. Indem die Bündelungsvorschrift um 20 erhöht wird, wird auch die Anzahl der Elemente erhöht. Die Struktur des Arguments erlaubt es den Interviewten aufzuzeigen, dass die Gleichheit zwischen „jeder Zwanzigste" und 5 % für jeden Grundwert, der durch 20 teilbar ist, gültig ist.

Die Handlungen am Hunderterfeld unterscheiden sich nicht merklich. Die interviewten Schüler, die sich dem quasikardinalen Aspekt zuordnen lassen, untersuchen die Objekte der Prozentrechnung auf ihre Bündelungsanzahl zu 100 %, um die Objekte mit anderen Angaben, wie zum Beispiel mit Brüchen, zu vergleichen.

Im Rahmen der Zahlenangaben nutzen beide Interviewpaare das algorithmische Erweitern, bzw. Kürzen, um die Gleichheit zu zeigen. Der größte Unterschied zeigt sich in der Nutzung des Zahlenstrahls. Während Jule und Erika den einfach markierten Zahlenstrahl nutzen und mit der Bündelungszahl 20 argumentieren, warum die jeweiligen Markierungen 5 % des jeweiligen Grundwerts ausmachen, nutzen Elena und Frederika Dezimalzahlen um die Gleichheit mit 5 % zu begründen. Interessant ist vor allem das starke Bestreben von Frederike, beide Zahlenangaben an derselben Stelle im Zahlenstrahl zu markieren.

6.4 Operatives Herleiten

In diesem Abschnitt wird das Interview analysiert, das im Rahmen der ikonischen Darstellung der Kategorie Operatives Herleiten (vgl. Abschnitt 5.1.2.4) zugeordnet werden konnte.

6.4.1 Darius und Leon

Darius und Leon nutzen als einziges Interviewpaar tragfähige operative Strategien, um die gegebenen Aufgaben zu bearbeiten.

6.4.1.1 Bruchangabe

Die Interviewten kamen bei dieser Aufgabe zu unterschiedlichen Ergebnissen. Leon wählt $\frac{15}{100}$, während sich Darius für $\frac{1}{20}$ entschied. Darius Begründung sieht wie folgt aus:

```
4    I  jetzt ja.. und einfach verdeckt hinlegen wenn ihr euch
        entschieden habt.. bitte dann deckt mal auf.. einmal b
        einmal c Darius wie bist du auf b gekommen'
5    D  ja äh.. so ich hab erst geguckt fünfzehn von hundert ist ist
        das können keine fünf Prozent sein* denk ich
6    I                       *warum nicht'
7    D  weil ich glaube das sind fünfzehn Prozent
8    I  okay warum'
9    D  häh (3 sec.) oder ich bin gerade völlig weil ich glaube ich
        das es fünfzehn Prozent sind
10   I  warum hast du dich denn für ein Zwanzigstel entschieden
        machen wir so rum
11   D  weil.. von, zwanzig, Schülern, zehn wären ja fünfzig Prozent
        und dann wären fünf, fünfundzwanzig (4 sec.) und (4 sec.)2
        einer wär dann fünf
```

Darius beginnt damit, $\frac{15}{100}$ als Ergebnis auszuschließen. Anschließend ordnet er diesem Bruch 15 % zu. Diese Gleichheit kann er jedoch nicht begründen. Sein *häh* in Zeile 9 kann darauf hinweisen, dass ihm die Frage zu elementar erscheint. Für ihn scheint klar zu sein, dass bei einem Hundertstelbruch der Zähler einem Prozentwert entspricht. Dies kann er aber nicht explizit formulieren.

Als der Interviewer ihn auffordert, die Korrektheit von $\frac{1}{20}$ zu begründen, nutzt Darius eine operative Strategie: Er verwendet als Beispiel die Anzahl von 20 Schülern, wahrscheinlich im Kontext des Nenners des Bruchs $\frac{1}{20}$.. Diese Anzahl an Schülern halbiert er zuerst, womit es nur noch 10 Schüler und 50 % wären. Dieses Halbieren wiederholt er anschließend. Jetzt hat er nur noch 5 Schüler, die 25 % der ursprünglichen 20 Schüler entsprechen. Im letzten Schritt ist dann noch einer der ursprünglichen Schüler über, dieser entspricht 5 % des Grundwertes. Im Rahmen seiner Begründung fällt auf, dass Darius kein einziges Mal eine Operation explizit benennt, um seine Bearbeitungsschritte zu begründen. Die ersten beiden Halbierungsschritte formuliert er ohne Pause, er scheint eine inhaltlich fundierte Vorstellung zu haben, wie sich eine Halbierung auf den Prozentwert und den Prozentsatz auswirkt. Der letzte Bearbeitungsschritt erfolgt nicht im direkten Anschluss. Darius scheint überlegen zu müssen, wie er mit der Angabe 5 von 20 Schülern entsprechen 25 % weiter verfahren muss. Welche Operation er abschließend einsetzt, kann nicht geklärt werden. Er kommt aber zu dem passenden Ergebnis. Darius geht so zielgerichtet vor, dass die Vermutung naheliegt, dass ihm die Eigenschaften der Objekte der Prozentrechnung vertraut sind. Dies lässt den Schluss zu, dass er *operative Beziehungen in der Prozentrechnung* anwenden kann. Das entsprechende Argumentationsschema ist in Abbildung 6.75 dargestellt.

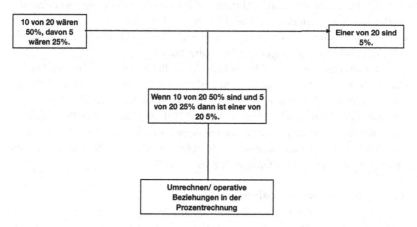

Abbildung 6.75 Toulminschema 1 Darius und Leon

Anschließend soll Leon erklären, wieso er sich für $\frac{15}{100}$ entschieden hat:

```
16   I   (Zu Leon) wie bist du c gekommen'
17   L   also ohne drüber nachzudenken wieviel fünfzehn Prozent von
         hundert sind bin ich auf c gekommen, da ich mir im Kopf
         gedacht hab von hundert Schülern könnten fünf Prozent
         fünfzehn Schüler sein die mit zu Fuß zur Schule gehen
18   I   und wie bist du auf die fünfzehn gekommen'
19   L   äh hab ich nur geschätzt
20   I   ok und wenn wir jetzt von hundert Schülern ausgehen würden,
         wieviel wären dann fünf Prozent, wieviel Schüler wären das
         dann'
21   L   fünf
22   I   warum fünf'
23   D   weil hundert sind hundert Prozent und dann sind fünf fünf
24   I   ok also würdest du dann von c weggehen Leons'
25   L   ja
```

Schon zu Beginn seiner Ausführungen zeigt sich ein Fehler. So liegt es für ihn im Bereich des Vorstellbaren, dass 15 von 100 Schülern 5 % sein könnten. Er kann also den Bruch $\frac{15}{100}$ in eine geeignete Sachsituation überführen, zeigt jedoch keine passenden Vorstellungen zur Prozentrechnung.

Selbst am Beispiel von 100 hat er keine Vorstellung, was 5 % bedeuten könnte. Auf Nachfrage nennt Leon dann doch 5 als passenden Prozentwert für 5 % von 100, ohne dies zu begründen. So muss hier insgesamt zwischen den Begründungen Leons und Darius unterschieden werden: Während Leon scheinbar Probleme hat, generelle Strukturen in der Prozentrechnung zu erkennen, kann Darius seine Vorstellungen zur Prozentrechnung zielführend einsetzen, um die entsprechenden Objekte mit den passenden Operationen zu verbinden.

6.4.1.2 Ikonische Darstellung

Darius und Leon entscheiden sich dafür, 20 Strichmännchen darzustellen, um die Gleichheit zwischen 5 % und $\frac{1}{20}$ aufzuzeigen:

```
34   D   ich würde Personen malen
35   I   Strichmännchen reichen also wir brauchen jetzt keine
         Kunstwerke
36   D   so.. soll ich jetzt zwanzig Stück malen'(Schüler beginnt zu
         zeichnen).. mal du auch welche
[...]
39   I   okay und das sind jetzt zwanzig Schüler
40   D   mhm.. und jetzt in der Mitte so ein Strich einmal durch
41   L   hier' (zeigt auf die gemalten Personen)
42   D   ne
43   L   das sind zehn und das sind zehn
44   D   ach so(zeigt mit dem Stift waagerecht über die dargestellten
         Personen) ja dann so (zeichnet einen Strich bei der Hälfte
         der Schüler ..dann sind das ja schon einmal fünfzig
         Prozent, auf beiden Seiten
```

Diese 20 dargestellten Schüler teilen die Interviewten in zwei gleich große Mengen auf, indem sie einen Strich waagerecht durch die Mitte zeichnen (vgl. Abbildung 6.76).

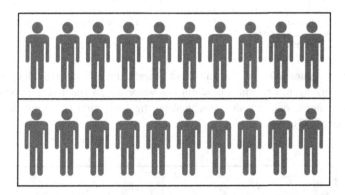

Abbildung 6.76 Ikonische Darstellung 1 Darius und Leon (Um den Verlauf der Überarbeitungen besser nachvollziehen zu können, werden die Schülerzeichnungen digital nachgestellt.)

Der Interviewer verpasst es in diesem Moment, nachzufragen, welche inhaltliche Vorstellung die Interviewten mit dem Ziehen des Strichs verbinden. Leon betont in Zeile 43 die Anzahlen von 10 und 10. Darius ergänzt daraufhin, dass auf beiden Seiten des waagerechten Strich fünfzig Prozent des Ursprungswerts befänden. In diesem Zuge kann den Interviewten Verständnis von Prozenten als Anteil unterstellt werden, da offensichtlich ist, dass die beiden Teilmengen ober- bzw. unterhalb des waagerechten Strichs jeweils den Anteil einer Anzahl von Schüler an der Gesamtzahl darstellen. Von Interesse ist in diesem Zusammenhang das Anwenden der Division. Die Interviewten wissen, dass sich diese gleichermaßen auf den Prozentwert und den Prozentsatz auswirkt. Es kann nicht abschließend geklärt werden, ob das Ausnutzen dieser Verbindung auf dem Wissen über den Stützpunkt 50 % basiert oder dem Proportionalitätsgedanken entspringt. Die Interviewten überlegen anschließend, wie sie weiter vorgehen sollen:

```
51   I  was wäre jetzt der nächste Schritt'
52   D  fünf und fünf also
53   I  fünf fünf fünf
54   D  fünf fünf fünf fünf
55   I  okay auf gehts
        (Darius zeichnet weitere Striche ein.. was haben wir jetzt'
56   L  fünf fünf fünf und fünf
57   I  und wieviel sind dann in einem, also wieviel sind dann fünf,
        wieviel Prozent'
58   D  fünfundzwanzig
```

Darius argumentiert wieder mit einer Anzahl. Er möchte nun Mengen der
Größe 5 erzeugen. Er kann den Schritt des wiederholten Halbierens als solchen
nicht benennen, zeichnet aber anschließend die Linie zum Halbieren ein (vgl.
Abbildung 6.77).

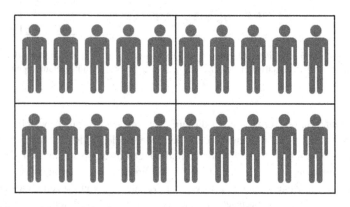

Abbildung 6.77 Ikonische Darstellung 2 Darius und Leon

Die zuvor offen gebliebene Frage, woher das produktive Ausnutzen des Dividierens entstammt, kann hier geklärt werden. Die Interviewten halbieren noch ein
weiteres Mal und nennen anschließend erst auf Nachfrage den entsprechenden
Prozentsatz.

```
62   D  ja aber jetzt gibts keine.. fünf teilen
63   I  wieso nicht'
64   D  man kann ja kein Menschen durchschneiden
```

Nun wäre der nächste Schritt, der von Darius in der vorherigen Arbeitsphase auch so formuliert wurde, zu fünfteln. Doch dies kann er so nun nicht mehr formulieren. Er möchte wieder halbieren, doch das funktioniert bei der Anzahl 5 nicht. Damit bestätigt sich die Vermutung, dass die Interviewten nicht aus dem Blickwinkel der Stützpunkte der jeweiligen Prozentsätze handeln. Sie wissen zwar, dass sie berechnen wollen, wie hoch der prozentuale Anteil eines Schülers ist, ihnen fehlen in diesem Moment aber die mathematischen Mittel hierfür.

```
65   I  aber wieviel sind denn in einem Kästchen'
66   L  fünf.. und somit wäre, einer *fünf Prozent
67   D                               *fünf
68   D  ja
```

Interessanterweise formuliert Leon in diesem Schritt den richtigen Lösungsansatz. Auch wenn er keine Operation explizit verbalisiert, argumentiert er, dass wenn fünf Personen 25 % entsprechen, eine Person 5 % sein müsse. Dies stellen beide anschließend mit dem Ziehen eines weiteren Strichs dar (vgl. Abbildung 6.78). Der Ursprung dieser Idee stammt von Darius, der aber zuvor nicht mehr die passende Operation finden konnte, um den Wert einer Person zu erschließen.

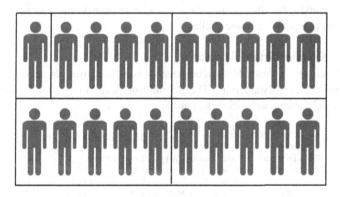

Abbildung 6.78 Ikonische Darstellung 3 Darius und Leon

```
73   I  könnt ihr es noch einmal zusammenfassend sagen was ihr euch
        überlegt habt also wie ihr das gezeichnet habt
74   L  das hier sind insgesamt zwanzig..die haben wir durch die
        Hälfte geteilt
75   D  sind zehn fünfzig Prozent
76   L  dann.. diese fünfzig Prozent.. noch mal durch zwei sind
        fünfundzwanzig
77   D  und dann durch fünf
78   L  und diese fünfundzwanzig Prozent durch, fünf, somit ist ein
        Schüler fünf Prozent
```

An dieser Stelle fassen die Interviewten ihr Vorgehen noch einmal zusammen. Sie argumentieren, dass sie mit 20 Personen angefangen haben, diese wurden halbiert. Hier formuliert Leon die Operation inkorrekterweise als *durch die Hälfte teilen* (Zeile 74). Darius fasst zusammen, dass man so 10 Schüler und 50 % erhalten habe. Die Operation des Halbierens wird also sowohl auf die faktische Anzahl, als auch auf die prozentuale Angabe angewandt.

Mit diesen Werten wird genauso weiterverfahren. Hier spricht Leon nicht mehr vom Halbieren, sondern vom Teilen durch Zwei. Er kann also die Operation des Halbierens der passenden mathematischen, symbolischen Handlung zuordnen. Abschließend muss laut Darius noch einmal durch fünf geteilt werden. Nachdem beide Interviewten in den vorherigen Passagen durchaus Probleme hatten, ihre Gedanken und Handlungen zu formulieren, bzw. passende Teilschritte zu finden, gelingt es ihnen im Rückblick, diese präzise zu formulieren. Hierfür nutzen sie die Stützpunkte, für die sie die passenden Operationen kennen. Gerade Leons Entwicklung ist dabei herauszustellen.

6.4.1.3 Quasiordinale Angabe

Im Rahmen dieser Auswahl entscheiden sich sowohl Darius als auch Leon für die Antwort „jeder Zwanzigste". Die Begründung, warum es sich dabei um 5 % handelt, sieht jedoch unterschiedlich aus:

```
3   D  einer von zwanzig sind, jeder Zwanzigste
4   I  hmh
5   D  also ist jeder zwanzigste, fünf Prozent
6   I  (zu Dominic) wie hast dus dir überlegt'
7   L  ich habs mir so überlegt, jeder zwanzigste das heißt,
       zwanzig mal fünf Prozent wären hundert Prozent
```

Darius begründet über die zuvor gezeigte Gleichheit von einem von Zwanzig und 5 %. Da „jeder Zwanzigste" das Gleiche sei, wie einer von Zwanzig, kann die Gleichheit transitiv mit 5 % begründet werden. Damit basiert die Stützung auf der Kategorie ***Ausnutzen der Bruchbeziehung***. Das entsprechende Argumentationsschema wird in Abbildung 6.79 dargestellt.

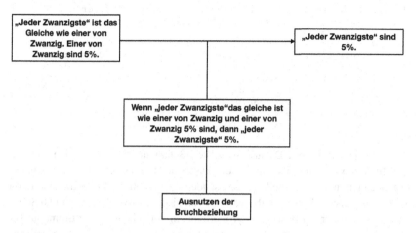

Abbildung 6.79 Toulminschema 2 Darius und Leon

Demgegenüber argumentiert Leon vom Ausgangspunkt 100 % aus. Wenn 5 % mit 20 multipliziert wird, dann zeigt das Ergebnis 100 %, dass „jeder Zwanzigste" 5 % entspricht. Worauf er sich in seinen Überlegungen stützt, kann aber nicht geklärt werden, da er vorher keine Überlegungen in diese Richtung äußerte und der Interviewer auch nicht weiter nachgefragt hat. Anschließend fragt der Interviewer, ob diese Gleichheit immer gültig sei.

```
10    I   okay dann machen wir es anders hmm ihr habt jetzt von
          hundert Prozent hundert Schülern geredet kann man das so
          abschließend sagen ohne zu wissen wieviel Schüler an einer
          Schule sind.. also kann man das immer sagen das fünf Prozent
          jeder zwanzigste ist'
[...]
28    I   mhm.. kannst du es noch genauer sagen wie die Zahl aussehen
          müsste das es passt'
29    D   ich glaube.. zwanzig vierzig sechzig achtzig also immer so
          in zwanziger Schritten
30    I   okay weil man keine Menschen durchschneiden kann, Leute
31    D   ja
```

Darius nennt die Beispiele 40, 60 und 80. Diese Beispiele legen den Verdacht nahe, dass er über Vorstellungen im Kontext der *Perlenkettenargumentation* verfügt, da er genau die Vielfachen von 20 aufzählt. Anschließend fragt der Interviewer anhand der selbst gewählten Beispiele weiter nach.

```
32   I   ähm.. aber ist es dann immer noch richtig' jeder
         zwanzigste.. wenns jetzt mal vierzig sechzig achtzig stimmt
         das immer'
33   D   ne.. wenn man sechszig hat und dann fünf Prozent sind ja
         keine, zwanzig Schüler kein ne wie soll ich das erklären
34   I   nehmen wir jetzt mal das Beispiel sechzig.. was bedeutet
         jeder zwazigste bei sechzig'
35   L   das drei, laufen würden
36   I   okay ja wie bist du darauf gekommen'
37   L   weil ähm, jeder zwanzigste, eine Person der zwanzigste läuft
         und das bei zwanzig mal drei sind sechzig
```

Die Erläuterung von Darius aus Zeile 33 fällt aus dem restlichen Kontext des Interviews heraus. Es macht den Anschein, dass er hier die quasiordinale Angabe nicht mehr als Anteil auffasst, sondern 20 von 60 Schüler betrachtet. Leon bestimmt jedoch 3 Personen als den Wert von „jedem Zwanzigsten" von 60 Schüler. Dies macht er auf Basis einer proportionalen Vorstellung. Er bestimmt nur für 20 Schüler den Wert für jeden Zwanzigsten und multipliziert anschließend mit 3. Damit kann die Stützung *Rechenzahlaspekt* unterstellt werden. In diesem Fall wird nicht eindeutig beim Stammbruch begonnen, jedoch nutzen die Interviewten die Ausgangssituation einer von 20 und vervielfachten auf drei bei 60 Personen. Dies ist im Argumentationsschema in Abbildung 6.80 zusammengefasst.

Abbildung 6.80   Toulminschema 3 Darius und Leon

Diese Strategie kann ebenfalls als operatives Variieren aufgefasst werden. Da Leon verinnerlicht hat, dass sich Anteile proportional verhalten, kann er den Sachverhalt am simpelsten Beispiel 20 ausprobieren und auf Vielfache von 20 übertragen.Ob drei von 60 Schüler 5 % entsprechen, kontrollieren die Interviewten mithilfe des Dreisatzes. Insgesamt kommen sie so zum dem Schluss, dass „jeder Zwanzigste" immer 5 % entspricht, wenn der Grundwert ein Vielfaches von 20 ist.

6.4.1.4 Darstellung am Hunderterfeld

Nach einer kurzen gemeinsamen Erschließung des Hunderterfelds sollen die Interviewten „jeder Zwanzigste" im Hunderterfeld markieren:

```
77   I   und wie sähe jeder zwanzigste aus, wenn man es jetzt da
         markieren würde
78   D   das ist doch egal wie man die da hinmalt oder gibt es da
         irgendwie ne Reihenfolge'
70   I   ne so wie ihr das für euch versteht
80   D   dann mal da irgendwo drei hin
81   I   ne äh aber ich möchte schon jeder zwanzigste (zeigt auf die
         Antwortkarte) erkennen
82   D   ja okay okay
83   L   ich gehe jetzt mal so ne das sind fünf (zeigt mit dem Stift
         auf die erste Fünferreihe oben links) also wären eine Reihe
         zehn dann wär das (zeigt auf den zwanzigsten Punkt von oben
         links beginnend) der zwanzigste
84   D   und dann machen wir immer so (zeigt auf den vierzigsten) und
         dann so (zeigt auf den sechzigsten)
```

Leon und Darius zählen dafür von oben links beginnend durch und zeichnen den 20., 40., 60., 80. und 100. ein (vgl. Abbildung 6.81).

Der Interviewer hinterfragt anschließend, ob jeder Zwanzigste nur genau die von den Interviewten markierten Kreise seien:

```
89   I   ist es wichtig das es genau der ist, für jeder zwanzigste'
90   D   ja
91   I   warum'
92   L   weil dann wenn das wäre hier (zeigt auf den 21 Punkt) wäre
         das jeder einundzwanzigste)
```

Leon beharrt auf der getroffenen Entscheidung, da jeder Kreis einer anderen quasiordinalen Angabe entspreche. Hier spiegelt sich die *Perlenkettenargumentation* am stärksten wieder. Jede Position hat ihre eigene quasiordinale Angabe, und nur wenn eine Markierung vorgenommen wurde, dann kann von Eins begonnen werden zu zählen. Dies ist im Argumentationsschema der Abbildung 6.82 zusammengefasst.

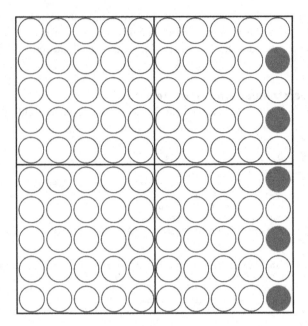

Abbildung 6.81 Hunderterfeld 1 Darius und Leon (digital nachgestellt, um den Arbeitsverlauf besser darzustellen)

Auf die Frage, wie der Sachverhalt für 300 Schüler im Hunderterfeld darzustellen sei, zeichnen die Interviewten Dreien in die einzelnen Kreise (vgl. Abbildung 6.83). Der Interviewer hinterfragt, ob die gewählten Lösungen dann noch korrekt seien:

```
103   I   wie machst du das das'
104   L   das (zeigt auf das Hunderterfeld) sind ja hundert und wenn
          dann immer noch jeder zwanzigste dann, zur Schule komme weil
          das ja das selbe ist das mal drei, dann wären wir bei
          fünfzehn Schülern
105   I   hm okay ja und sind fünfzehn von dreihundert wieviel Prozent
          sind das'
106   D   fünf
107   I   warum'
108   D   weil da steht der zwanzigste
```

Leon beschreibt in eigenen Worten die Proportionalität der Angabe. Er kommt zu dem Ergebnis, 15 von 300 Schüler seien 5 %. Darius Begründung für dessen

Abbildung 6.82 Toulminschema 4 Darius und Leon

Korrektheit basiert auf der Einhaltung der quasiordinalen Angabe jedes Zwanzigsten. Da weiterhin „jeder Zwanzigste" markiert sei, nur eben jetzt jeweils drei Personen, müsse es sich noch um 5 % handeln. Er scheint die Gleichheit von „jedem Zwanzigsten" und 5 % so verinnerlicht zu haben, dass er sie als ausreichende Begründung für die Gleichheit von anderen Zahlenbeispielen akzeptiert.

6.4.1.5 Zahlenangabe

Leon entscheidet sich zunächst für die Antwortmöglichkeit „50 von 1000 Schüler". Darius kann sich zu Beginn dieses Abschnitts nicht für eine Antwortmöglichkeit entscheiden, deshalb besprechen die beiden sich:

```
7    L   ja ich mach ihm dann..das waren das war dann.. eine Person
         (schreibt auf 20P=1P 1000P= )
8    I   ja das ist gut(4 sec. zu L:) denk zurück was wir schon was
         wir schon als richtige Lösung hatten jeder zwanzigste und
         ein zwanzigstel, vielleicht hilft dir das
9    L   teil doch zwanzig durch tausend
10   D   ohje
11   I   soll ich ausrechnen'
12   L   ja
13   I   was denn
14   L   zwanzig durch tausend
15   I   null Komma null zwei
16   L   ne tausend durch zwanzig
17   I   (lacht) fünfzig
```

Auf Basis der Überlegung, dass bei 20 Personen eine Person 5 % entspricht, bietet Leon Darius einen Anknüpfungspunkt aus den vorherigen Aufgaben an,

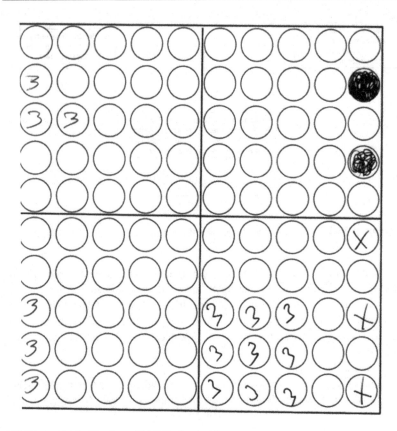

Abbildung 6.83 Hunderterfeld 2 Darius und Leon

über den weiter argumentiert werden kann. Leon empfiehlt Darius, nachdem keine Reaktion erfolgt, 20 durch 1000 zu teilen. Dass den Befragten nicht direkt klar ist, dass 1000 durch 20 zu teilen ist und nicht andersherum, zeigt, dass nicht der Bündelungsaspekt im Vordergrund der Überlegungen steht. Es handelt sich vielmehr um eine Verhältnisgleichung oder einen *individuellen Zweisatz*, bei dem der Prozentwert für 5 % von 20 Personen auf 1000 Personen übertragen wird.

Im direkten Anschluss sollen die Interviewten sagen, für welche Antworten sie sich entschieden haben. Beide wählen daraufhin nur die Antwort „50 von 1000 Schülern" entsprechen 5 %, begründen dies aber nicht eigenständig:

```
19   I   bitte umdrehen.. c ist richtig warum'(4 sec.) hier fiel mal
         das Wort erweitern was hat es denn damit auf sich'
20   L   man kann einfach ne null wegstreichen, bei der tausend und
         bei der fünfzig
21   I   okay
22   L   und dann wäre es ja wieder fünf fünf hundertstel
23   I   mhm
24   L   sind fünfzig äh fünf Prozent
```

Ob die Interviewten aufgrund der vorherigen Ausführungen keinen Begründungsbedarf mehr sehen oder nicht in der Lage sind, die Erkenntnisse in eigene Worte zu fassen, kann nicht abschließend geklärt werden. Daraufhin fragt der Interviewer weiter nach:

```
27   I   puh ja.. wenn da (zeigt auf die 50) und hier (zeigt auf die
         1000) ne drei könnte man die auch einfach wegstreichen
28   L   weiß ich nicht
29   I   hast du (zu Leon) noch ne Idee die zum kürzen gehört
30   D   ich denke die könnte auch nicht einfach so weg gestreicht
         werden würde wenn die da stehen würde und da nicht.. weil
         sie da in der hunderter Stelle stehen würde und hier steht
         sie ja bei der Einerstelle würde sie da stehen würde das
         wieder null ergeben, wenn man die beide wegnehmen würde..
         ich denke das hat was mit der Stelle zu tun
```

Als der Interviewer das Wort *Kürzen* einbringt, fängt Leon an zu begründen. Er interpretiert die Angabe „50 von 1000 Schüler" als Bruch $\frac{50}{1000}$. Wenn man bei diesem die Null der 50 und 1000 wegstreicht, erhält man *wieder* $\frac{5}{100}$, was gleichbedeutend mit 5 % ist. Das entsprechende Argumentationsschema wird in Abbildung 6.84 dargestellt

Anschließend entsteht eine längere Diskussion über den Vorgang des Kürzens, die aber für die Analyse des Interviews irrelevant ist. Da in diesem Interviewverlauf keiner der Befragten zwei Lösungen für richtig hält, fragt der Interviewer, warum die anderen Antworten falsch seien:

```
41   I   okay gut warum kann b nicht richtig sein'
42   L   ist bestimmt auch richtig ne'.. gibt es mehrere Antworten
43   I   entscheide dich immer für alle richtigen Karten steht da
         (lachen).. wir können ja drüber reden, kann b richtig sein
44   L   nein weil hundert von fünf äh hundert, sind ja schon fünf
         Prozent, und wenn man vierhundert hat kann fünf ja keine
         fünf Prozent sein
45   I   okay (zu Dominik:) logisch
46   D   nickt
```

Erst hier kommen die Interviewten auf die Idee, dass mehr als eine Antwort möglich sein könnte. Leon erläutert, dass 5 bei 400 nicht die passende Angabe

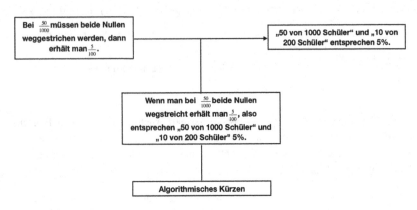

Abbildung 6.84 Toulminschema 5 Darius und Leon

sein kann, da *hundert [...] ja schon fünf Prozent* seien (Zeile 44). Diese Formulierung zeigt die inhaltliche Verbindung zwischen Prozenten und 100, die bei Leon vorzuherrschen scheint. Dabei kann nicht geklärt werden, ob es sich um die typisch, bereits beschriebene Fehlvorstellung von Prozenten als Zahlen handelt, die darauf aufbaut, dass 5 % fünf eines Typs sein müssen. Dafür würde allerdings auch der Nachsatz sprechen, dass *fünf ja keine fünf Prozent* (bei 400) sein könnten (Zeile 44). Diese an dieser Stelle naheliegende Fehlvorstellung ist im vorherigen Interviewverlauf jedoch nicht aufgefallen, eher im Gegenteil, argumentieren die Interviewten doch immer wieder mit dem Argument der Proportionalität. Somit könnte es sich um eine rein sprachliche Ungenauigkeit handeln.

Anschließend wird die Antwortmöglichkeit 10 von 200 Schüler besprochen:

```
55   I   okay, super.. und ähm warum kann, a nicht richtig sein
56   L   ich glaub das ist korrekt
57   I   warum'
58   L   weil das doppelt von fünf sind zehn und das doppelt von
         hundert sind zweihundert
```

Hier nutzt Leon wieder eine Form des *Erweiterns*, indem er begründet, dass beide Zahlenangaben einfach verdoppelt wurden. Somit müsse es sich wieder um 5 % handeln.

6.4.1.6 Zahlenstrahl

Anschließend sollten die Interviewten den Zahlenstrahl so beschriften, dass zu erkennen ist, dass sowohl „10 von 200 Schüler" als auch „50 von 1000 Schüler"

5 % entsprechen. Die Interviewten markieren den Zahlenstrahl, indem sie unter der ersten langen Markierung 100 (und nicht 0) schreiben. Dies diskutieren die Schüler anschließend:

```
75   L   ja (beginnt die Striche zu zählen) eins zwei drei vier fünf
         sechs sieben acht neun zehn da dann tausend hinschreiben
         (schreibt 1000 über den 10. Strich) (schreibt noch 200 über
         den 2. Strich)
76   D   mhm
77   L   ist das so korrekt.. ne scheiße, gehen wir jetzt davon aus
         das das (zeigt auf den zweiten Strich) hundert sind oder das
         (zeigt auf den ersten Strich)
78   D   das
79   I   das könnt ihr für euch entscheiden
80   D   weil dann sinds ja hundert zweihundert dreihundert
         vierhundert.. hier sind dann tausend (entfernen vorherige
         Beschriftung und schreiben an den 11. Strich 1000 und an den
         3. Strich 200).. ich glaube die müssen jetzt beide auf den
         gleichen kommen
81   I   geht das denn'
82   L   nö
83   I   oder muss das so sein das beide zwingend auf dem Gleichen
         sind
83   L   ne weil das geht nicht
```

In diesem Abschnitt lassen sich zwei interessante Aspekte ausmachen: Obwohl der Interviewer sagt, dass der Zahlenstrahl individuell markiert werden kann, bestehen Darius und Leon darauf, dass unter die erste Markierung doch eine 0 geschrieben werden muss. Im Sinne eines Skalaspekts ist es tatsächlich durchaus von Bedeutung mit der 0 zu beginnen, um den Startpunkt im Intervall 0 % bis 100 % zu erhalten.

Anschließend betont Darius, dass die Markierungen von 20 und 50 an derselben Stelle vorzunehmen seien, da sie beide 5 % entsprechen. Nur wenn die Markierungen bei 0 beginnen, ist es möglich, die Markierungen an derselben Stelle vorzunehmen. Die Interviewten finden aber keine Möglichkeit, dies umzusetzen. Ihr Zahlenstrahl ist in Abbildung 6.85 dargestellt.

Abbildung 6.85 Zahlenstrahl Darius und Leon

Eine Erläuterung, warum es sich bei den jeweiligen Markierungen von 10 und 50 um 5 % handelt, können die Interviewten nicht bieten. Abschließend wurde den Interviewten noch der beschriftete Zahlenstrahl von Marvin und Sebastian vorgelegt, die Idee hinter der Markierung konnten Darius und Leon aber nicht erläutern:

```
116   I   ja ja genau den (zeigt auf die Markierung von 50 bzw. 10),
          und was sieht man bei dem
117   D   das der auf der Hälfte markiert ist so wie oben und unten
118   I   ja und was sagt der aus
119   L   fünfzig
120   I   fünfzig' und noch was'
121   L   fünfzig und zehn
```

Darius und Leon können die Zahlenwerte an den Markierungen lediglich benennen, finden keine passende Begründung für das Vorgehen von Marvin und Sebastian.

6.5 Nicht eindeutig zuzuordnende Interviewverläufe

Der folgende Interviewverlauf lässt sich nicht zweifelsfrei einer der vier zuvor aufgeführten Kategorien zuordnen. Dennoch ist er für das Forschungsvorhaben von Interesse, da er mehrere der bisher genannten Aspekte beinhaltet und einem Hin- und Herspringen zwischen den dargestellten Kategorien unterliegt.

6.5.1 Quill und Tom

Die Interviewten Quill und Tom weisen Aspekte unterschiedlicher Kategorien auf und werden deshalb eigenständig betrachtet.

6.5.1.1 Bruchangabe
Sowohl Quill als auch Tom entscheiden sich dafür, dass $\frac{1}{20}$ 5 % entsprechen. Sie begründen dies wie folgt:

```
10    I   legt das verdeckt vor euch (7 sec. Schüler entscheiden sich)
          okay deckt ruhig mal auf, ihr habt euch jetzt beide für b
          entschieden, Quill warum b
11    Q   hm weil, jetzt langsam ähm also ich fand das war am
          logischsten wies weil ich fand ein Fünftel dafür waren fünf
          Prozent zu wenig für fünfzehn Hundertstel ich glaube nicht
          das es weniger als hundert Schüler an einer Schule sind,
          würd ich sagen deshalb habe ich b genommen
12    I   du glaubst nicht das es weniger als hundert Schüler an einer
          Schule sind das war deswegen c nicht', was hattest du eben
          zu c gesagt'
13    Q   das es ähm bei fünfzehn sonst wären es ja eigentlich fünf
          hundertstel wenn das die hundert Schüler wären aber dann
          müssten es ja unter hundert sein das glaube ich nicht
14    I   wieso unter hundert Schülern
15    Q   weils ja mehr Prozent sind wenn man fünf Prozent also
          eigentlich hats ja fünf hundertstel aber dann sinds ja
          fünfzehn also mehr
```

Die Antwortmöglichkeit $\frac{1}{5}$ scheidet für Quill aus, da 5 % weniger seien als der angegebene Bruch. Anschließend schließt er noch $\frac{15}{100}$ als Lösung aus. Seine Begründung dafür ist nicht vollständig verständlich. Sie beruht im Wesentlich auf seiner Annahme, dass nicht weniger als 100 Schüler an einer Schule sein könnten. Auf Nachfrage des Interviewers führt er zusätzlich den Bruch $\frac{5}{100}$ als die zu erzielende Lösung an und ergänzt wieder, dass es ansonsten unter hundert Schüler sein müssten. Der Interviewer fordert ihn erneut auf, dies zu erklären. Hier ändert er auf einmal die Richtung seiner Argumentation und sagt, dass es bei $\frac{15}{100}$ mehr Schüler wären, die zu Fuß gehen, als bei $\frac{5}{100}$. Insgesamt kann sein Vorgehen nicht vollständig entschlüsselt werden. Im Anschluss erklärt Tom sein Vorgehen:

```
19    T   und also bei mir habe ich das so gerechnet das ich jetzt ähm
          halt ein Zwanzigstel sind halt, fünf Prozent und ähm weil
          wenn man das so rechnet wenn man ein zehntel hätte dann
          wären das zehn Prozent und deswegen habe ich dann auch b
          genommen und, eigentlich fast genau so wie Quill das auch
          gesagt hat
20    I   aber was hat jetzt ein Zehntel mit einem zwanzigstel zu tun'
21    T   wenn man jetzt ein Zehntel hätte wären es zehn Prozent und
          wenn es ein zwanzigstel hätte wären es fünf Prozent
22    I   warum'
23    T   weil ähm.. wenn man äh, zwanzig mal fünf rechnet hat man ne
          äh ich glaube nämlich wenn man doch wenn man zwanzig mal
          fünf rechnet hat man hundert und dann hab ich das so gedacht
          das man dann hundert Prozent hat
```

Tom nutzt den Bruch $\frac{1}{10}$, der für ihn gleichbedeutend mit 10 % zu sein scheint, zur Begründung seiner Auswahl. Eine Verdopplung des Nenners ist

für ihn gleichbedeutend mit der Halbierung des (prozentualen) Anteils. Dieses
Ausnutzen seines Stützpunktwissens und der Möglichkeiten, Operationen hierauf
zielgerichtet anzuwenden, weist auf ein tiefes strukturelles Wissen über die Beziehungen zwischen Prozent- und Bruchrechnung hin. Sein Vorgehen wird in die
Kategorie *Umrechnen/ arithmetisch-strukturelle Beziehungen in der Prozentrechnung* eingeordnet. Die entsprechende Argumentation ist in Abbildung 6.86
Zusammengefasst.

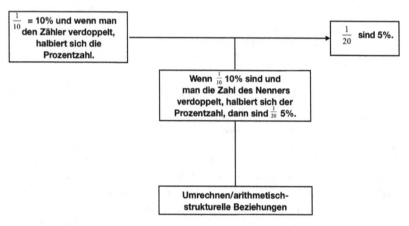

Abbildung 6.86   Toulminschema 1 Quill und Tom

Anschließend (Zeile 23) zeigt Tom die Korrektheit des Ergebnisses noch einmal auf einem anderen Weg auf. So argumentiert er, dass wenn man fünf Prozent
mit 20 multipliziert das Ergebnis 100 die Gleichheit von $\frac{1}{20}$ und 5 % zeigt. In
diesem Zusammenhang setzt er 100 mit 100 % gleich. Da er aber nicht begründet, wie er zu dieser Rechnung gekommen ist und warum diese so korrekt ist,
kann hier nur vom *Manipulieren von Zahlenpaaren* ausgegangen werden. Die
Argumentation wird schematisch in Abbildung 6.87 zusammengefasst.

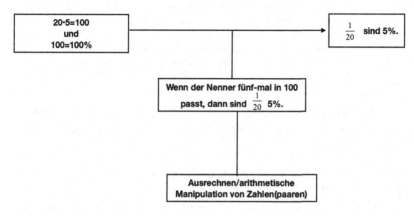

Abbildung 6.87 Toulminschema 2 Quill und Tom

Daraufhin erfragt der Interviewer noch einmal, wie Tom auf $\frac{1}{10}$ gekommen sei:

```
30   I   okay und nochmal zurück zu den zehn Prozent also du hattest
         ja gesagt ein zehntel wären ja zehn Prozent und deswegen
         muss ein zwanzigstel fünf Prozent sein hattest du gesagt*
         aber warum ist das so wie kommst du darauf
31   T                                                  *ja
32   T   weil wenn das doppelt so viel in der Zahl wenn der Nenner
         ist halt doppelt so viel und dann ist die Prozentzahl
         doppelt so wenig hab ich mir so gedacht
```

Die Vermutung über Toms Verständnis der Verbindung von Prozent- und Bruchrechnung bestätigt sich hier. Er hat verinnerlicht, dass die Verdopplung des Nenners die Halbierung des prozentualen Anteils bedeutet und kann dies auch explizieren.

6.5.1.2 Ikonische Darstellung

Der Interviewer weicht in diesem Moment vom Interviewleitfaden ab und fordert die Interviewten auf, $\frac{1}{10}$ darzustellen. Dies geschieht mit der Intention, herauszufinden, wie sie die oben benutzte Umformung zu 5 % inhaltlich begründen.

```
41   Q   also wenns mans so ganz, präzise hat dann würde ichs auf
         Kuchen beziehen aber ich glaub weißt nicht
42   I   zeig mal was du damit meinst mal das mal ruhig malt das
         zusammen ruhig ihr könnt das auf ein Blatt machen
43   Q   (beginnt einen Kreis zu zeichnen) am besten halt, dann
         (unterteilt den Kreis in insgesamt 10 Stücke)
44   T   ein Strich noch
```

Die Schüler wählen zu Beginn als Modell einen Kreis, den sie in 10 Stücke unterteilen. Um diese Darstellung für $\frac{1}{20}$ anzupassen, unterteilen sie jedes einzelne Stück noch einmal.

```
54   I   und wie könnte man jetzt aus dem, ein zehntel ein
         zwanzigstel machen'
55   T   indem man halt hier mehr Striche macht
56   Q   bei jedem bei jedem noch ein Strich dazwischen das immer das
         verdoppelt wird das große
57   I   ja
58   Q   also das große was alles ist äh ich weiß nicht die hundert
         Prozent das man die verdoppelt
```

Ihre Begründung basiert auf dem Verständnis des *Erweiterns als Verfeinern*. An dieser Stelle sei darauf hingewiesen, dass das Kürzen des Stammbruchs inhaltlich schwierig möglich ist. Die Interviewten wurden so in eine Situation gebracht, die sie formal nicht lösen konnten. Es war das entschiedene Interesse des Interviewers, die inhaltliche Vorstellung der Befragten offen zu legen. Quill versucht, den inhaltlichen Aspekt in Zeile 58 zu verdeutlichen, nachdem er den technischen Aspekt dargestellt hat. Er bringt an dieser Stelle die Idee ein, die ursprünglichen 100 % zu verdoppeln. Was er damit meint und bezwecken will, kann nur gemutmaßt werden. Da Tom vorher sagte, dass er den Nenner von $\frac{1}{10}$ verdoppeln würde, um damit 10 % zu halbieren, liegt der Verdacht nahe, dass Quill mit seiner Argumentation Toms Vorstellungen adaptiert und auf die ikonische Darstellung übertragen will. Dies gelingt ihm in der Ausführung jedoch nicht. Anschließend leitet der Interviewer zur gewohnten Frage über, ob in der ikonischen Darstellung 5 % zu erkennen seien:

```
64   I   und wir haben aus einem Zehntel ein zwanzigstel gemacht sehr
         gut, kann man jetzt irgendwo erkennen das das fünf Prozent
         sind also sieht man das'
65   T   hm ja das kann man sehen weil ähm
66   Q   wenn man es genau äh sag du erst
67   T   ja weil hundert Prozent sind halt zwanzig und wenn man,
         davon dann wenn man das teilt durch fünf kann man das dann
         teilen also zwanzig durch fünf kann man teilen und dann
         kommt man irgendwie auf fünf Prozent
68   I   aber zwanzig durch fünf ist vier
69   T   stimmt
```

Tom zeigt Ansätze der quasikardinalen Vorstellung, scheint aber die Operationen und Objekte zu vertauschen, da er am Ende 20 durch 5 teilt. Die zwanzig Objekte scheinen es ihm nicht zu ermöglichen, die Gleichheit zu erklären. Tom kann seinen Gedanken auch nicht weiter präzisieren. Anschließend versucht Quill, mithilfe des klassischen Erweiterns die Gleichheit zu begründen.

```
71    I   ja also wir stellen wir uns vor das die genau gleich groß
          sind die Teile also wir drei wissen das.. aber aber wo sieht
          man das das fünf Prozent sind
72    Q   wenns auf hundert vielleicht auf hundert vielleicht, zwanzig
          Prozent
73    I   fünf Prozent waren wir
74    Q   ja aber wenn man zwanzig aufrundet auf hundert Prozent, dann
          kann man es sehen
75    I   was meinst du mit aufrunden
76    Q   das man halt zwanzig auf hundert bringt
77    I   mhm
78    Q   aber das man jetzt Zähler und Nenner das man den halt beides
          äh also das man dann zwanzig, müsste man mal fünf rechnen
          wenn man auf hundert kommt und dann müsste man eins auch mal
          fünf rechnen und dann nehmen wir fünf Prozent also könnte
          man es aufrunden das man es dann hat
```

Gerade am Ende dieser Passage zeigt sich, dass Quill das algorithmische Erweitern nutzen möchte, um die Gleichheit aufzuzeigen. Für ihn scheint es keine intuitive Gleichheit zwischen $\frac{1}{20}$ und 5 % zu geben. Diese muss symbolisch mithilfe eines Hundertstelbruchs dargestellt werden. In Abgrenzung zu anderen Vorstellungen formuliert er aber nicht, dass für die Prozentrechnung 100 Objekte dargestellt sein müssen. An dieser Stelle setzt Tom ein und pflichtet Quill bei:

```
82    T   also ich weiß jetzt also ich kann jetzt im Kopf rechnen und
          weil ich weiß irgendwie selber nicht rechnen wie also ich
          hab das direkt ausgerechnet das das fünf Prozent sind und
          ich jetzt rechne das einfach in meinem Kopf aus und
```

Er formuliert, dass er aufgrund von Rechenoperationen direkt berechnen kann, dass 5 % und $\frac{1}{20}$ das Gleiche seien. Wie er das macht, kann er aber nicht erläutern. Für beide Interviewten scheint ein rechnerischer Aspekt bei der Betrachtung der ikonischen Darstellung im Vordergrund zu stehen. Der Interviewer fragt anschließend noch einmal, wie viel Prozent $\frac{1}{5}$. sind. Dies geschieht mit der Intention, Tom die zugrundeliegenden Rechenschritte verbalisieren zu lassen:

```
84   T   das sind zwanzig Prozent
85   I   warum*
86   T   weil äh weil wenn wenn man .. fünf hat man muss ja fünf
         geteilt durch äh ne doch, also man braucht ja hundert
         Prozent und das dann geteilt durch fünf das sind ähm zwanzig
87   I   mhm
88   T   und dann ist es das ja als ein fünftel zwanzig Prozent
89   Q   ich machs dann so das ich aufrunde aber ich finds am besten
         mit aufrunden also fünf mal zwanzig sind ja hundert und ein
         mal zwanzig sind ja zwanzig und dann hat man zwanzig
         hundertstel so mach ich das immer ich find das ist der
         einfachste Weg aber das muss man glaub ich selber wissen
```

Das Verbalisieren gelingt Tom nun deutlich besser. Er teilt 100(%) durch 5 und das Ergebnis ist die entsprechende Prozentzahl. Ob er jetzt den Nenner eines Stammbruch als Aufforderung zum Dividieren interpretiert oder ob er eine quasi-kardinale Vorstellung besitzt, kann nicht zweifelsfrei geklärt werden. Quill erklärt anschließend noch, dass er mithilfe des *Aufrundens* gerechnet habe, gemeint war das klassische Erweitern. Beide Interviewten zeigen hier Ansätze mehrerer Vorstellungen, die aber alle geprägt sind von Vorstellungen zu Rechenoperationen.

6.5.1.3 Quasiordinale Angabe

Bei der Frage, ob 5 % „jedem Fünften" oder „jedem Zwanzigsten" entsprechen, entscheiden sich die Interviewten für die Antwort „jeder Fünfte".

```
6    Q   also man kanns glaub ich eigentlich gar nicht so genau sagen
         weil wir wissen ja nicht wie viele Schüler es insgesamt
         sind, weil wir wissen ja nicht hier sind genau hundert
         Schüler dann könnte man es sagen aber es kann ja auch sein
         das es tausendzweihundert sind oder achthundertfünfundsiebzig
         oder, kann auch nur können auch nur dreißig Schüler sein*
         weiß man ja nicht deswegen kann man es nicht finde ich ganz
         so genau sagen also ich wüsste nicht wie man es ausrechnen
         kann ohne das man weiß wieviel Schüler es insgesamt sind
```

Quill weist darauf hin, dass es nicht möglich sei die Frage zu beantworten ohne zu wissen, wie viele Schüler an der Schule sind. Er benötigt eine Orientierung an konkreten Anzahlen, um „auszurechnen", welches die richtige Antwort sei. Damit ist für ihn eine quasiordinale Angabe nicht als Anteilsangabe zu verstehen. Die Interpretation als Anteilsangabe würde voraussetzen, dass die Interviewten die Verknüpfunmit dem Grundwert als eine sich nicht verändernde wahrnehmen. Das entsprechende Argumentationsschema ist in Abbildung 6.88 zusammengefasst.

Der Interviewer hinterfragt anschließend, ob die quasiordinalen Angaben nur für bestimmte Grundwerte 5 % entsprechen:

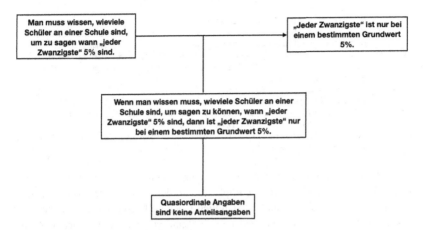

Abbildung 6.88 Toulminschema 3 Quill und Tom

```
 8   I   also ist das hier (Zeigt auf Antwortkarte a) jeder 20. und
         b) jeder 5.) jeweils also diese beiden Angaben immer nur für
         ne gewisse Schüleranzahl richtig'
 9   Q   ich mein schon ja
10   T   ja
11   I   ja'
12   Q   ja
13   I   und für welche ist, das (zeigt auf die Antwort jeder 20.)
         richtig'
14   T   also bei fünf Prozent wären jetzt glaub ich, also bei b)
         (jeder 5.) wären hundert Schüler* die richtige Anzahl und,
         da (zeigt auf jeder 20.) wenn wir da fünf Prozent nehmen
         würden dann müsste man
15   I                  *ja
16   Q   vierhundert
```

Die Interviewten bejahen die Frage und berechnen die genaue Anzahl. Tom
formuliert in Zeile 108, dass „jeder Fünfte" bei 100 Schülern 5 % entsprechen
würde. Hier zeigt sich wieder die fehlende Interpretation des ordinalen Aspekts
der Angabe. Quill berechnet 400 Schüler als den passenden Grundwert für „jeden Zwanzigsten". Anschließend diskutieren die Interviewten weiter über diese
Antwort:

```
17   T   ne mehr
18   Q   ne vierhundert fünf mal vier
19   T   du brauchst guck mal das sind nur fünf Prozent und dann
         brauchst du hundert Prozent das sind* zwanzig mal fünf
20   Q                      *ja aber da wenns da (zeigt auf Antwort
         jeder 5.) hundert sind sind das fünf und fünf mal vier sind
         ja zwanzig
21   T   zwanzig mal zwanzig sind
22   Q   wieso mal' wenn man beides wenn man beides äh addiert
23   T   ja weil, guck mal, du musst, auf ne Schüleranzahl wenn jetzt
         zwanzig also jeder zwanzigste fünf Prozent sind
24   Q   ja aber ich mein das man fünf mal vier und dann auch hundert
         mal vier rechnet weißt du was ich meine'
```

In diesem Zusammenhang nutzt Tom einen ähnlichen Erklärungsansatz wie zuvor: Für 100 % müsse mit 5 multipliziert werden. Warum dies so ist, kann er aber nicht ausführen und Quill verständlich machen. Dieser nutzt die vorherigen Erkenntnisse über die Angabe „jeder Fünfte" und versucht sie auf „jeden Zwanzigsten" zu übertragen. Da es bei „jedem Fünften" hundert Schüler waren, muss 100 mit 4 multipliziert werden, da $5 \cdot 4 = 20$ ist. Damit ist jeder Zwanzigste" bei 400 Schüler 5 %. Es bestätigt sich die zuvor bereits unterstellte fehlerhafte Vorstellung der Interviewten: Für Tom und Quill gibt es zwischen verschiedenen Anteilsangaben keine statische Gleichheit. Dies kann durch diese Aussagen noch präziser gefasst werden: Eine Prozentangabe ist für sie auch nur bei einem bestimmten Grundwert gleich einem Bruch.

Quill benutzt hier proportionale Vorstellungen, um bei gleichbleibendem Prozentsatz – zumindest in seinen Vorstellungen- den Grundwert anzupassen. Die genutzte Proportionalitätsvorstellung kann er aber nicht gezielt einsetzen. Dies kann auf eine fehlerhafte Interpretation des quasiordinalen Aspekts zurückgeführt werden. Ihm gelingt es nicht, die Angabe *jeder* im Sinne einer **Perlenkettenargumentation** oder **Blockbildung** zu interpretieren. Entsprechend seiner vorherigen Antworten nutzt er auch hier die Bruchbeziehung nicht. Schematisch wird die Argumentation in Abbildung 6.89 dargestellt.

```
25   T   ja aber ich glaube mit zwan zwanzig mal zwanzig würd man
         auch auf vierhundert kommen das war meine Rechnung (3 sec.)
         ich glaube da, (nickt mit dem Kopf in Richtung der
         Antwortkarten) sind vierhundert, Schüler auf dem auf der
         Schule und da
```

Tom kommt mit einer anderen Rechnung zum Ergebnis 400, nämlich mit Hilfe der Rechnung $20 \cdot 20$. Er scheint die Fünf aus der vorherigen Rechnung auf die Zwanzig zu übertragen. Die zweite Zwanzig könnte einer Aufforderung der Angabe „jeder Zwanzigste" zum Multiplizieren entstammen. Dies spricht weiter

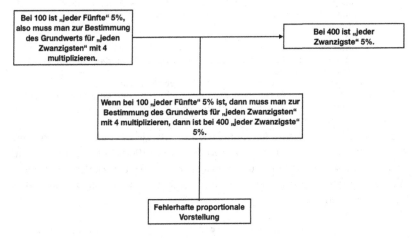

Abbildung 6.89 Toulminschema 4 Quill und Tom

dafür, dass er den Nenner von $\frac{1}{20}$ als Aufforderung zum Multiplizieren mit Zwanzig versteht. Anschließend hinterfragt der Interviewer die Bedeutung des Wortes *jedem:*

```
27   I   okay, hm wie stellt ihr euch denn dieses jeder fünfte vor
         also, habt ihr da ein Bild vor Augen'
28   Q   das halt, wenn jeder fünfte Fahrrad fährt das halt vier
         entweder mit mit Auto oder Bus zur Schule kommen und dann
         der fünfte Schüler mit dem Fahrrad fährt das dann fünf
         Schüler da stehen und einer von den fährt mit Fahrrad und
         die anderen kommen irgendwie anders zur Schule
```

Während die Schüler zu Beginn dieses Abschnitts noch darauf hinweisen, dass „jeder Zwanzigste" eine zu hohe Anzahl sei, da es ja um 5 % geht und „jeder Zwanzigste" 20 % sein müssten, zeigt Quill eine tragfähige Vorstellung des Ausdrucks „jeder Fünfte": *vier Schüler kommen irgendwie zur Schule und der fünfte zu Fuß* (Zeile 122).

6.5.1.4 Das Hunderterfeld

Der Interviewer entschied sich in diesem Moment, das Hunderterfeld einzusetzen, um den Interviewten den Zugang zu erleichtern.

```
30   I   okay ich hab was mitgebracht (Interview legt Schülern
         Hunderterfeld vor) ich weiß nicht kennt ihr das vielleicht
         aus dem Schulunterricht'
31   T   ne
32   Q   das ist mit Mathe das sind irgendwie Tabellen,
         fünfundzwanziger Tabellen hat jeweils und das es hundert
         sind insgesamt
33   I   ja was hat es dann mit Prozentrechnung zu tun'
34   Q   das es vielleicht die hundert Schüler und dann könnte man
         sagen darf ich da was drauf zeichnen'
```

Am Hunderterfeld soll überprüft werden, ob „jeder Fünfte" die richtige Angabe ist. Quill interpretiert die 100 Kreise als die 100 Schüler (Zeile 34), was noch einmal seinen Bedarf deutlich macht, mit konkreten Zahlen zu rechnen. Die Interviewten fangen daraufhin an, das Hunderterfeld im Kontext von „jedem Fünften" zu markieren.

```
42   Q   ich würde halt sagen die kommen halt alle öh, anders zur
         Schule und die fünf mit dem Fahrrad
43   I   mhm macht das mal für das ganze Bild

         (Schüler markieren Hunderterfeld vollständig)

         Wieviel kommen dann jetzt insgesamt mit dem Fahrrad zur
         Schule und wieviel'
44   T   zwanzig
45   I   zwanzig kommen mitm zu Fuß zur Schule
46   Q   ne mit Fahrrad
     +
     T
```

Die Interviewten markieren so insgesamt 20 Kreise. Anschließend gibt es ein Problem in der Interpretation des Aufgabenkontextes. Die Interviewten verwechseln hierbei Zufußgehen und Radfahren. Tom und Quill erkennen, dass „jeder Fünfte" nicht die richtige Antwort sein kann:

```
51   T   also wenn da sind ja jetzt hundert Schüler, auf der Schule
         und zwanzig davon, kommen, mit, Fahrrad und das wären dann
         glaube ich auch zwanzig Prozent
52   I   mhm aber wir wollten ja fünf Prozent wissen
53   T   hmmm
54   Q   also dann kanns ja eigentlich nicht fünf aber, ach zwanzig
         sind zwanzig, es muss ja zwanzig sein weil wenns zwanzig
         sind sinds weniger Prozent weil weniger Schüler mit zu Fuß
         kommen weißt du was ich meine
```

20 markierte Kreise sind damit gleichzusetzen, dass „jeder Fünfte" nicht 5 % sein kann. Quill formuliert seine Erkenntnis in Zeile 148 wie folgt: Eine

Erhöhung der quasiordinalen Angabe ist gleichbedeutend mit einer Senkung des tatsächlichen Prozentwerts.

Anschießend nehmen die Interviewten ihre Markierung von jedem Zwanzigsten im Hunderterfeld vor. Dafür markieren sie im Abstand von 20 Kästchen oben links beginnend (vgl. Abbildung 6.90).

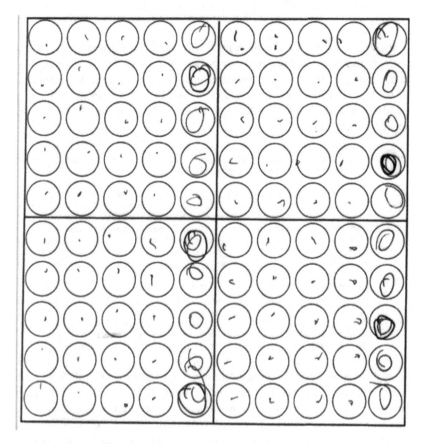

Abbildung 6.90 Hunderterfeld Quill und Tom

Tom bringt noch einmal den Wert 400 ins Gespräch:

63   T   ich würd jetzt eher mal sagen, weil, dann würden auf der
         Schule ne, also wenn da auf der Schule dann vierhundert
         Stück wären, wären die doch richtig gewesen also bei a also

64   Q   ich glaub wir sind grad ganz falsch gestartet also ich glaub
         wir haben das auch mit den vierhundert das hat kein Sinn
         gemacht wir haben es ganz ganz falsch gemacht weil wir uns
         darauf fokussiert haben das b richtig ist glaub ich

Er scheint mit der Antwort noch nicht vollständig zufrieden zu sein. Für ihn
ist 400 immer noch die korrekte Lösung. Hier verpasst es der Interviewer, weiter nachzufragen. Quill ist demgegenüber offenbar mit dem Ergebnis zufrieden.
Für beide scheint weiterhin die quasiordinale Angabe nur bei einem bestimmten
Grundwert 5 % zu entsprechen. Es folgt die Frage, ob die quasiordinale Angabe
immer 5 % entspricht.

72   I   jetzt nochmal meine Ausgangsfrage.. kann man das denn, ist
         das jetzt wirklich nur für eins richtig nur für hundert
         Schüler'

73   Q   wenn man sagen würde, wenn man, auf, auf weitere fünf
         Prozent bleiben will und das auch für zwei hundert Schüler
         machen müsst müsste man sagen jeder vierzigste kommt zu Fuß
         und so weiß also wenn man einmal hundert Schüler das man
         immer zwanzig also immer zwanzig draufpackt auf die Schüler
         dazu kommt.. also wenn sagen möchte tausend Schüler sind auf
         der Schule, dann müsste man, äh

74   T   jeder hundertste

75   Q   ja jeder hundertste kommt dann zu Fuß

76   T   ne, jeder zweihundertste weil ist ja nen (..).. fünf Prozent

77   Q   ja

78   I   okay ich hab.. ich mein ich hab noch ne Tafel mit..
         (Interviewer händigt Schülern zweites Hunderterfeld aus)
         können wir uns ja jetzt für 200 das nochmal angucken.. ja'

Ob die Angabe „jeder Zwanzigste" immer 5 % bedeutet, wollen die Schüler an
dieser Stelle noch nicht abschließend beantworten. In Zeile 167–169 berechnen
die Interviewten unterschiedliche quasiordinale Angaben für andere Grundwerte
bei 5 %. So seien es bei 200 Schülern jeder Vierzigste und bei 1000 Schülern jeder
Zweihundertste, die zu Fuß zur Schule kommen würden. Tom und Quill verändern
hier ihre Strategie. Nachdem sie vorher den Grundwert verändert haben, damit
die jeweilige quasiordinale Angabe 5 % entspricht, variieren sie nun die quasiordinale Angabe im multiplikativen Verhältnis zur Veränderung des Grundwerts.
Zusammengefasst wird diese Argumentation in Abbildung 6.91.

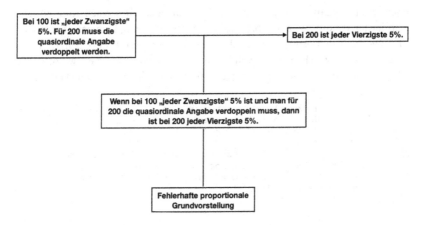

Abbildung 6.91   Toulminschema 5 Quill und Tom

Der Interviewer teilt ein weiteres Hunderterfeld aus, mit der Intention die beiden Hunderterfelder als 200 Schüler zu visualisieren:

```
78   I   okay ich hab.. ich mein ich hab noch ne Tafel mit..
         (Interviewer händigt Schülern zweites Hunderterfeld aus)
         können wir uns ja jetzt für 200 das nochmal angucken.. ja'
79   T   also für zweihundert, würde man dann glaub ich
80   Q                                         müsste jeder
         müsste jeder Punkt zwei Schüler sein
81   I   ja dann ja wir dürfen dann das hier (zeigt auf das bereits
         markierte Hunderterfeld) auch noch ne'
82   T   aber ich glaube das bei, zweihundert dann hier haben wir
         dann ja jetzt (zeigt auf das erste Hunderterfeld)
83   I   achso Entschuldigung
84   T   ähm so und wenn wir das dann nochmal reinmalen würden dann
         würde hier einer fahren (beginnt Markierung am zweiten
         Hunderterfeld) da einer da da da das ist dann halt da ne
         (korrigiert vorherige Markierung) da da da da und da weil
         das ist ja das doppelte, zweihundert ist ja das doppelt so
         viel wie hundert* und wenn man dann.. dann fahr halt auch
         doppelt so viele eigentlich mit, Fahrrad
85   I                          *mhm (bejahend)
86   Q   aber wenn also wenn wir jetzt davon gehst du jetzt davon aus
         das äh das nur hundert sind (zeigt auf das zweite
         Hunderterfeld) und das (zeigt aufs erste Markierte
         Hunderterfeld) auch Hundert oder meinst du
```

Tom interpretiert das zweite Hunderterfeld als Darstellung für 200 Schüler, in dem jeder Kreis doppelt zählt. Markiert wird in diesem Zusammenhang jeder

zehnte Kreis (interpretiert der zweite Schüler innerhalb des einen Kreises). Die
Interviewten diskutieren ausgiebig über diese Interpretation, kommen aber zu keiner gemeinsamen Lösung. Gerade die Interpretation von Tom, einen Kreis als
zwei Schüler anzusehen, kann von Quill so nicht aufgenommen werden. Die
größte Veränderung in der Argumentation findet dann im Folgenden statt:

```
91    T    ne aber guck mal, wir hatten das ja quasi bei der vorherigen
           Aufgabe das da ein zwanzigstel stand und hier  haben wir
           jetzt ein Zwanzigstel (3 sec.) von zehn von zweihundert sind
           ein zwanzigstel
92    Q    also, geh gehen wir jetzt davon aus das es zweihundert
           Schüler sind aber immer noch jeder zwanzigste der zu Fuß
           kommt oder das jetzt jeder vierzigste zu Fuß kommt und es
           zwei hundert Schüler sind
93    T    ne jeder zwanzigste
```

Tom löst sich in diesem Zusammenhang von den Anzahlen, indem er in Zeile
185 darauf hinweist, dass 10 von 200 gekürzt ein Zwanzigstel sei, was gleichbedeutend mit 5 % sei. Quill bestätigt, dass die Darstellung „jeden Zwanzigsten"
visualisiert, er ist sich aber unsicher, ob es sich dabei noch um 5 % handelt (Zeile
91).

Der Interviewer hinterfragt die Konsistenz der Argumentation der Interviewten,
indem er die Korrektheit für den Grundwert 120 überprüfen lässt. Nachdem die
Interviewten beginnen, ohne eine klare Strategie am Hunderterfeld zu markieren,
entscheiden sie sich, erst einmal zu berechnen, wieviel 5 % bei 120 sind:

```
116   Q    oder man müsst erstmal.. neu ausrechnen wieviel fünf Prozent
           von hundertzwanzig sind
117   I    macht mal ruhig ich kann das auch in Taschenrechner eingeben
           wenn ihr mir sagt was ich rechnen soll
118   T    hm hundert ne.. hundertzwanzig geteilt durch fünf, hätte ich
           glaube ich erstmal gerechnet
119   I    okay.. vierundzwanzig
120   T    dann würd ich sagen jeder vierundzwanzigste fährt mit dem
           Fahrrad
121   Q    das würd ich auch sagen
```

Beide antworten, dass es sich nun um jeden Vierundzwanzigsten handeln
müsse, da $120 : 5 = 24$ ist. Über den Ursprung dieser Überlegung kann nur
gemutmaßt werden, der Verdacht liegt aber nahe, dass sich $\frac{5}{100}$ durch die Division
mit 5 zu $\frac{1}{20}$ kürzen lassen. Versucht man dies auf $\frac{5}{120}$ zu übertragen, erhält man
$\frac{1}{24}$. Anschließend wird wieder über die Markierung im Hunderterfeld diskutiert:

```
122  I  bei hundertzwanzig'

        (Interviewer entfernt die Markierungen auf dem
        Hunderterfeld)

        hundert hundertzwanzig haben wir hier ja' und hier habt
        jetzt, vierundzwanzig ausgerechnet könnt ihr das nochmal so
        markieren das

        (Quill geht mit dem Stift über das leere Hunderterfeld)

123  Q  ja, müsste erst dann.. da (markiert einen Kreis im
        Hunderterfeld)
124  T  ne wir müssten das ja, wir müssen das ja so ausrechnen,
        also, warum hast du denn jetzt immer einen weiter gemacht'
125  Q  da hat ja vierundzwanzig es sind es sind ja immer, diese
        Reihen sind ja immer fünf also fünf zehn fünfzehn zwanzig,
        dann vierundzwanzig weil dann muss man drei mehr machen dann
        macht man da einen Minus und macht dreiundzwanzig minus fünf
        rechen fünf zehn fünfzehn zwanzig also einen weniger also da
        fünf zehn fünfzehn zwanzig dann einen weniger und beim
        nächsten Moment fünf zehn fünfzehn zwanzig müsste er hier
        hin, weißt du das man.. weil ich hab jetzt halt weil nicht
        diese ich hab sie so abgezählt das ich immer die Reihen als
        fünfer zähle und ich kann die ja nicht als fünfer abzählen,
        also sonst müsste ich den ersten mit dann habe ich eins zwei
        drei vier und dann kann man das nicht so gut sehen
126  T  aber ich würd jetzt eher im Zähler so rum das halt durch
        vierundzwanzig und man hat zum Beispiel sechs dann kannst du
        nämlich auch mal in vierer Schritten gehen dann kannst du
        rechnen sechs zwölf achtzehn..
```

Quill möchte bei 120 Kreisen in Vierundzwanziger-Schritten markieren. Tom versucht daraufhin, das Hunderterfeld analog zu seinem Vorgehen bei 200 Schülern zu interpretieren, indem er jede Fünfer-Reihe als 6 Schüler deutet. Hier kann man das Verständnis des *Erweiterns als Verfeinern* erkennen. Tom intendiert hier, 6 Schüler in 5 Kreisen darzustellen. So könne man auch in Sechser-Schritten zählen und bei den vorher markierten Kreisen landen, die eigentlich „jeden Zwanzigsten" darstellen. Dabei unterliegt Tom aber der Fehlvorstellung, dass es bei 120 Personen wieder 5 markierte Kreise sein müssten, um 5 % darzustellen. Dabei ist nicht der typische Denkfehler zu unterstellen, dass 5 % nur durch 5 Kreise darzustellen ist, da der Interviewte zuvor schon verschiedene Bruchangaben als gleichwertig mit 5 % interpretierte. Vielmehr ist die Orientierung an jedem Vierundzwanzigsten als Grund für seinen Fehler zu vermuten. Seine Idee, 6 Schüler als 5 Kreise zu interpretieren ist nicht grundlegend falsch. Jedoch bedarf es der tieferen Thematisierung, dass die Interpretation, mehr als einen Schüler in einem Kreis zu sehen, auch bedeutet, dass die markierten Kreise einen größeren Anteil ausmachen, als bei der ursprünglichen Darstellung. Dies kann in diesem Moment nicht erfolgreich aufgelöst werden.

Die Schüler wechseln in der Folge immer wieder in der Interpretation der ordinalen Angabe oder dem Prozentwert für 5 % bei 120 Schüler. Der Interviewer versichert daher noch einmal, dass 5 % von 120 6 Schüler entspricht.

```
206   I   aber wir hatten doch sechs' ausgerechnet oder
207   T   irgendwie ist das (zeigt auf die unteren zwei 10er-Streifen)
          hier nen bisschen, komisch
208   Q   ich glaub das da unten viel mehr ist
209   T   ja
210   Q   und ich habe
211   T               ich glaube das da unten noch einer dabei ein
          sechser
212   Q   (beginnt im Quadranten unten rechts mit einem Stift
          abzuzählen:) eins zwei drei vier (Zahlenfolge bis zur 24
          wird ausgelassen) vierundzwanzig (landet beim 6. markierten
          Kreis) da ist es richtig aber da (zeigt auf den letzten
          10er-Streifen) sinds halt nur zehn und eigentlich kann man
          da kaputt drei machen aber es könnte halt trotzdem sein das
          da einer mit Fahrrad fährt, äh zu Fuß geht weil, es ist ja
          nicht genau gesagt welcher also es ist ja es muss ja nicht
          immer der zwanzigste vierundzwanzigste sein es kann ja auch
          von den vierundzwanzig der sechste sein
```

Mit der Auflösung, dass 5 % von 120 Personen 6 sind, versuchen die Schüler abschließend, mit der Markierung des Vierundzwanzigsten eine Antwort zu geben. Da sich die Schüler verzählen, kommen sie mit dem Abzählen von 24 jedoch nicht beim hundertzwanzigsten Punkt an, sondern beim hundertzehnten. Auf die Frage, warum nun 5 Kreise markiert seien und nicht 6, erklärt Quill (Zeile 306), dass es ja nicht genau der Vierundzwanzigste sein müsse, sondern auch der Sechste, Neunte oder Achtzehnte sein könnte. Dies wird so interpretiert, dass die Markierung des Vierundzwanzigsten nur bedeutet, dass innerhalb eines Blocks (zwischen zwei Markierungen) irgendeiner der Schüler zu Fuß zur Schule kommen wird. Der Grund für diese Umdeutung könnte eine statistische Deutung der quasiordinalen Angabe sein: Im Unterricht werden Angaben wie „jeder 5. Mensch ist ein Chinese" thematisiert, um zu verdeutlichen, dass diese Anteile eben nicht so gedeutet werden können wie sie sich in der Gesamtbevölkerung darstellen. Hierbei kommt es zu einer Überschneidung von realitätsnaher quasiordinaler Vorstellung (statistische Deutung) und bruchdidaktischer Vorstellung (Bruchzahlaspekt). Zudem wird in diesem Kontext die bereits beschriebene Diskontinuität zwischen Lebenswelt und Mathematik im Rahmen einer quasiordinalen Angabe sichtbar, auch wenn sie nicht produktiv aufgelöst werden kann. Eine weitere Möglichkeit besteht darin, dass die Schüler hier auf eine *Blockvorstellung* wechseln, sprich der Grundwert müsse nur durch 20 geteilt werden, um die Anzahl der Blöcke der Größe 20 zu bestimmen. Dieser Zusammenhang ist aber nahezu auszuschließen, da die Interviewten vorher Probleme hatten, überhaut die Division durch 20 als korrekte Operation für das Bestimmen des Prozentwertes von 5 % zu identifizieren.

Der Interviewer weist die Interviewten anschließend noch einmal darauf hin, dass bei 100 Schülern schließlich auch genau der Zwanzigste markiert worden sei:

```
215  I  aber hier vorher hat das doch genau geklappt (zeigt auf das
        vorherige Hunderterfeld, bei dem jeder 20. markiert wurde)
216  Q  ja weils da genau aufgehört hat das haben wir gerade Zahl
        jetzt war halt nur mit
217  I  aber bei hundertzwanzig ist es auch ne gerade Zahl da ist es
        genau sechs
218  Q  ich meine aber, würde man es da auch mit zwanzig machen
        würds aufgehen aber ich glaub durch die vier, kann mans
        nicht, exakt machen
219  I  was meintest du mit wenn mans da jetzt auch mit zwanzig
        macht
220  Q  also wenn man das hier (zeigt auf das Hunderterfeld) auch so
        das jeder zwanzigste das macht bei hundertzwanzig dann würds
        aufgehen
221  I  warum' Tom
222  Q  im Prinzip wärs ja wie da nur das dann zwanzig draufkommen
        also ist eigentlich kein Unterschied
[...]
231  Q  ja genau und den kann ja nicht einfach dann sinds ja nicht
        mehr jeder zwanzigste dann muss ja eben jeder
        vierundzwanzigste sein damits aufgeht
232  I  aber warum
233  Q  weils ja fünf Prozent stehen ja* das es fünf Prozent vom
        Gesamtwert sind und, äh es geht ja darum das fünf Prozent
        aller Schüler das machen da muss man ja den Wert von fünf
        also fünf Prozent hat ja nen Wert in dem Fall bei hundert
        sinds halt zwanzig wenn man halt, den die hundert aufwertet
        auf vier hundertzwanzig müssen ja die fünf Prozent die
        müssen ja auch höher die bleiben ja auch
```

Quill scheint trotz der Ausführungen des Interviewers immer noch nicht überzeugt zu sein, dass sowohl 5 % von 120 Personen 6 sind, als auch, dass „jeder Zwanzigste" immer 5 % entspricht. Daraufhin gibt der Interviewer die Lösung vor, weshalb im Folgenden nicht mehr geklärt werden kann, ob die Lösungen den Vorstellungen der Interviewten entsprechen, oder ob sie der Lösung des Interviewers folgen:

239   I   okay ich zeig euch.. zwanzig (hebt einen Finger), vierzig
          (hebt zweiten Finger) sechzig (hebt dritten Finger) achtzig
          (hebt vierten Finger) hundert (hebt fünften Finger)
          hundertzwanzig (hebt sechsten Finger) wären sechs Schüler

6.5.1.5 Zahlenangaben

Quill gibt an, dass für ihn die Antworten „10 von 200 Schüler" und „50 von 1000
Schüler" 5 % entsprechen, während für Tom nur „10 von 200 Schüler" die einzige
richtige Antwort ist. Quill begründet sein Vorgehen wie folgt:

Szene 1.4.: Erarbeitungsphase 1b: Sind 5% a) 10 von 200 oder b) 5
von 400 oder c) 50 von 1000

**Phase 1.4.1.: Auswahl und Begründung der Antwortkarten
(Quinton entscheiden sich für Antwortkarte a) und c) Timo für a))**

1   Q   <u>also</u> ich habe a c also a, weil c zehn von zweihundert ist
          eigentlich klar, weil es sind ja fünf Prozent von hundert
          sind fünf wird verdoppelt auf zehn und fünfzig von tausend
          ist auch richtig, weil wenn man hundert auf tausend bringt
          rechnet man mal zehn, und fünf dann auch mal zehn (damit)
          man das hat also ist a und c richtig und b ist kompletter
          Quatsch

Seine Ausführungen beruhen auf dem typischen *Erweitern* zwischen den Brü-
chen $\frac{10}{200}$, bzw. $\frac{50}{1000}$, auch wenn er dies so nicht expliziert, sondern ausschließlich
vom Multiplizieren mit 2 beziehungsweise mit 10 spricht. Dies kann seiner
Aussage auf *Tausend bringen* (Zeile 1) entnommen werden. Eine besonders interessante Formulierung findet sich in *fünf Prozent von hundert* (Zeile1) wieder. Die
explizite Nennung der 100 ist dabei besonders zu beachten. Prozente scheinen
eine explizite Gleichheit mit Hundertsteln zu haben. Seine Argumentation wird in
Abbildung 6.92 zusammengefasst.

Tom kommt auf Basis der Ausführungen von Quill ins Schwanken, ob die
Lösung „50 von 1000 Schüler" nicht auch 5 % entsprechen könnte:

4   T   bei a bin ich mit auch sehr <u>sicher</u>, das es richtig ist..
          aber bei c wenn ich mir das jetzt so angucke bin ich mir
          auch relativ sicher das das auch richtig ist deswegen würde
          ich es auch noch dazu nehmen weil fünfzig, das sind dann,
          ähm.. das wären, ein zehntel <u>fünfzig</u> von, tausend

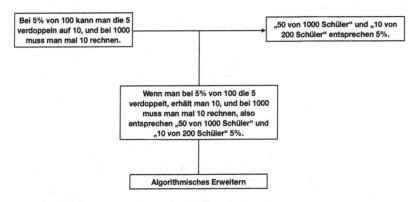

Abbildung 6.92 Toulminschema 6 Quill und Tom

Wieso 50 von 1000 auf einmal auf $\frac{1}{10}$ bezogen wird, ist erst einmal nicht verständlich. Nachdem Quill seine Ausführungen wiederholt, erklärt Tom sein Vorgehen detaillierter:

8   T   (beginnt zu schreiben) also ich hab jetzt, äh, gerechnet das
           ich so aufschreiben kann ich das eher nicht weil.. fünfzig
           von tausend sind, halt, ein zwanzigstel und, halt ein
           zehntel, also du brauchst zehnmal hundert ja warte (schreibt
           weiter)

An dieser Stelle nutzt Tom doch $\frac{1}{20}$ für seine Begründung. Er schreibt dazu Folgendes auf:

$10 \cdot 100 = 1000 = \frac{1}{10}$

$20 \cdot 50 = 1000 = \frac{1}{20} = \frac{50}{1000}$

Dies erläutert er daraufhin wie folgt:

```
10    T   weil man das ja doppelt nehmen muss, um auf tausend zu
          kommen.. du musst ja von fünfzig auf tausend kommen
11    Q   nein
12    T   doch
13    Q   hä fünfzig von tausend, sind doch die fünf Prozent, und es
          geht doch da rum das du von, äh, also fünf Hundertstel auf
          fünfzig tausendstel kommst dann musst du einfach, äh fünf
          mal zehn ne
14    T                                   ich will auf hundert
          Prozent
15    Q   achso
16    T   guck mal, das hab ich jetzt so gemacht das zehn mal hundert,
          kommst du mit auf tausend also ein zehntel
17    Q   aber du musst das
18    T                     zwanzig mal fünfzig kommst du auch wieder
          auf tausend, ein zwanzigstel
19    Q   ja ich dachte dann du willst von hundert auf tausend kommen
          deswegen, also von fünf hundertstel auf fünfzig tausendstel
          aber so ist richtig
20    T   und dann hast du, da halt auch, fünfzig von hundert sind
          dann halt ein zwanzigstel und, somit auch fünf Prozent
          fünfzig hundertstel.. ich glaub das ist die Rechnung von, c
```

Quill versteht die Rechnung nicht, Tom erklärt daraufhin, dass er $10 \cdot 100$ als Hilfsrechnung genommen habe, mit der Erkenntnis, dass 100 von 1000 Schüler 10 % entsprechen würden. Wenn man nun von der 50 zur 1000 kommen wollte, benötige man den Faktor 20. Daraus schließt Tom, dass es sich um $\frac{1}{20}$ handelt, was das Gleiche wie 5 % sei. Hier spielt der Bündelungsaspekt *des **quasikardinalen Aspekts*** die entscheidende Rolle, da 50 mit 20 multipliziert 1000 ergibt, entsprechend sind 50 von 1000 5 %. Seine Argumentation wird in Abbildung 6.93 zusammengefasst.

Da infolge der Ausführungen Toms eine lange Diskussion über das Dividieren bzw. das Kürzen von Brüchen entsteht, die für diese Auswertung irrelevant ist, verpasst es der Interviewer, begründen zu lassen, warum bei dieser Aufgabe mehrere Antworten korrekt sind.

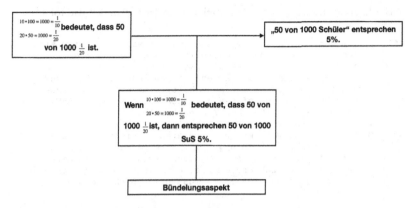

Abbildung 6.93 Toulminschema 7 Quill und Tom

6.5.1.6 Zahlenstrahl

Anschließend legt der Interviewer Tom und Quill den Zahlenstrahl vor den sie entsprechend der Aufgabe beschriften sollen. Der Zahlenstrahl ist in Abbildung 6.94 dargelegt.

Abbildung 6.94 Zahlenstrahl Quill und Tom

Die Interviewten begründen die Korrektheit beider Ergebnisse wie folgt:

```
44   Q   ähm dann würde ich einfach sagen das es, hier, hier sind es
         zehn von zweihundert Schülerinnen wenn man hier die
         hunderter Marke hat ne die zweihundert sind das zehn also
         hier wäre dann a das es zehn von zweihundert sind fünfzig
         von tausend müsste man dann halt, hier sind dann tausend
45   T   müsste man genau auf den gleichen Punkt setzen (Schüler
         schreiben a+c unter den Zahlenstrahl)
46   I   kann man das so einfach machen'
47   Q   *glaub schon wenn man halt, die äh so sieht das der
         Zahlenstrahl bis dahin geht, also wenn man halt bis dahin
         rechnet das da tausend sind dann gehts aber wenn man sagt
         das der ganze Zahlenstrahl alles sein muss aber eigentlich
         ist der ja unendlich also, muss er ja nicht sein
```

Für Tom ist es wichtig, dass sowohl 50 von 1000, als auch 10 von 200 an derselben Stelle auf dem Zahlenstrahl markiert sind. So werden unterhalb des zehnten langen Strichs die Grundwerte *200 + 1000* geschrieben und auf Höhe des fünften kurzen Strichs wird a + c markiert. Von besonderem Interesse ist an dieser Stelle Quills Erläuterung zur Korrektheit dieses Vorgehens: Wenn man den Zahlenstrahl auf den Abschnitt bis zur 1000 bzw. bis zur 200 begrenze, dann sei das gewählte Vorgehen korrekt. Sollte der Zahlenstrahl aber, wie sonst immer, unendlich weitergehen, wäre es nicht korrekt. Hier zeigt sich die Flexibilität der Interviewten in ihrer Interpretation des Zahlenstrahls: Sollte er unendlich weitergehen, müsste er fortlaufend beschriftet werden, wenn er aber nur auf einen Teilausschnitt begrenzt ist, dann kann er unterschiedlich skaliert werden.

Abschließend wurde noch der von Marvin und Sebastian beschriftete Zahlenstrahl vorgelegt. Die Interviewten stellten ohne tiefergehende Begründung fest, dass es sich hierbei um die gleiche Idee handelt.

Fazit und Ausblick

7

Diese Arbeit hat zum Ziel, Denkwege von Jugendlichen beim Lösen von Aufgaben auf dem Gebiet der Prozentrechnung zu erfassen. Zu diesem Zweck wurden Aufgaben konzipiert, die im Rahmen von halbstandardisierten Interviews mit Interviewpaaren bearbeitet und gelöst wurden. Im Unterkapitel 7.1 werden die in der Auswertung (Kapitel 6) gewonnenen Erkenntnisse genutzt, um die im Vorhinein formulierten Forschungsfragen zu beantworten. In Unterkapitel 7.2 werden daraus weitere Fragestellungen entwickelt.

7.1 Beantwortung der Forschungsfragen

In diesem Unterkapitel werden die Forschungsfragen des Unterkapitels 4.3 auf Basis der gewonnen Erkenntnisse der dargestellten Interviewverläufe des Kapitels 6 beantwortet.

A1)Welche Vorstellungen werden aktiviert, wenn Jugendliche verschiedene Darstellungsformen von Anteilen miteinander vergleichen?

Die Auswertung der Interviews zeigt vier verschiedene Kategorien zur Darstellung der ikonischen Gleichheit eines Bruchs mit einer Prozentangabe. Die ikonischen Darstellungen, gepaart mit den Erläuterungen der Interviewten, erlauben die systematische Einordnung der Interviewverläufe. Zu Beginn der Auswertung wurden die Antworten jedes einzelnen Interviewverlaufs kategorisiert und anschließend systematisiert. Die Systematisierung zeigt, dass die ikonischen Darstellungen in Aufgabe 2 (vgl. Teilkapitel 4.1.4) die Kategorisierung der verschiedenen Denkmuster der Interviewten ermöglichte. Diese vier Kategorien werden im Folgenden zusammengefasst und anschließend miteinander verglichen.

© Der/die Autor(en), exklusiv lizenziert durch Springer Fachmedien Wiesbaden 289
GmbH, ein Teil von Springer Nature 2021
P. Gudladt, *Inhaltliche Zugänge zu Anteilsvergleichen im Kontext des
Prozentbegriffs*, Perspektiven der Mathematikdidaktik,
https://doi.org/10.1007/978-3-658-32447-6_7

1. Das **Erweitern als Verfeinern** ist stoffdidaktisch die idealtypische Darstellung des Erweiterungsvorgangs (Padberg und Wartha 2017, S. 191 f.). Ikonisch lässt sich der Erweiterungsvorgang repräsentieren wir in Abbildung 7.1 und 7.2 gezeigt.

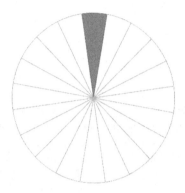

Abbildung 7.1 Darstellung von 1/20

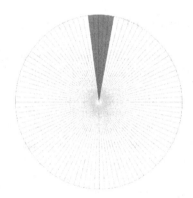

Abbildung 7.2 Darstellung von 5 %

   Dynamisch wird die Darstellung des Bruchs $\frac{1}{20}$ in $\frac{5}{100}$ und damit auch 5 % überführt. Dies wird durch die Unterteilung eines jeden Stücks in, in diesem Fall, fünf kleinere Stücke umgesetzt. Im Anschluss wird über den Anteil argumentiert: Da der gefärbte Bereich in beiden Kreisen gleich groß ist, sind auch die verschiedenen Darstellungen gleichwertig. Die Interviewten Marvin und Sebastian (vgl. Teilkapitel 6.1.1) führen an einem Bruch aus, dass der Nenner den Grad der Unterteilung repräsentiert, während der Zähler die Anzahl der markierten Stücke darstellt.

2. Die Kategorie des **Erweiterns als Vervielfachen** lässt sich demgegenüber nicht in der Literatur wiederfinden. Ähnlich wie bei der vorherigen Kategorie starten die Interviewten auch hier mit einer Darstellung des Bruchs in Form von 20 Objekten, von denen eines markiert ist (vgl. Abbildung 7.3). Zur Darstellung wird die Ursprungsdarstellung vervielfacht, um insgesamt 100 Objekte zu visualisieren (vgl. Abbildung 7.4).

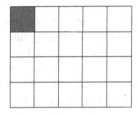

Abbildung 7.3 Darstellung von 1/20

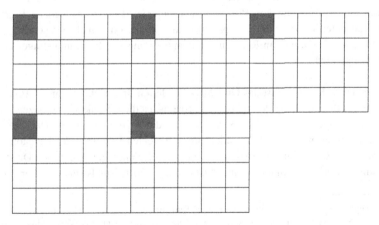

Abbildung 7.4 Darstellung von 5 % in Form von 5/100

In der Art des dynamischen Überarbeitungsschritts unterscheidet sich das **Erweitern als Vervielfachen** von allen anderen Kategorien. Die Vervielfachung des Ausgangsgegenstands ist für die Interviewten notwendig, da 100 Objekte dargestellt werden müssen, um von Prozenten sprechen zu können. Die jeweiligen Interviewten begründeten zu keinem Zeitpunkt, dass die Struktur, und damit auch der Anteil, durch den Vervielfachungsschritt erhalten bleibt. Entscheidend ist nur die Tatsache, dass nun 5 Objekte von 100 markiert sind, weshalb von 5 % gesprochen werden kann. Diese Notwendigkeit spiegelt die prognostizierte Fehlvorstellung (vgl. Teilkapitel 2.2.5) von *Prozenten als Zahlen* wider. Auf dieses Problem wird bei Beantwortung der Forschungsfrage A1b) intensiver eingegangen.

3. Der **quasikardinale Aspekt**[1] grenzt sich von den beiden zuvor beschriebenen Kategorien durch die statische Prägung zum Aufzeigen der Gleichheit von Bruch- und Prozentangabe ab. Auch im Rahmen dieses Vorgehens wird mit einem Objekt begonnen, welches in zwanzig Teile unterteilt wird (vgl. Abbildung 7.5). Die Gleichheit mit 5 % wird rein argumentativ belegt: Da sowohl das Objekt in zwanzig Stücke unterteilt ist als auch fünf Prozent mit zwanzig multipliziert einhundert Prozent ergeben, ist gezeigt, dass ein Teil des Objekts gleichwertig mit 5 % ist.

Diese Kategorie lässt sich in der Literatur wiederfinden. Griesel (1981) beschreibt die quasikardinale Betrachtung im Rahmen von Prozenten, geprägt durch eine Auffassung von Prozenten als Objekte, denen verschiedene Eigenschaften unterliegen. Diese Interpretation als Objekt kann auch gelegentlich zu Problemen führen, wie im Rahmen der Beantwortung von Forschungsfrage A1b) aufgezeigt wird.

4. Die letzte Kategorie ist das **Operative Herleiten**. In Anlehnung an Wittmanns (1985) Beschreibung des operativen Prinzips, ist diese Struktur gekennzeichnet vom Ausnutzen operativer Strukturen in der Prozentrechnung. Das operative Vorgehen zeigt sich vor allem im geschickten Einsetzen der Division als zentraler Operation der Prozentrechnung. Im Rahmen der ikonischen Darstellung wird ausgehend von einer Darstellung von beispielsweise 20 Personen

[1]In Abgrenzung zu den zuvor dargestellten Kategorien begrenzt sich der quasikardinale Aspekt nicht auf den Erweiterungsvorgang. Er stellt eine eigenständige Verwendungssituation der Bruchrechnung dar (Padberg und Wartha 2017, S. 21). Wenn im Folgenden von der Kategorie des quasikardinalen Aspekts gesprochen wird, bezieht sich dieser Begriff auf die dargestellten Argumentationen im Rahmen der analysierten Interviewverläufe.

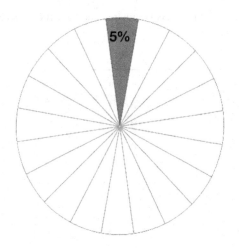

Abbildung 7.5 Quasikardinale Darstellung von 1/20 und 5 %

(vgl. Abbildung 7.6) schrittweise dividiert. Es handelt sich dabei um eine dynamische Überarbeitung.

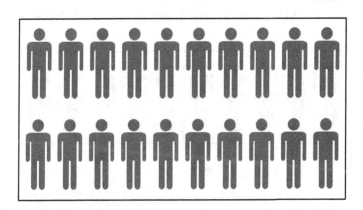

Abbildung 7.6 Darstellung von 20/20 = 100 %

In diesem Fall wird zu Beginn zweimal halbiert, somit werden nur noch 5 von ursprünglich 20 Personen betrachtet. Im Fokus steht damit der Anteil an der

Gesamtmenge. Überträgt man das Dividieren auch auf 100 %, so erhält man 25 % (vgl. Abbildung 7.7).

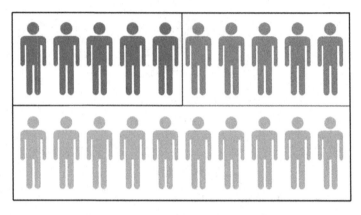

Abbildung 7.7 Darstellung von 5/20 = 25 % (Zur besseren Übersicht werden die ersten beiden Arbeitsschritte zusammengefasst. Diese Schritte werden in der Darstellung durch eine unterschiedliche Deckkraft dargestellt.)

Mit dem Ziel die Gleichheit des Anteils von einer Person von 20 und 5 % aufzuzeigen, muss im letzten Arbeitsschritt gefünftelt werden (vgl. Abbildung 7.8).

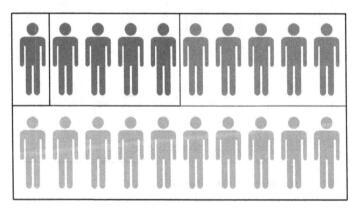

Abbildung 7.8 Darstellung von 1/20 = 5 %

So kann insgesamt gezeigt werden, dass der Anteil einer Person von 20 gleich dem Anteil 5 % von 100 % ist.

Diese vier Kategorien werden hinsichtlich verschiedener Ausprägungen miteinander verglichen. Die erste Ausprägung untersteht der Frage, ob die jeweiligen Antwortkategorien der dargestellten Grundvorstellung eines **Anteils** oder der Grundvorstellung von **Prozenten als Zahlen** unterliegen (vgl. Unterkapitel 2.2.5). Das Zitat des Schülers Marius (Szene 1.3.1) wird stellvertretend für eine Anteilsvorstellung genutzt: „also vielleicht weil fünf Prozent ist ja der Anteil davon, aber die Zahl davon, wie viele es sind, ist halt dann immer unterschiedlich" (Zeile 43). Die Aussage basiert auf der Argumentation, dass Prozente keine feste Zahl, sondern immer nur ein Verhältnis darstellen. Die tatsächliche Anzahl steht in Abhängigkeit zu einem Bezugswert.

Die Grundvorstellung von Prozenten als Zahlen, vor allem in der in Unterkapitel 2.2.5 dargestellten deskriptiven Fehlvorstellung, ist deutlich stärker an 100 Einheiten geknüpft. Hier sei das Zitat von Celina aus Szene 1.3.1 angeführt, die auf die Frage, ob in der Darstellung von $\frac{1}{20}$ schon 5 % zu erkennen sei, antwortet: „äh das Zwanzigste, äh ein Zwanzigstel.. also, wenn man jetzt das richtig malen würde, müsste, dann würde man hundert Stück malen." (Zeile 42). Zur richtigen Darstellung von Prozenten benötigt es 100 Objekte, in der aktuellen Darstellung ist dies nicht zu erkennen.

Die Vorstellung vom **Erweitern als Verfeinern** nutzt die Anteilsorientierung zur Herleitung, dass 1 von 20 Stücken eines Kreises den selben Anteil ausmacht, wie 5 von 100 Stücken des selben Kreises. Beim **operativen Erarbeiten** wird schrittweise der Anteil von Objekten an einer Gesamtmenge bestimmt. Dies geschieht mithilfe von bekannten Stützpunkten. Beim **quasikardinalen Aspekt** wird mit Hilfe der Bündelungszahl argumentiert, dass sowohl 5 % von 100 als auch 1 von 20 Stücken 5 % entsprechen. Damit werden diese drei Kategorien der Anteilsorientierung zugeordnet.

Das **Erweitern als Vervielfachen** benötigt dem gegenüber die Darstellung von 100 Objekten, um Prozente zu visualisieren. Auch der Schritt des Vervielfachens wird in den Interviews nicht mit der Konstanz des Anteils begründet.

Die zweite untersuchte Ausprägung ist die Frage, ob die Darstellungen **statisch** oder **dynamisch** geprägt sind. Wenn die Ausgangsdarstellung von $\frac{1}{20}$ eine (ikonische) Überarbeitung benötigt, wird von einer dynamischen Ausprägung gesprochen. Wird diese Überarbeitung nicht benötigt, ist die Ausprägung statisch. Die verschiedenen Kategorien mit samt ihrer Ausprägungen werden in Abbildung 7.9 dargestellt.

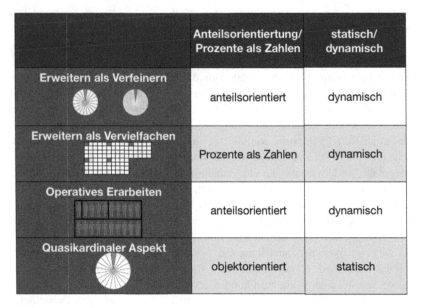

	Anteilsorientiertung/ Prozente als Zahlen	statisch/ dynamisch
Erweitern als Verfeinern	anteilsorientiert	dynamisch
Erweitern als Vervielfachen	Prozente als Zahlen	dynamisch
Operatives Erarbeiten	anteilsorientiert	dynamisch
Quasikardinaler Aspekt	objektorientiert	statisch

Abbildung 7.9 Tabellarische Darstellung der Antwortkategorien samt Ausprägung

A1a)Sind die Schüler in ihren Argumentationen über die verschiedenen Darstellungsformen hinweg stringent?

Im Unterkapitel 5.2 sind hypothetische Interviewverläufe für die einzelnen zuvor dargestellten Kategorien der ikonischen Darstellungen skizziert worden. Diese hypothetischen Interviewverläufe wurden mit dem Ziel erstellt, mögliche stringente Argumentationen über den gesamten Verlauf des Interviews aufzuzeigen. Es wurde jeweils begründet, warum welche Argumentation den jeweiligen ikonischen Darstellungen zugeordnet wurde.

Kapitel 6 zeigt, dass es tatsächliche Interviewverläufe gab, die diesen hypothetischen Verläufen entsprachen. Besonders hervorzuheben sind hier die Verläufe der Interviews mit Christina und Magdalena (6.1.2) und mit Marvin und Simon (6.1.1). Beide Interviewpaare nutzen nahezu vollständig dieselben Antwortkategorien. Dass diese Antwortkategorien dabei sogar noch dem hypothetischen Interviewverlauf entsprechen, zeigt die inhaltliche Stringenz, mit der die Jugendlichen vorgegangen sind. Beide Interviewverläufe wurden dem **Erweitern als Verfeinern** zugeordnet.

Im Rahmen der Kategorie **Erweitern als Vervielfachen** zeigte sich, dass die Interviewpaare teilweise untereinander nicht der gleichen Meinung waren. Gerade bei den Paaren Tarek und Daniel (Teilkapitel 6.2.3) sowie Celina und Kira (Teilkapitel 6.2.1) zeigt sich das unterschiedliche Verständnis: Während ein Partner jeweils wiederholt betont, dass es 100 Objekte benötig, um von Prozent zu sprechen, erläutert der andere Partner, dass schon in der Ursprungsdarstellung eines der zwanzig Objekte 5. % aller Objekte ausmacht. Diese Unterschiede im Verständnis zogen sich durch den gesamten Interviewverlauf.

Auch die Interviewverläufe, die dem **quasikardinalen Aspekt** zugeordnet wurden, sind in den jeweiligen Argumentationen nicht stringent. Dies lag aber vor allem in der unterschiedlichen Auflösung des für diese Kategorie typischen Problems der fehlenden Betonung der multiplikativen Beziehung von Prozenten begründet. Dies wird im Rahmen der Beantwortung der Forschungsfrage A1b) erneut aufgegriffen und detaillierter abgehandelt.

A1b)Inwiefern können die hier gewonnenen Kategorien als tragfähig oder problematisch im Sinne von normativen Grundvorstellungen der Prozentrechnung angesehen werden?

Die in den Interviewverläufen des **Erweitern als Verfeinerns** genutzten Argumentationen zeigen sich als besonders tragfähig, da diese Kategorie gerade die Grundvorstellung von Prozenten als Anteile stark betont. Dies zeigte sich vor allem in der Flexibilität der Interviewten diese Grundvorstellung in den verschiedenen Darstellungen der Anteile zu betonen. Besonders die strukturellen Erläuterungen von Marvin und Sebastian (vgl. Teilkapitel 6.1.1) sind hier als Beispiel anzuführen. 5 % darf nicht als ein fester Wert verstanden werden, sondern ist immer mit einem Grundwert verknüpft. Diese Verknüpfung ist multiplikativen Charakters, wie in der **Blockbildung** im Rahmen der quasiordinalen Fragestellung gut zu sehen ist (vgl. Unterkapitel 6.1.1.3 und 6.1.2.3).

Das **Erweitern als Vervielfachen** (vgl. Teilkapitel 6.1.2.2) kann demgegenüber insofern als problematisch eingestuft werden, als dass die zugrundeliegende Struktur des Erweiterungsvorgangs die Gleichheit nicht über den Anteil an einem Objekt darstellt. Es werden zusätzliche Objekte benötigt, um 100 darzustellen. Dies könnte auch über die Konstanz des Verhältnisses begründet werden, was jedoch in keinem der analysierten Interviews geschah. In diesem Rahmen tritt die bereits skizzierte deskriptive Problematik der Grundvorstellung Prozente als Zahlen auf. Da Prozente immer die exakte Darstellung von 100 Objekten benötigt (ohne Betonung des Anteils) können Probleme entstehen, wenn der Grundwert nicht 100 ist. Hier sei als Beispiel auf das Teilkapitel 6.2.1.3 (insbesondere das Argumentationsschema der Abbildung 6.25) verwiesen, in dem Kira betont, dass

298 7 Fazit und Ausblick

es zur Darstellung von 5 % zwingend 5 Einheiten bedürfe, obwohl sie zuvor
bereits die Gleichheit von „jedem Zwanzigsten" und 5 % erläutert hat. Diese
Aussagen spitzen sich bei der Darstellung am Hunderterfeld zu: Als Kira erklären
soll, wieviel 5 % von 400 Schülern sind, antwortet sie mit 20 %. Diese Problematik zeigt sich in ähnlicher Form auch in den Interviews mit Cora und Carla (vgl.
Teilkapitel 6.2.2):

Die stärkste Ausprägung der beschriebenen Problematik zeigt sich im Rahmen
des Interviews bei der Thematisierung der Frage, ob die Angabe „jeder Zwanzigste" auch bei 120 Einheiten 5 % entsprechen würde. Da die Interviewten additiv in
Zwanziger-Schritten zählten, erhielten sie das Ergebnis 6, was sie zu der Schlussfolgerung bewegten, dass „jeder Zwanzigste" bei 120 Einheiten 6 % entsprechen
würde: Diese fehlerhafte Schlussfolgerung lässt erkennen, dass die Interviewten
den Bezugswert und damit den Anteil nicht in ihre Überlegungen miteinbeziehen.
Im Verlauf des Interviews revidierten sie diese Antwort auf Rückfrage.

Diese Problematik kann auf die fehlende multiplikative Verknüpfung der Prozentrechnung zurückgeführt werden, wie zum Beispiel bei der zum **Erweitern
als Vervielfachen** passenden quasiordinalen Lösungsstrategie der **Perlenkettenargumentation**. Durch eine zu starke Eins-zu-Eins-Zuordnung zwischen der
Lebenswelt und der Mathematik kommen die Interviewten bei Zahlenangaben,
die keine natürlichen Vielfachen der Angabe sind, an Grenzen. Da beispielsweise immer nur der Zwanzigste betrachtet wird, kann für 119 keine korrekte
Lösung erzielt werden. Hier zeigt sich die in Unterkapitel 2.3 beschriebene Diskontinuität zwischen der Lebenswelt und der mathematischen Welt im Rahmen
der quasiordinalen Angabe. Eine additive Verknüpfung scheint mit einer zu starken Bindung an die reale Welt einherzugehen. Die Angabe „jeder Zwanzigste"
wird als Aufforderung zum Abzählen verstanden, mit der Zuschreibung einer
Eigenschaft des jeweiligen Zwanzigsten, wie gut am Beispiel der **Perlenkettenargumentation** zu sehen ist. Demgegenüber spielt im Rahmen der multiplikativen
Verknüpfung die Position des Objektes keine Rolle. So geht es nur darum den
Anteil an der Gesamtmenge zu berechnen, dem eine Eigenschaft zu geschrieben
wird. Als Beispiel dient hier die **Blockbildung**.

Der **quasikardiale Aspekt** zeigt sich im Rahmen der Interviewserie als
vollständig tragfähig. Interessant ist der Hinweis Griesels (1981), dass beim
quasikardinalen Aspekt Bündel betrachtet werden. Durch die Bündelungsvorschrift (5 % unterliegt zum Beispiel der Bündelungsvorschrift 20) kann zwar eine
Anteilsinterpretation unterstellt werden, aber nicht in der Deutlichkeit, wie beispielsweise beim **Erweitern als Verfeinern**. So konnte aufgezeigt werden, dass
es einer ausdifferenzierten Darstellung des Begriffs Bündel bedarf.

Probleme (Teilkapitel 6.3.1.3) zeigen sich immer dann, wenn multiplikative Verknüpfungen gefordert sind. Da bei der Frage nach der Gleichheit von „jedem Zwanzigsten" und 5 % kein Grundwert angegeben wird, können die Interviewten nicht für eine allgemeingültige Gleichheit argumentieren. Notwendig wäre das Wissen, dass die Angabe „jeder" als Aufforderung zum Teilen verstanden werden kann bzw. muss.

Auch das zweite zugeordnete Interviewpaar (Teilkapitel 6.3.2.3) kann die Allgemeingültigkeit nur über den Umweg der wiederholten Addition zeigen: Ausgehend von $\frac{1}{20}$ kann der Nenner um 20 und der Zähler um 1 schrittweise additiv erhöht werden. Alle entstehenden Wertepaare sind dann äquivalent zu 5 %.

Am Hunderterfeld gerieten die Interviewten (Teilkapitel 6.3.1.4) in so starke Zweifel, dass sie die quasiordinale Angabe verändern wollten, um am Beispiel von 120 Einheiten 5 Einheiten als Anteil zu behalten, da sie der Überzeugung sind, dass es zur Darstellung von 5 % immer 5 Einheiten bedarf. Hier kann die dargestellte deskriptive Grundvorstellung von *Prozenten als Zahlen* unterstellt werden, auch wenn diese nicht den vollständigen inhaltlichen Kern der Probleme der quasikardinalen Argumentation trifft. Vielmehr sollte überlegt werden, ob der Aspekt des Bündels eine explizite Erwähnung als Grundvorstellungen der Prozentrechnung benötigt.

Es lassen sich Gemeinsamkeiten mit dem **Erweitern als Vervielfachen** ausmachen, vor allem bei der fehlenden multiplikativen Verknüpfung mit einem Grundwert. Der quasikardinale Aspekt bezieht in Abgrenzung aber den Anteil deutlich intensiver in die Argumentationen mit ein.

Auch das **operative Herleiten** erweist sich als tragfähig, um die gegebenen Aufgaben zu lösen. Bei der Frage, ob „jeder Zwanzigste" immer 5 % entspricht, nutzten die Befragten sowohl additive als auch multiplikative Ansätze. Würde man aber von einem idealtypischen Interviewverlauf im Sinne einer operativen Denkstruktur ausgehen, müsste von einer multiplikativen Verknüpfung ausgegangen werden, da die Operation des Dividierens das Hauptmerkmal der Einstufung in diese Kategorie darstellt.

Die Ausprägung der Kategorien kann auf dieser Basis weitergeführt werde, wie in Abbildung 7.10 gezeigt.

A1c) Eignen sich die Aufgaben, um Rückschlüsse auf die im Rahmen der Prozentrechnung aktivierbaren Vorstellungen zu ziehen?

Eine allgemeine Antwort auf diese Frage kann nicht gegeben werden, stattdessen werden die einzelnen Aufgaben im Folgenden differenziert betrachtet.

Kategorie \ Ausprägung	Prozente als Zahlen/ Anteilsorientierung	statisch/ dynamisch	multiplikativ/ additiv
Erweitern als Verfeinern 	anteilsorientiert	dynamisch	multiplikativ
Erweitern als Vervielfachen 	Prozente als Zahlen	dynamisch	additiv
Operatives Erarbeiten	anteilsorientiert	dynamisch	multiplikativ
Quasikardinaler Aspekt 	anteilsorientiert	statisch	additiv

Abbildung 7.10 Tabelle zur Spezifizierung der Antwortkategorien

Die Frage nach der Gleichheit der vorgelegten Brüche und 5 % erwies sich insofern als problematisch, da die Interviewten ein rein algorithmisches Vorgehen im Rahmen des Erweiterns nutzten. Dieser formal korrekte Weg konnte aber in den wenigsten Fällen argumentativ begründet werden. Die darauf aufbauende Aufgabe diese Gleichheit ikonisch darzustellen, zeigte sich in dieser Hinsicht deutlich ergiebiger. So konnten die einzelnen Begründungen zur Gleichheit in verschiedene Ausprägungen[2] differenziert und kategorisiert werden.

Wie sich im Rahmen der Beantwortung der Forschungsfrage A1b) zeigt ist die Frage, ob „jeder Zwanzigste" immer 5 % entspricht, geeignet, um zu hinterfragen, ob die Interviewten die Prozentrechnung additiv oder multiplikativ verknüpfen. Eine additive Verknüpfung zeigte sich deutlich fehleranfälliger.

Darüber hinaus trat bei dieser Aufgabe die prognostizierte Diskontinuität zwischen Lebenswelt und mathematischer Welt auf. Christina (Teilkapitel 6.1.2.3) verwies darauf, dass es unwahrscheinlich sei, dass an einer Schule nur „jeder Zwanzigste" zu Fuß zur Schule komme. Dieser Einwand zeigt, dass sich eine explizite Thematisierung der quasiordinalen Angabe aus mehreren Perspektiven als produktiv erweisen kann. In diesem Fall analysierte die Interviewte auf

---

[2]S. Beantwortung der Forschungsfrage 1

inhaltlicher Basis den Wahrheitsgehalt der Aussage. Dies gilt es gesondert herauszustellen, da die Interviewte, obwohl sie in den vorherigen Aufgaben bereits die Angabe 5 % vorliegen hatte, die inhaltliche Korrektheit nicht anzweifelte.

Das Hunderterfeld zeigt sich im Abschnitt 6.2.2.4 als Indikator für die fehlerhafte Grundvorstellung der Vereinigung von disjunkten Teilmengen: Werden zwei identische Mengen mit demselben Verhältnis gemeinsam betrachtet, verdoppelt sich der Prozentsatz. Am Hunderterfeld argumentierten die Interviewten, dass wenn Hunderterfeld 1 5 % darstellt und Hunderterfeld 2 auch, dann ergeben beide Hunderterfelder gemeinsam 10 % ergeben. Dies ist eine der deutlichsten Formen der Fehlvorstellung von Prozenten als Zahlen: Betrachtet werden nur Anzahlen, keine Verhältnisse.

Die Auswahl zwischen den einzelnen Zahlenangaben kann nur als begrenzt geeignete Aufgabe angesehen werden. Dies zeigte sich vor allem darin, dass für die Ausprägung der verschiedenen Kategorien keine zusätzlichen Informationen aus dieser Aufgabe gewonnen werden konnten. Zusätzlich liefert sie keine ausreichenden Argumentationsanlässe. Auch die Korrektheit mehrerer Antworten wurde von den Interviewten durch die empirische Natur der Aufgabenstellung nicht ausreichend stark hinterfragt, in dieser Folge entstanden keine vertiefenden Argumentationen. Das Nutzen des Zahlenstrahls kann auch nur als bedingt hilfreich angesehen werden. Zwar ließen sich unterschiedliche Nutzungen des Zahlenstrahlens (vgl. Unterkapitel 5.1.5) feststellen, diese ließen aber nur bedingt Rekonstruktionen der Denkstrukturen der Interviewten zu.

A2) Welche Chancen und Schwierigkeiten zeigen ikonische Darstellungen zur verständigen Auseinandersetzung mit verschiedenen Darstellungsformen von Anteilen?

Zur Beantwortung bedarf es eines differenzierten Blicks auf die jeweiligen Unterfragen A2a) und A2b). Übergeordnet lässt sich sagen, dass unter der Voraussetzung, dass ikonische Darstellungen im Rahmen der Prozentrechnung gedeutet werden können, sie sowohl als Erkenntnis- als auch als Diagnosemittel fruchtbar eingesetzt werden können.

Eine primär additive Deutung der Prozentrechnung führte auch im Rahmen von ikonischen Darstellungen zu Problemen, diese verfestigten sich zum Teil im Zuge der jeweiligen Aufgaben (vgl. Teilkapitel 6.2.1.3)

A2a) Welche Darstellungen nutzen Jugendliche von sich aus zur verständigen Klärung von Anteilsvergleichen?

Die Darstellungen der Jugendlichen lassen sich unter verschiedenen Gesichtspunkten kategorisieren, wie bereits in der Antwort auf Forschungsfrage 1 aufgezeigt wurde (vgl. insbesondere Abbildung 7.9). Da dort die Antwortkategorien verallgemeinert dargestellt wurden, soll an dieser Stelle nur auf die tatsächlich genutzten Darstellungsformen eingegangen werden. Die Zusammenfassung aller Analysen zeigt, dass zur Darstellung von Anteilsvergleichen folgende explizite Objekte genutzt wurden: Der Kreissektor, Rechtecke, alltägliche Gegenstände und eine Mischform.

Die Mischform wurde in der *operativen Erarbeitung* genutzt, in dem betreffenden Interview wurden 20 Gegenstände in einem Rechteck dargestellt. Im Gegensatz zum *Erweitern als Vervielfachen*, wo die Rechtecke ansonsten vorwiegend genutzt wurden, wurde aber nur innerhalb eines Rechtecks operiert. Interessanterweise wurde das Rechteck zu keinem Zeitpunkt verfeinert, obwohl es stoffdidaktisch so intendiert ist. Alltägliche Anzahlen (wie Bälle oder Strichmännchen) können insgesamt als weniger produktiv angesehen werden, da zumindest in den analysierten Interviews keine Argumentationen auf Basis von Anteilen mit diesen alltäglichen Anzahlen einhergingen.

Der Kreissektor kann insgesamt als das produktivste Zugangsmittel bezeichnet werden, da er nicht vervielfacht werden kann und Argumentationen auf Anteilen fußen müssen. Auch wenn mathematische Symbole in den Kreissektor geschrieben wurden (beispielsweise beim *quasikardinalen Aspekt*), wurden tragfähige Argumentationen genutzt.

A2b)Inwiefern können Jugendliche den Zahlenstrahl und das Hunderterfeld zur verständigen Klärung von Anteilsvergleichen nutzen?

Während für die Verwendung des Zahlenstrahls im Rahmen der Prozentrechnung stoffdidaktische (Eckstein 2019) und empirische (Pöhler 2018) Forderungen vorliegen (vor allem im Rahmen des Prozentstreifens) erfährt das Hunderterfeld als Darstellungsmittel der Prozentrechnung nur vereinzelt Erwähnung (beispielsweise Strobel 2016, S. 15, Koullen et al. 2014, S. 123). Empirische Auseinandersetzungen mit dem Hunderterfeld finden sich dabei nicht.

Sowohl während der Pilotstudien (vgl. Unterkapitel 4.1.3), als auch im Rahmen der Hauptuntersuchung zeigten sich bei der Nutzung des Hunderterfelds ein wiederholtes Problem: Die einzelnen Kreise werden gleichzeitig als Prozentwert und Prozentsatz interpretiert. Diese doppelte Interpretation kann insofern als problematisch angesehen werden, als dass sie den Zugang zur Hunderterstruktur verwehrt. Kann diese Hürde überwunden werden, zeigt sich das Hunderterfeld als geeigneter Zugang um über operative Zusammenhänge in der Prozentrechnung in einen Diskurs zu gelangen.

Der Zahlenstrahl lieferte zwar keine zusätzlichen Erkenntnisse im Rahmen der Analyse, bemerkenswert war aber die Konsistenz, mit der die Interviewten den Zahlenstrahl beschrifteten. Die zuvor rekonstruierten Denkmuster konnten mit einer starken inhaltlichen Stringenz auf die Argumentationen am Zahlenstrahl übertragen werden.

A3)Welche Schlussfolgerungen können für das Vorgehen im Unterricht gezogen werden?

Allgemein konnte gezeigt werden, dass Aufgaben ohne einen Bezugswert andere Aspekte des Prozentbegriffs benötigen als die Grundaufgaben der Prozentrechnung. Gerade diese Aspekte ermöglichen, wie zuvor zusammengefasst, einen detaillierten Blick auf mögliche Denkstrukturen von Jugendlichen im Rahmen der Prozentrechnung. Daher sollten Aufgaben dieser Prägung stärker in das Unterrichtsgeschehen eingebunden werden. Sie regen zum einen stärker zum Argumentieren und Kommunizieren an, als zum Beispiel die Grundaufgaben der Prozentrechnung. Zum anderen können Lehrkräfte Rückschlüsse über mögliche Fehlvorstellungen ihrer Schüler gewinnen.

Eine stärkere Thematisierung solcher Aufgaben im Unterricht wird daher gefordert. Dies betrifft sowohl das eigenständige Erzeugen von Darstellungen als auch das Vorlegen von typischen Darstellungsmitteln der Prozentrechnung. Diese Ergebnisse stehen im Einklang mit den bisherigen Forschungsergebnissen zur Prozentrechnung.

A3a)Inwiefern lassen sich unterschiedliche Kategorien von Vorstellungen im Unterricht diagnostizieren?

Für eine unterrichtsbegleitende Diagnostik erweist sich vor allem die Erzeugung einer eigenständigen ikonischen Darstellung des Bruchs, samt der Aufforderung zu erläutern, warum es sich dabei um 5 % handele (vgl. Teilkapitel 4.1.4.2) als fruchtbar. Diese Aufgabe kann in das normale Unterrichtsgeschehen eingebettet werden. Die Auswertung der Ergebnisse erlaubt es in kurzer Zeit, Rückschlüsse über die Denkstrukturen der Jugendlichen zu ziehen.

Darauf aufbauend erwies sich auch die Aufgabenstellung 3 (vgl. Teilkapitel 4.1.4.3) als interessante Ergänzung zum Unterrichtsgeschehen. Es zeigte sich, dass die Fragestellung, ob jeder Zwanzigste unabhängig von jeglichem Grundwert 5 % entspreche, als gewinnbringende Diagnoseaufgabe genutzt werden kann. Die Loslösung von jeglichem Grundwert ist eher untypisch, stehen doch im Unterricht die Grundaufgaben der Prozentrechnung im Fokus des Interesses. Doch wie gezeigt werden konnte, kann mit dieser Aufgabe gut rekonstruiert werden, ob ein später ergänzter Bezugswert additiv oder multiplikativ verknüpft wird. Die Art der Verknüpfung ist für das erfolgreiche Bearbeiten von Aufgaben der Prozentrechnung entscheidend (Insbesondere im Rahmen der Beantwortung von Forschungsfrage A1b) aufgezeigt). Zudem regt die Aufgabe zum Kommunizieren und Argumentieren an.

A3b) Lassen sich Anhaltspunkte dafür finden, wie man den problematischen Vorstellungen entgegenwirken kann?
Insgesamt ließen sich zwei problematische Vorstellungen rekonstruieren (vgl. Antwort auf Forschungsfrage 1b): Die additive Verknüpfung eines Bezugswerts im Rahmen der Prozentrechnung und die Fehlvorstellung von Prozenten als Zahlen.

Für ein effizientes Entgegenwirken der additiven Verknüpfung ließen sich keine Anhaltspunkte finden. Sollte die dargestellte Fehlvorstellung von Prozenten als Zahlen erkannt werden, erweist sich eine operative Variation eines Bezugswerts als geeignete Aufgabenstellung. Selbst das Interviewpaar, das auf der Nutzung von 100 Einheiten zur Darstellung von Prozenten pochte, aktivierte bei der Variation des Bezugswerts Anteilsvorstellungen, die der Fehlvorstellung entgegenwirkten. In Bezug auf die Grundvorstellungen soll noch abschließend auf Parkers und Leinhardts (1995, S. 427 f.) Einwand hingewiesen werden, dass im Unterricht die Grundvorstellung von Prozenten als Anteile thematisiert werde, diese werde aber anschließend nicht bei der Thematisierung der Rechenverfahren wiederaufgenommen. Dieser Forderung wird auf Basis der dargestellten Auswertung zugestimmt.

7.2   Mögliche Anschlussfragen

Diese Arbeit hat zum Ziel, Denkwege von Jugendlichen beim Lösen von Aufgaben auf dem Gebiet der Prozentrechnung zu erfassen. Im Fokus standen dabei nicht die Grundaufgaben der Prozentrechnung, sondern Aufgaben, die Argumentationsanlässe schaffen, um die genutzten Argumentationen anschließend tiefergehend zu untersuchen.

Da Studien (beispielsweise Scherer 1996 und Pöhler 2018) zeigten, dass ikonische Darstellungen die Leistungen von Schüler bei Aufgaben der Prozentrechnung verbessern, aber keine empirischen Daten vorliegen, welche Darstellungen Jugendliche eigenständig benutzen, war es das zweite Ziel der vorliegenden Arbeit diese zu bestimmen und zu systematisieren. Aus diesem Grund wurde eine nicht repräsentative Stichprobe von nur 12 Interviews erhoben, die keinen Anspruch auf Vollständigkeit erhebt. Um eine statistisch relevante Menge an Interviews auszuwerten, ist eine anschließende quantitative Erhebung ein mögliches Anschlussprojekt. Gerade im Hinblick auf die rekonstruierten Darstellungsformen ist eine weitere Überprüfung denkbar und auch sinnstiftend. So kann induktiv überprüft werden, ob mithilfe der Kategorien alle Schülerlösungen gewonnen wurden.

Des Weiteren kann untersucht werden, ob die kategorisierten Antworten der Jugendlichen so auch auf die Grundaufgaben der Prozentrechnung übertragen werden können. Da im Rahmen dieser Erhebung maximal ein Prozentwert berechnet werden musste, wäre es durchaus auch von Interesse, zu untersuchen, ob sich die beschriebenen Denkstrukturen auch in diesen Grundaufgaben wiederfinden lassen, bzw. sie noch weiter ausgeschärft und kategorisiert werden können.

Zwar existieren schon tiefgreifende Interventionsstudien im Rahmen der Prozentrechnung, dennoch ist es von Interesse zu untersuchen, ob die gewonnen Ergebnisse genutzt werden können, um den Unterricht langfristig zu verbessern. Da Jugendliche untersucht wurden, die das Thema Prozentrechnung bereits im Unterricht behandelt haben, kann über das Potenzial zur Unterrichtsverbesserung nur gemutmaßt werden.

Wie im Unterkapitel 7.1 gezeigt, konnten zwei problematische Denkstrukturen identifiziert werden. Für die fehlerhafte deskriptive Grundvorstellung Prozente als Zahlen wurde die operative Variation von Bezugswerten als Baustein zu einer Verbesserung angeboten. Demgegenüber besteht weiterhin die Frage, wie der fehlenden multiplikativen Verknüpfung entgegengewirkt werden kann.

Abschließend gilt es noch, das wiederholt aufgezeigte Problem der Schüler im Umgang mit dem Hunderterfeld weiter zu beforschen: Sowohl in den Pilotstudien, als auch in der Hauptuntersuchung kam wieder das Problem auf, dass Interviewte die Kreise des Hunderterfelds als Prozentwert und gleichzeitig als Prozentsatz interpretierten. Dieser Fehler kann auch mit den beiden vorherigen problematischen Denkstrukturen in Verbindung gesetzt werden. Da sich das Hunderterfeld bei korrekter Anwendung als sinnstiftend zeigte, muss weiter erforscht werden, wie diesem Problem entgegengewirkt werden kann.

Literaturverzeichnis

Adelfinger, B. (1982). *Didaktischer Informationsdienst Mathematik Thema: Proportion*. Neuss: Landesinstitut für Curriculumsentwicklung, Lehrerfortbildung und Weiterbildung.

van den Akker, J., Gavemeijer, K., Mc Kenney, S., & Nieveen, N. (2006). *Educational design research*. London: Routledge.

Appell, K. (2004). Prozentrechnen: Formel, Dreisatz, Brüche und Operatoren. *Der Mathematikunterricht*(6), S. 23–32.

Barab, S., & Squire, K. (2004). Design-Based Research: Putting a Stake in the Ground. *The Journal of the Learning Sciences, 13(1)*, S. 1–14.

Baratta, W., Price, B., Stacey, K., Steinle, V., & Gvozdenko, E. (2010). Percentages: The effect of problem structure, number complexity and calculation format. In L. Sparrow, B. Kissane, & C. Hurst (Hrsg.), *Shaping the future of mathematics education: Proceedings of the 33rd annual conference of the Mathematics Education Research Group of Australasia*. Fremantle: MERGA.

Barzel, B., Leuders, T., Prediger, S., & Hußmann, S. (2014). *Mathewerkstatt 7*. Berlin: Cornelsen.

Berger, R. (1989). *Prozent- und Zinsrechnen in der Hauptschule. Didaktische Analysen und empirische Ergebnisse zu Schwierigkeiten, Lösungsverfahren und Selbstkorrekturverhalten der Schüler am Ende der Hauptschulzeit*. Regensburg: Roderer.

Beck, C. & Maier, H. (1993). Das Interview in der mathematikdidaktischen Forschung. *Journal für Mathematik-Didaktik, 14 (2)*, S. 147–180.

Blum, W., & vom Hofe, R. (2003). Welche Grundvorstellungen stecken in der Aufgabe? *Mathematik Lehren (118)*, S. 14–18.

Blum, W., vom Hofe, R., Jordan, A., & Kleine, M. (2004). Grundvorstellungen als aufgabenanalytisches und diagnostisches Instrument bei PISA. In M. Neubrand (Hrsg.), *Mathematische Kompetenzen von Schülerinnen und Schülern in Deutschland Vertiefende Analysen im Rahmen von PISA 2000* (S. 145–158). Wiesbaden: V+S Verlag für Sozialwissenschaften.

Bortz, J., & Döring, N. (2006). *Forschungsmethoden und Evaluation für Human- und Sozialwissenschaftler*. Heidelberg: Springer Medizin Verlag.

© Der/die Herausgeber bzw. der/die Autor(en), exklusiv lizenziert durch Springer Fachmedien Wiesbaden GmbH, ein Teil von Springer Nature 2021
P. Gudladt, *Inhaltliche Zugänge zu Anteilsvergleichen im Kontext des Prozentbegriffs*, Perspektiven der Mathematikdidaktik,
https://doi.org/10.1007/978-3-658-32447-6

Bruner, J. S. (1974). *Entwurf einer Unterrichtstheorie.* Berlin: Berlin-Verlag.

Cobb, P., Confrey, J., diSessa, A., Lehrer, R., & Schauble, L. (2003). Design experiments in educational research. *Educational Researcher, 32(1),* S. 9–13.

Davis, R. B. (1988). Is „Percent a number?". *Journal of Mathematical Behavior,* S. 299–302.

Dole, S., Cooper, T. J., Baturo, A. R., & Conoplia, Z. (1997). Year 8, 9 and 10 student's understanding and access of percent knowledge. In F. Biddulph & K. Carr (Hrsg.), *People in mathematics education. Proceedings of the 20th annual conference of the Mathematics Education Research Group of Australasia,* S. 7–11.

Eckstein, B. (2019). *Brüche, Dezimalzahlen und Prozente darstellen und verstehen Unterricht, Förderung und Lerntherapie.* Seelze: Kallmeyer.

Friedel, M. (2008). Prozentrechnen – (k)ein Buch mit sieben Siegeln? *Lernchancen (61)* S. 30–18.

Fuß, S., & Karbach, U. (2014). *Grundlagen der Transkription. Eine praktische Einführung.* Opladen/Toronto: Verlag Barbara Budrich.

Gravemeijer, K., & Cobb, P. (2006). Design research from a learning design perspective. In J. van den Akker, K. Gravemeijer. In S. McKenney & N. Nieveen (Hrsg.), *Educational Design Research* (S. 17–51). London New York: Routledge.

Griesel, H. (1981). Der quasikardinale Aspekt der Bruchrechnung. *Der Mathematikunterricht, 27(3),* S. 87–95.

Griesel, H. (2015). Arnold Kirsch und der Begriff Größenbereich. *GDM-Mitteilungen (98),* S. 14–17.

Hafner, T. (2011). *Proportionalität und Prozentrechnung in der Sekundarstufe I. Empirische Untersuchung und didaktische Analysen.* Wiesbaden: Vieweg + Teubner/Springer Fachmedien.

Hußmann, S., Prediger, S. & Leuders, T. (2007). Schülerleistungen verstehen – Diagnose. *Praxis der Mathematik in der Schule, 49 (15),* S. 3–12.

Häsel-Weide, U., & Prediger, S. (2017). Förderung und Diagnose im Mathematikunterricht – Begriffe, Planungsfragen und Ansätze. In C. Selter, M. Abshagen, B. Bärbel, J. Kramer, T. Riecke-Baulecke, & B. Rösken-Winter (Hrsg.), *Basiswissen Lehrerbildung: Mathematik unterrichten mit Beiträgen für den Primar- und Sekundarstufenbereich* (S. 167–181). Seelze Friedrich/Klett Kallmeyer.

Heckmann, L. (2014). Prozentrechnung mit Verstand. *Mathematik (29),* S. 4–5.

Hefendehl-Hebeker, L. (1996). Brüche haben viele Gesichter. *Mathematik Lehren (48),* S. 47–48.

Hirt, U., Wälti, B., & Wollring, B. (2012). Lernumgebungen für den Mathematikunterricht in der Grundschule: Begriffsklärung und Positionierung. In U. Hirt & B. Wälti (Hrsg.), *Lernumgebungen im Mathematikunterricht. Natürliche Differenzierung für Rechenschwache bis Hochbegabte* (S. 12–14). Seelze: Klett Kallmeyer.

Jordan, A., Kleine, M., Wynands, A., & Flade, L. (2004). Mathematische Fähigkeiten bei Aufgaben zur Proportionalität und Prozentrechnung. Analysen und ausgewählte Ergebnisse. In M. Neubrand (Hrsg.), *Mathematische Kompetenzen von Schülerinnen und Schülern in Deutschland Vertiefende Analysen im Rahmen von Pisa 2000* (S. 159–173). Wiesbaden: VS Verlag für Sozialwissenschaften.

Jungwirth, H. (2003). Interpretative Forschung in der Mathematikdidaktik – ein Überblick für Irrgäste, Teilzieher und Standvögel. *Zentralblatt für Didaktik der Mathematik, 35(5)*, S. 189–200.

Kaiser, H. (2011). Vorbereitung auf das Prozentrechnen im Beruf. *PM Praxis Mathematik in der Schule* (41),S. 37–44.

Kirsch, A. (1978). Analyse der sogenannten Schlussrechnung. In H.-G. Steiner (Hrsg.), *Didaktik der Mathematik* (S. 391–410). Darmstadt: Wissenschaftliche Buchgesellschaft.

Kirsch, A. (2002). Proportionalität und 'Schlussrechnung' verstehen. *Mathematik Lehren* (114), S. 6–9.

Kleine, M. (2009). *Kompetenzdefizite von Schülerinnen und Schülern im Bereich des Bürgerlichen Rechnens.* Münster: Waxmann Verlag GmbH.

Kleine, M., & Jordan, A. (2007). Lösungsstrategien von Schülerinnen und Schülern in Proportionalität und Prozentrechnung – eine korrespondenzanalytische Betrachtung. *Journal für Mathematik-Didaktik (28)*, S. 209–223.

Kopperschmidt, J. (1989). *Methodik der Argumentationsanalyse.* Stuttgart-Bad Cannstatt: Frommann-Holzboog.

Koullen, R. (2014). *Schlüssel zur Mathematik 7.* Berlin: Cornelsen.

Krummheuer, G. (2004). Zur unterrichtsmethodischen Dimension von Rahmungsprozessen. *Journal für Mathematik-Didaktik, 5(4)*, S. 285–306.

Krauthausen, G. (2018). *Einführung in die Mathematikdidaktik – Grundschule.* Berlin: Springer Spektrum.

Krauthausen, G., & Scherer, P. (2014). *Natürliche Differenzierung im Mathematikunterricht. Konzepte und Praxisbeispiele aus der Grundschule.* Seelze: Klett Kallmeyer.

Krummheuer, G., & Naujok, N. (1999). *Grundlagen und Beispiele Interpretativer Unterrichtsforschung.* Opladen: Leske + Budrich.

Krummheuer, G., & Fetzer, M. (2005). *Alltag im Mathematikunterricht Beobachten – Verstehen – Gestalten.* Heidelberg: Spektrum Akademischer Verlag.

Kultusministerkonferenz (2004) Beschlüsse der Kultusministerkonferenz: Bildungsstandards im Fach Mathematik für den Mittleren Bildungsabschluss. Beschluss vom 4.12.2003

Lembke, L. O., & Reys, B. J. (1994). The development of, and interaction between, intuitive and school – taught ideas about percent. *Journal for Research in Mathematics Education, 25* (3), S. 237–259.

Meierhöfer, B. (2000). Einführung in den Prozentbegriff. *Lernchancen*(17), S. 10–16.

Meißner, H. (1982). Eine Analyse zur Prozentrechnung. *Journal für Mathematik-Didaktik, 2*(3), S. 121–144.

Merzbach, U., & Boyer, C. B. (2011). *A history of mathematics.* New York: Wiley.

Meyer, M. (2009). Abduktion, Induktion – Konfusion. Bemerkungen zur Logik interpretativer (Unterrichts-)Forschung. *Zeitschrift für Erziehungswissenschaften, 2 (9)*, S. 302–320.

Meyer, M. (2015). *Vom Satz zum Begriff. Philosophisch-logische Perspektiven auf das Entdecken, Prüfen und Begründen im Mathematikunterricht.* Wiesbaden: Springer Fachmedien Wiesbaden.

Moser-Opitz, E., & Nührenbörger, M. (2015). Diagnostik und Leistungsbeurteilung. In R. Bruder, L. Hefendehl-Hebeker, B. Schmidt-Thieme, & H. G. Weigand (Hsg.), *Handbuch der Mathematikdidaktik (S. 419–512)*. Berlin Heidelberg: Springer Spektrum.

Moser-Opitz, E. (2009). Rechenschwäche diagnostizieren: Umsetzung einer entwicklungs- und theoriegeleiteten Diagnostik. In A. Fritz, G. Ricken, & S. Schmidt (Hsg.), *Rechenschwäche. Lernwege, Schwierigkeiten und Hilfen bei Dyskalkulie* (S. 286–307). Weinheim: Beltz.

Naumann, J. (1987). Besseres inhaltliches Verständnis der Schüler für die Prozentrechnung schaffen! *Mathematik in der Schule, 25*, S. 501–508.

Ngu, B. H., Yeung, A. S., & Tobias, S. (2014). Cognitive load in percentage change problems: unitary, pictorial, and equation approaches to instruction. *Instructional Science 42*(5), S. 685–713.

Nührenbörger, M., & Schwarzkopf, R. (2013) Gleichungen zwischen „Ausrechnen" und „Umrechnen". *Beiträge zum Mathematikunterricht, (2)*, S. 716–719.

Padberg, F., & Wartha, S. (2017). *Didaktik der Bruchrechnung* (5. Auflage). Berlin: Springer Spektrum.

Parker, M., & Leinhardt, G. (1995). Percent: A privileged proportion. *Review of Educational Research, 65*(4), S. 421–481.

Piaget, J., & Fatke, R. (1985). *Meine Theorie der geistigen Entwicklung*. Frankfurt a. M.: Fischer Taschenbuch Verlag.

Pöhler, B. (2018). *Konzeptuelle und lexikalische Lernpfade und Lernwege zu Prozenten Eine Entwicklungsstudie*. Wiesbaden: Springer Fachmedien.

Prediger, S., Hußmann, S., & Leuders, T. (2007). Schülerleistungen verstehen – Diagnose. *Praxis der Mathematik in der Schule, 49 (15)*, S. 3–12.

Prediger, S., Glade, M., & Schmidt, U. (2011). Wozu rechnen wir mit Anteilen? Herausforderungen der Sinnstiftung am schwierigen Beispiel der Bruchoperationen. *PM Praxis Mathematik in der Schule (37)*, S. 28–35.

Prediger, S., Link, M., Hinz, R., Hußmann, S., Thiele, J., & Ralle, B. (2012). Fachdidaktische Entwicklungsforschung im Dortmunder Modell. *MNU, 65 (8)*, S. 452–457.

Reimann, G., & Mandl, H. (2006). Unterrichten und Lernumgebungen gestalten. In A. Krapp & B. Weidenmann (Eds.), *Pädagogische Psychologie – Ein Lehrbuch* (S. 613–658). Weinheim u. a.: Beltz.

Römer, M. (2008). Prozentrechnung-ein Plädoyer für den Dreisatz. *PM Praxis Mathematik in der Schule, 24*, S. 37–41.

Rosenthal, I., Ilany, B. S., & Almog, N. (2009). Intuitive knowledge of percentages prior to learning. *Research in Mathematical Education, 13*(4), S. 297–307.

Sander, E., & Berger, M. (1985). Fehleranalysen bei Sachaufgaben zur Prozentrechnung: Zwei Explorationsstudien. *Psychologie in Erziehung und Unterricht, 32*, S. 254–262.

Scherer, P. (1996a). „Zeig', was du weißt" – Ergebnisse eines Tests zur Prozentrechnung. Folge 1: Vorstellung, Durchführung und Ergebnisse des Tests. *Mathematik in der Schule*(9), S. 462–470.

Scherer, P. (1996b). "Zeig', was du weißt" – Ergebnisse eines Tests zur Prozentrechnung. Folge 2: Ergebnisse zu den Aufgaben 4 und 6. Fazit. *Mathematik in der Schule, 10*, S. 533–543.

Scholz, D. (2003). Prozentrechnung in Klasse 7. *Materialien für einen Realitätsbezogenen Mathematikunterricht, 8*, S. 16–34.

Schwartz, J. L. (1988). Intensive quantity and referent transforming arithmetic operations. In J. Hiebert & M. Behr (Hsg.), *Number concepts and operations in the middle grades* (S. 41–52). Hillsdale, NJ: Erlbaum.

Schwarzkopf, R. (2000). *Argumentationsprozesse im Mathematikunterricht. Theoretische Grundlagen und Fallstudien.* Hildesheim: Franzbecker.

Schwarzkopf, R. (2001). Argumentationsanalysen im Unterricht der frühen Jahrgangsstufen – eigenständiges Schließen mit Ausnahmen. *Journal für Mathematik-Didaktik, 22,* S. 211–235.

Schwarzkopf, R. (2006). Elementares Modellieren in der Grundschule. In A. Büchter, H. Humenberger, S. Hussmann, & S. Prediger (Hsg.), *Realitätsnaher Mathematikunterricht: Vom Fach aus und für die Praxis Festschrift für Hans-Wolfgang Henn zum 60. Geburtstag* (S. 95–105). Hildesheim: Franzbecker.

Selter, C., & Spiegel, H. (1997). *Wie Kinder rechnen.* Stuttgart: Klett.

Sill, H.-D. (2010). Probleme im Umgang mit Prozenten. In W. Herget & K. Richter (Hsg.), *Mathematische Kompetenzen entwickeln und erfassen. Festschrift für Werner Walsch zum 80. Geburtstag* (S. 37–149). Hildesheim: Franzbecker

Steinbring, H. (1994). Die Verwendung strukturierter Diagramme im Arithmetikunterricht der Grundschule. *Mathematische Unterrichtspraxis, 4,* S. 7–19.

Steinbring, H. (2001). Der Sache mathematisch auf den Grund gehen – heißt Begriffe bilden. In C. Selter & G. Walther (Hsg.), *Mathematiklernen und gesunder Menschenverstand. Festschrift für Gerhard N. Müller* (S. 174–183). Leipzig: Ernst Klett Grundschulverlag.

Streefland, L. (1986). Pizzas – Anregungen, ja schon für die Grundschule. *Mathematik Lehren, 16,* S. 8–11.

Strehl, R. (1979). *Grundprobleme des Sachrechnens.* Freiburg: Herder.

Strobel, K. (2016). *Prozentrechnung.* Hamburg: AOL Verlag.

Toulmin, S. E. (1975). *Der Gebrauch von Argumenten.* Kronberg/Ts.: Scriptor.

Toulmin, S. E. (2003). *The uses of argument* (Updated ed.). Cambridge: Cambridge University Press.

Tropfke, J. (1980). *Geschichte der Elementarmathematik.* Berlin: de Gruyter.

Van Den Heuvel-Panhuizen, M. (2003). The didactical use of models in realistic mathematics education: An example from a longitudinal trajectory on percentage. *Educational Studies in Mathematics* (1), S. 9–35.

Van Engen, H. (1960). Rate pairs, fractions, and rational numbers. *Arithmetic Teacher, 7,* S. 389–399.

Voigt, J. (1984). *Interaktionsmuster und Routinen im Mathematikunterricht. Theoretische Grundlagen und mikroethnographische Falluntersuchungen.* Weinheim: Beltz.

Voigt, J. (1993). Unterschiedliche Deutungen bildlicher Darstellungen zwischen Lehrerin und Schülern. In J.-H. Lorenz (Ed.), *Mathematik und Anschauung* (S. 147–166). Köln: Aulis.

Voigt, J. (1995). Empirische Untersuchungen in der Mathematikdidaktik. In W. Dörfler (Ed.), *Trends und Perspektiven der Mathematikdidaktik* (S. 1–17). Wien: Hölder-Pichler-Tempsky.

Vom Hofe, R. (1995a). *Grundvorstellungen mathematischer Inhalte.* Heidelberg: Spektrum Akademischer Verlag.

vom Hofe, R. (1995b). Vorschläge zur Öffnung normativer Grundvorstellungskonzepte für deskriptive Arbeitsweisen in der Mathematikdidaktik. In H.-G. Steiner & H.-J. Vollrath (Eds.), *Neue problem- und praxisbezogene Forschungsansätze*. Köln: Aulis Verlag Deubner & Co Kg.

vom Hofe, R., & Blum, W. (2016). Grundvorstellung as a category of subject-matter didactics. *Journal für Mathematik Didaktik, 37*(1), S. 225–254.

Walkington, C., Cooper, J., & Howell, E. (Eds.). (2013). *The effects of visual representations and interest-based personalization on solving percent problems*. Chicago, IL: University of Illinois at Chicago.

Wartha, S. (2009). Zur Entwicklung des Bruchzahlbegriffs -Didaktische Analysen und empirische Befunde. *Journal für Mathematik-Didaktik*(1), S. 55–79.

Wartha, S. (2011). Aufbau von Grundvorstellungen zu Bruchzahlen. *Mathematikunterricht*(3), S. 15–24.

Winter, H. (1994). Modelle als Konstrukte zwischen lebensweltlichen Situationen und arithmetischen Begriffen. *Grundschule, 26 (3)*, S. 10–13.

Wittmann, E. C. (1985). Objekte-Operationen-Wirkungen: Das operative Prinzip in der Mathematikdidaktik. *Mathematik Lehren, 11*, S. 7–11.

Wittmann, E. C. (1995). Mathematics education as a 'design science'. *Educational Studies in Mathematics, 29(4)*, S. 355–374.

Wittmann, E. C. (1998). Design und Erforschung von Lernumgebungen als Kern der Mathematikdidaktik. *Beiträge zur Lehrerbildung, 16(3)*, S. 329–342.

Wittmann, E. C., Müller, G., Nührenbörger, M., Schwarzkopf, R., Bischoff, M., Götze, D., & Heß, B. (2017). *Das Zahlenbuch 2*. Leipzig: Ernst Klett Verlag.

Nachschlagwerk

Prozentrechnung. Brockhaus Enzyklopädie in 30 Bänden: Bd. 22 POT-RENS. 21. völlig neu bearbeitete Auflage 2006, S. 212.

Unveröffentlichte Seminararbeiten

Brase, F., Brune, C., Scheper, L. (2019) Wie bearbeiten Schülerinnen und Schüler Aufgaben des Typs Erhöhung/Verminderung um 100 Prozent. Universität Oldenburg.

Printed in the United States
By Bookmasters